The Urban Management of China's Special Economic Zones

特区城市管理

2023

《特区城市管理》编辑委员会　编著

图书在版编目（CIP）数据

2023特区城市管理 /《特区城市管理》编辑委员会编著. -- 北京：中国林业出版社, 2023.11

ISBN 978-7-5219-2431-2

Ⅰ.①2… Ⅱ.①特… Ⅲ.①城市管理—研究—深圳 Ⅳ.①F299.277.653

中国国家版本馆CIP数据核字（2023）第222949号

责任编辑：张华

装帧设计：刘临川

出版发行：中国林业出版社

（100009，北京市西城区刘海胡同7号，电话83143566）

电子邮箱：4634711@qq.com

网址：www.forestry.gov.cn/lycb.html

印刷：北京博海升彩色印刷有限公司

版次：2023年11月第1版

印次：2023年11月第1次

开本：889mm×1194mm 1/16

印张：13.75

字数：400千字

定价：128.00元

《2023特区城市管理》编辑委员会

前言

2023年是全面贯彻落实党的二十大精神的开局之年，是实施"十四五"规划承前启后的重要一年，深圳城市管理工作坚持以习近平新时代中国特色社会主义思想为指导，深入贯彻落实习近平总书记对广东、深圳系列重要讲话和重要指示批示精神，坚持人民城市为人民，下绣花功夫提升城市精细化管理服务水平，全力打造高品质、高颜值的绿美公园城市和文明洁净城市，努力让城市更美好、更温馨、更有活力、更有内涵、更加国际化。

开局关乎全局，起步决定后程。深圳锚定建设现代化国际大都市这个宏伟目标，需要与之相匹配的现代化城市治理体系和治理能力。对照目标和要求，深圳城市管理理念、管理手段、管理模式仍需不断创新，深圳广大城市管理工作者仍需潜心探求、勇毅前行，努力走出一条符合超大型城市特点和规律的治理新路子。

《特区城市管理》于2022年首次公开出版，一经推出，便受到专家学者、行业同仁的一致好评，凸显了特区城市管理研究工作对城市高质量发展的重要支撑作用和决策参考价值。今年，我们将广大城市管理工作者对新课题、新任务进行深入研究产出的一系列研究成果编纂成

《2023特区城市管理》。本书优选了涵盖公园建设、园林绿化、环境卫生、城市照明、智慧城管等领域的18篇学术文章，探讨了包括城市生态公共空间营造、暗夜社区建设等一系列前沿课题，致力于为解决工作实践中的难点、痛点、堵点问题提供智力支持和解决方案，希望能为广大城市管理工作者前行提供帮助。

社会发展日新月异，城市管理工作任重道远，由于我们的视野和水平有所局限，本书难免存在错漏之处，诚请专家和同行批评指正。

《特区城市管理》编辑委员会

2023年10月

公园城市建设

高密度超大城市的魅力生态公共空间营造
——以深圳“山海连城”计划为例 / 008
单樑[1]，刘迎宾[1]，林晓娜[1]，罗翰承[1]，邵志芳[2]，王亚楠[2]，屈莹莹[2]（1.深圳市城市规划设计研究院股份有限公司；2.深圳市城市管理和综合执法局）

深圳城市公园绿地开放共享的实践与探索 / 018
廖齐梅[1]，汪银娟[1]，黄凌慧[1]，钟怡曼[1]，李妍汀[2]，彭皓[2]（1.深圳市公园管理中心；2.深圳市蕾奥规划设计咨询股份有限公司）

基于韧性城市的海滨公园风暴潮适应性建设实践
——以大梅沙海滨公园为例 / 036
柴斐娜（中节能铁汉生态环境股份有限公司）

城市填海区盐化土壤生态修复与绿地构建技术方案研究 / 048
史正军，戴耀良［深圳市仙湖植物园（深圳市园林研究中心）］

园林植物研究

深圳园林树木抗风能力与植被群落构建相关性研究 / 062
黄义钧[1]，叶餐赐[2]［1.深圳市仙湖植物园；2.广州市越秀区土地开发中心（广州市越秀区土地储备和征地服务中心）］

树艺师职业资格鉴定研究现状与对策建议 / 075
彭金根，蔡洪月，刘学军，谢利娟（深圳职业技术大学建筑工程学院）

优良地被植物在深圳园林绿化中的应用
——以爵床科植物为例 / 087
李建友（深圳市中国科学院仙湖植物园，深圳市南亚热带植物多样性重点实验室）

喀斯特地貌景观营造及其在深圳市园林绿化中的应用实践
——以苦苣苔科植物为例 / 094
邱志敬，秦密，蒙林平（深圳市仙湖植物园）

环境卫生

"职业化"导向的环卫工人技能提升与资格认证研究 / 105

赖宇翔，马振东，何川，高歌（深圳市环境卫生管理处）

浅析数字孪生技术在厨余垃圾处理项目全生命周期建设中的应用 / 115

赖宇翔[1]，陈吉艺[2]，赖裕轩[2]，彭天驰[3]，翟晓卉[3]［1.深圳市环境卫生管理处；2.深圳光明深高速环境科技有限公司；3.上海市政工程设计研究总院（集团）有限公司］

生活垃圾真空管道收集技术的应用与发展前景 / 137

梁治宇[1]，兰吉武[2]，徐菲[3]，吴远明[1]（1.深圳市生活垃圾分类管理事务中心；2.浙江大学建筑工程学院；3.深圳双沃生态环境科技有限公司）

生物-化学组合工艺对餐厨垃圾处理中恶臭气体的去除 / 145

张彦敏[1]，魏薇[1]，张钊彬[2]，王宁杰[2]，张小磊[2]，李继[2]，刘导明[1]，彭俊标[1]［1.广东省深圳市下坪环境园；2.哈尔滨工业大学（深圳）］

城市照明

《西涌国际暗夜社区光环境管理办法》在社区建设中的应用 / 153

刘雨姗[1]，梁峥[1]，吕宇昂[2]，吴春海[2]（1.中国城市规划设计研究院深圳分院；2.深圳市市容景观事务中心）

智慧城市中智慧灯杆的多元协同发展 / 165

李宇尘（深圳市洲明科技股份有限公司）

浅谈深圳城市户外广告招牌中灯光照明的应用 / 183

廖雯瑜[1]，王天[2]（1.深圳市市容景观事务中心；2.深圳市水木现代城市美学研究院）

城市照明设施漏电成因分析及监测系统应用研究 / 192

唐文贤，井群（深圳市市容景观事务中心）

综合管理

粤港澳大湾区标准化发展路径研究 / 201

刘荣杰[1]，符阳[2]（1.深圳市城管宣教和发展研究中心；2.深圳大学）

高质量城市综合治理的六个维度

——以深圳市公园城市建设规划和行动计划为例 / 208

周劲（深圳市规划国土发展研究中心/深圳市城市设计促进中心）

高密度超大城市的魅力生态公共空间营造

——以深圳“山海连城”计划为例

单樑[1]，刘迎宾[1]，林晓娜[1]，罗翰承[1]，邵志芳[2]，王亚楠[2]，屈莹莹[2]
（1.深圳市城市规划设计研究院股份有限公司；2.深圳市城市管理和综合执法局）

摘要： 城市与自然和谐共生、让自然助力高质量发展一直是深圳城市建设过程中的探索与创新重点，从“生态资源保护与管控”到“绿色公共空间规划布局”，再到“魅力生态空间体验精细营造”，“山海连城”计划以“接力跑”的方式，助力深圳在生态公共空间营造领域实现了“公共政策——资源配置——体验营造”的“多级跳”。本文通过回顾深圳的探索历程，解读深圳固有生态空间规划存在的问题和新时期深圳营造生态的价值转变，引出深圳“山海连城”计划的格局基础、营造框架和行动措施，以此为新时期高密度大城市的魅力生态空间营造提供重要的治理思路。

关键词： 山海连城；绿色公共空间；城市生境；宜居城市；深圳

The Creation of Attractive Ecological Public Space in a High-density Megacity

—— A Case Study of Shenzhen Mountain-Sea Vistas

Shan Liang[1], Liu Yingbin[1], Lin Xiaona[1], Luo Hancheng[1], Shao Zhifang[2], Wang Yanan[2], Qu Yingying[2]
(1. Urban Planning & Design Institute of Shenzhen ; 2. Management Bureau of Shenzhen Municipality)

Abstract: The harmonious coexistence of city and nature and the promotion of high-quality development by nature have always been the focus of exploration and innovation in the process of urban construction in Shenzhen. From “ecological resource protection and control” to “green public space planning layout,” and then to “meticulous construction of charming ecological space experience, ‘Shenzhen Mountain-Sea Vistas’ has helped Shenzhen realize the “multi-level jump” of “public policy-resource allocation-experience construction” in the field of ecological public space construction. By reviewing the exploration process of Shenzhen, this paper interprets the problems existing in Shenzhen’s inherent ecological space planning and the value transformation of Shenzhen’s ecological construction in the new era, and leads to the pattern foundation, construction framework and action measures of ‘Shenzhen Mountain-Sea Vistas’, in order to provide important governance ideas for the construction of attractive ecological space in high-density megacities in the new era.

Keywords: Mountain-sea vistas; Green public space; Urban habitat; Livable city; Shenzhen

引言

在生态文明时代，高密度、高生态性的超大城市建设共识早已贯穿于规划设计实践中。营造生态、美丽、活力、魅力的高品质公共空间，提供具有吸引力和根植力的宜居城市环境——这是生态深圳建设的不变目标，在这一目标的引领下，深圳推出了“山海连城”计划，这是深圳面向高质量可持续发展的创举，真正以生态为本、以人民为中心，立足生态质量提升和绿色游憩体验的精细化营造。“山海连城”计划构建“一脊一带二十廊”魅力生态骨架，营造人与自然和谐共生的生命共同体，推动了深圳自然与城市系统的全方位升级，旨在让城市家园更美丽、更宜居。

一、深圳绿色公共空间的探索历程

（一）组团城市——城绿交织、半城半绿的空间图底

深圳“半绿半城”的城市图底得益于深圳在总体规划层面对城市带状组团形态格局的远见规划与落实。在最早的1986年版《深圳经济特区总体规划》中，深圳就已充分结合自然地理特征与城市发展态势，初步构建了带状组团的城市结构，并在后续规划中持之以恒地推动带状组团格局逐步完型[1]。该结构通过几条关键轴线建立特区空间骨架，每个组团依托口岸，布局工业区和生活区，功能混合，条件均好，具有较强的适应性。这一格局确定了城市空间的轴线框架，划定了城市发展的生态底线，极大地保证了城市的品质与运转效率，奠定了城市宜居生境的良好生态本底。

（二）生态线——开启“锚固城市生态空间”的先河

2005年，深圳在全国开创先河，率先划定了974.5km^{2}的基本生态控制线，并出台了《深圳市基本生态控制线管理规定》，通过空间上明确具体的线位及具有强制性的政策管理条例，将生态安全格局转译为实际管理中的文件条例，落实生态安全格局[2]。这在法规层面上为深圳城市空间格局的稳定提供了保障。

（三）绿道网——开启“以使用来保护生态”的新篇章

2009年，深圳市绿道网专项规划首次打破传统的“盆景式”生态保护模式，对深圳生态本底进行活化升级。规划融合生态保护与市民休闲活动，结合当生态保护需要和休闲活动增长需求、服务慢行通勤，贯彻“以使用来保护生态”的新理念。深圳自2010年起全面启动绿道网建设，在3年多的时间里共建成总长约2 400km的区域、城市、社区三级绿道网[3]，提升了城市公共空间价值，进而触发了丰富的公共生活，从而引领生活方式更加绿色健康、公共休闲。

（四）古驿道和碧道——追求文化与蓝绿空间的融合

深圳地区古驿道是历史上南粤古驿道体系的重要组成部分，是自广州联系潮州、惠州、香港地区的必经之路。由“古驿道线路+古驿道连接线”构成的全长323km的深圳市南粤古驿道文化线路，通过挖掘和传承海丝文化内涵、串联区域优势自然景观资源，彰显了海防文化魅力和自然休闲度假体验。这一古今辉映的线性历史文化产品，是联系大湾区历史文化脉络的先锋探索，同时与碧道蓝绿空间相融合，实现文化与自然的相互映衬。

二、新时期深圳绿色公共空间的价值转变

（一）中国特色先行示范区提出更高品质的宜居要求

2019年8月，中共中央、国务院《关于支持深圳建设中国特色社会主义先行示范区的意见》的公布为深圳宜居城市规划建设树立了更高的使命。作为中国特色先行示范区，新时期深圳城市建设应当深入挖掘深圳的先行示范价值，坚持“生态文明时代、以人民为中心”精神的引领，通过规划与设计结合，供给与营造结合，在保障住有所居、安全安心的同时，满足新时期健康、休闲、亲自然、可持续的乐活需求[4]。服务于城市更高品质宜居要求的同时，深圳需要响应人民对于更加幸福美好的城市生活的向往，担负起“全球标杆城市”的使命，为中国乃至亚洲高密度城市的宜居新范式做出有益探索和引领。

（二）深圳绿色公共空间存在的问题

1. 山河海资源未能与市民生活发生紧密关联，利用率与体验感不足

深圳拥有世界范围内都十分显著的山-海-城地理空间格局，加之最早划定的基本生态控制线，优化和锚固了城市的山海平面基底与城市组团边界，促成了深圳“半绿半城”的城市图底。然而，山海河资源未能与市民的日常生活发生紧密关联，利用率与体验感不足，山体成为背景、水滨只是边界。长达252km的海岸线约43%为生产物流功能，被大量市政基础设施占据；刚性的生态线管控使得山体成为城市生活的“无人区”，山、河、海与城市生活之间形成了灰色消极空间，无法使人们充分感知环境、享受自然。

2. 问卷调研显示市民需求得不到满足

2017年，《深圳总体城市设计设计和特色风貌保护策略研究》进行了6 000份市民问卷调查，发现深圳高密度的空间、快节奏的生活，加速催生了人们对于绿水青山、健康休闲体验、亲近大自然的需求。但由于绿色空间可达性较低、趣味性不足等原因，高压力、快节奏的深圳人放松身心、亲近自然生活的需求无法得到满足（图1）。

3. 部门建设条块分割

2015年召开的中央城市工作会议，明确提出“统筹规划、建设、管理三大环节，提高城市工作的系统性”[5]。然而，当前深圳营造绿色公共空间的建设与管理部门存在职能分割，缺乏统筹协调等问题。生态斑块的有效连接决定了绿色公共空间是否能形成连贯的整体，进而实现城市生境完整。然而深圳的各类生态斑块划定与管理被掌握在诸多不同的职能部门里：城市道路由交通运输部门规划建设、水源保护区和蓝线划定由水务部门主导、城管部门规划综合性公园、林业部门负责郊野公园等。这些生态要素的碎片化管理导致了生态资源难以共享，建设要素间缺乏联动，对空间价值的综合

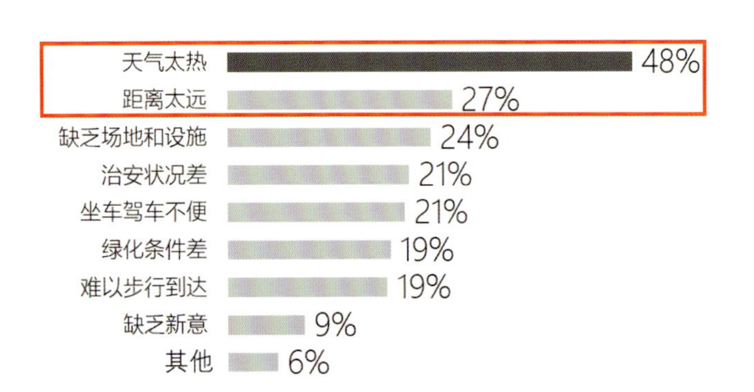

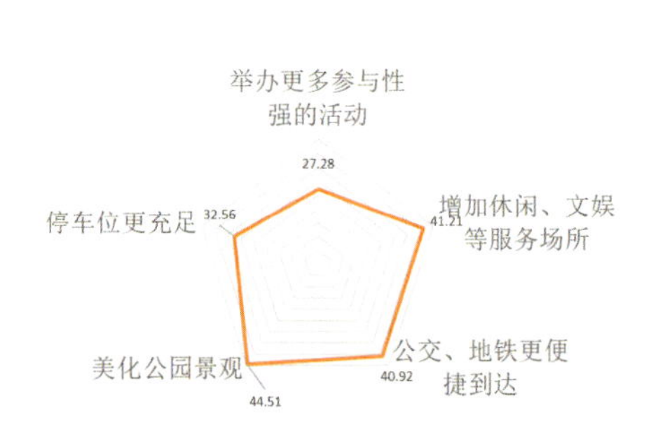

图1 调查问卷统计居民放弃户外活动的原因和公共空间参与度考虑因素

提升缺乏考虑。

（三）深圳绿色公共空间营造的价值转变

新时期随着深圳宜居城市建设新追求，对城市绿色公共空间的营造价值的认识也逐步发生了转变。绿色空间原本仅作为一种人与自然的边界隔离，其实质是“背向”市民体验的单调环境；而如今其逐渐拥有了“面向”市民的公共开放属性。通过不断融合的人与自然关系，深圳以绿色空间持续伴随市民体验为核心，以更加精细的匠心营城，实现绿色公共空间营造价值的转变。

1．从“环境”到“生境”，构建生态文明时代的都市自然生境空间体系，筑造人与万物的共同家园

“人与自然是共生共荣的生命共同体”，人、自然与城市彼此影响、彼此依存。新时期，城市绿色公共空间的打造更要遵循生命的法则、生境的逻辑，通过自然生境空间体系的网络化构建，才能降低生境破碎化对城市带来的影响[6]，为城市留下更多野生生物的栖息家园，同时增加市民与自然接触的机会。从“环境”到“生境”的转变，意味着以生态文明引领城市发展，统筹“山海林田湖草湿”生态资源，在高密度城市中开辟出具有生态效应的“绿色廊道”，让高建设度底盘下破碎化的都市生境，得到系统连接，成为更高质量、更有生命力的人与自然生命的共同家园。

2．从“资源”到“体验”，让自然生态成为可感知、可参与的生态体验，成为可供市民享用的公共休闲产品

对自然生态环境单纯的“资源”认知概念，转化为可供市民亲自体验的休闲产品。深圳通过设计的手段，使人以低生态干扰度亲近体验自然、关心自然，进而满足了市民共享和亲自然的活动需求，带动全民在享受健康生活方式的同时加入保护自然生态的行列中来，形成人与自然和谐共生的美好都市生境。

3．从“保护”到“活化”，转变“盆景式”的自然生态保护，重新认知、挖掘、发挥绿色生态的多重价值

从旧有的对自然环境的简单保护，转变为发挥绿色生态多重作用的“活化”。将深圳最具代表性的海湾、山体、河流、大型绿地等作为一个有机生命体，进行系统连接和生境复育，构建连接山海与城区的生态系统网络和城市级漫游空间，并在此基础上做更有“温度”的体验设计，提高资源在空间中的利用效率与效果，立体展现深圳的山海都市特色，将城市大美融入市民的日常生活中，营造连山、通海、贯城、串趣的生态和体验网络。

4．从“共识”到“共实”，推动建设绿色公共空间营造的实际项目，奠定绿色生境发展基底

“山海连城”计划已经成为城市级魅力生态空间骨架营造的共识性行动纲领。为实现空间骨架的贯通，需要强调整体性，加强多部门、多要素的整合统筹，包括生态、交通、景观、建筑、公共艺术等。更要强调行动性，构建“目标－行动－项目”的实施路径，将连接的蓝图精准分解为针对不同部门的实施项目，在全市一体化的营造标准上，密切配合，共同营造、共同实施，开启城市治理建设的新机制。

三、“山海连城”计划：家园深圳的魅力生态骨架

（一）构建“生态格局引领”的全域全要素“保护与开发一体化”国土空间完整格局

在生态文明新时代下，“山海连城”计划是深圳对于全域全要素城市空间营造的规划回应与创新实践。深圳以国土空间规划为新视角，顺应自然资源管理部门统一行使所有国土空间用途管制职责的要求，统筹蓝绿与城市建设空

间，开展空间资源的全要素设计，创造一种山、海、城相依的新型城市格局关系[7]，为深圳全要素空间的资源整合与管理提出系统的建构目标、要求和标准。

1．复育完整连贯的自然生境系统，完型深圳山海组团城市的生态格局

“山海连城”对自然资源与生态空间治理从“线性”思维转变为“织物”思维，实现由单纯的整合向系统集成的转变，以生态格局为引领践行生态文明建设。通过整合统筹全要素自然资源，明确自然保护地等生态重要和生态敏感地区，着力构建重要生态屏障、廊道和网络，形成连续、完整、系统、有形的生态保护格局。深圳市以国际著名公园城市为标杆，着力打造公园之城，实现了“千园之城”的建设目标，形成自然公园－城市综合公园－社区公园的三级公园体系[8]。未来深圳的发展目标是从“千园之城”向“一园之城”愿景再出发，通过系统化、体系化的连接，追求更高品质城市环境以及更精细化的城市治理，联系碎片化生态孤岛，扩大野生动植物栖息生境，让市民的亲自然体验更为便捷，城市将更自然健康、更公平共享、更具独特魅力和更人文关怀。

2．统合自然资源全要素的保护与开发，构建全域国土空间完整格局

“山海连城”计划立足保护和发展相统一的视角，以空间格局优化为统领，优化配置全域自然资源，精心塑造绿色生态空间，实现国土空间提质增效，构建高质量发展空间格局。国土资源的集约节约利用和国土空间的有效保护、有序开发作为生态文明建设的重要组成，也是高质量发展的重要目标。“山海连城”计划适应国土空间规划的价值观与资源观转变，从关注土地资源转向关注全域所有资源，统筹“山、海、林、田、河、草、湿、城”等全空间要素，创新统筹自然资源保护与城市开发两者关系，识别并转化生态产品价值，探索紧约束条件下的生态空间发展，实现所有自然资源的全域优化配置和整体效率提升，提升人居环境质量和空间品质。“山海连城”计划构建的魅力生态骨架更是对深圳“多中心、网络化、组团式、生态型”城市空间结构底图的进一步演绎与设计，建立自然与城市、保护格局与开发格局互为图底的新型图底关系，统合自然资源全要素的保护与开发格局，为深圳建立“一脊一带领全域、二十通廊连组团”的全域国土空间完整格局。

（二）搭建“连生态、连生活、连生趣”的“一脊一带二十廊”魅力生态骨架

“山海连城”计划通过进一步完型深圳山海组团城市的生态格局，用绿色连接城市工作生活休闲的重点区域，连山、通海、贯城、串趣，实现连生态、连生活、连生趣，营造深圳的“一脊一带二十廊”魅力生态骨架，成为保育深圳山海自然完整生境的生态网络、多视角体验山、海、城大美的魅力骨架和提供日常身边的亲自然、健康生活方式[9]。

为推进“山海连城”计划的落地实施，山海连城三年实施行动方案重点将按照“1120”“520”的行动密码展开，以绿道、碧道、古驿道等步道系统为底，以“连”为核心，贯通“一脊一带二十廊”，构建鹏城万里多层次户外步道体系，将步道系统、山海资源与城市生活更好地编织在一起，打造融合市民活力场景的绿色公共空间网络。

1．一脊：生态绿脊

“一脊”是横贯深圳中部、连绵百千米的绿色山脉，通过山林步道体系与生态廊桥，串联深圳的自然保护地（国家风景名胜区、国家地质公园、自然保护区、森林郊野公园和水库水源保护区），汇聚了深圳最有代表性自然地貌，是容纳近万种野生动植物栖居的生态家园。

面向实施落地，构建“三径三线”为框架的远足径郊野径体系。其中，“三径”包括鲲鹏径、凤凰径、翠微径，“三线”包括阳台山环线、马峦山环线、三水线。贯通凤凰山飞云顶至七娘山大雁顶200km远足径主线，穿越深圳自然之脊，连接深圳五大山系的山峰，串联深

图2 梅林山观景点示例图

圳最具特色的自然资源，构建形成一条代表深圳的远足徒步路线。同时形成多条串联特色自然资源的远足径支线，以及连接自然与城市的郊野徒步网络。在山脊等生态较敏感区域的远足径郊野径仅提供步行功能，市民可根据自身体力情况选择不同难度的远足径郊野径线路。

同时，通过生态廊桥连接四处生态断点，修复贯通深圳市中部生态斑块的主要生态廊道，构建连续完整的生态安全格局。在“一脊”上的非生态核心保护区，设置多个饱览深圳山海城全景城市看台（图2），提供缆车、森林小巴等多种交通设施和服务驿站，方便普通市民到达和安全观景。

2．一带：滨海蓝带

“一带”是横贯东西的世界级魅力海岸带，从西向东连接交椅湾、西湾、前海湾、深圳湾、深圳河以及大鹏湾、大亚湾，串联海湾、半岛、湿地、沙滩等珍贵的海岸带生境。以滨海骑行道为主线，串联公园、渔港、码头、古村、文化场馆等，容纳帆船、冲浪、浮潜等海上活动，提供高丰富度和极具活力的海洋生活方式（图3）。

滨海蓝带以茅洲河口－坝光/鹿嘴200km的滨海骑行道作为实施载体，在八湾一河的格局下，以通透观海视野为导向，规划缤纷异彩的特色段落，沿线形成友好的骑行环境，提供多维视角的观海体验，实现连续畅行的骑行贯通，设置多个滨海观景点，饱览山海城精彩风景。滨海骑行道近期着力连通八个断点贯通路径，同时沿线新增别具生趣的滨海活力场所，如激活沿江高速桥下灰色空间，打造复合型、全天候活力的桥下低线公园。完善相应配套设施，沿线新增补给点，为滨海骑行道提供便捷服务。兼顾专业化与日常化，滨海骑行道满足日常休闲连续滨海骑行与专业赛事级骑行两种不同的体验，同时策划自行车国际赛事，通过顶级赛事彰显山海魅力与城市风采、成为扩大城市影响力的宣销窗口。

3．二十廊：二十条山水连廊

“二十廊”是依托二十条主要的山系、水系，从山脊延伸至城区，以城中山林绿地和河流水系为主体的蓝绿生境、景观和通风廊道，包括八条山廊、十二条水廊。其中，八条山廊，连通主脉之外的众多独立小山体，构建连通山脊与海岸带的生态廊道，并为市民提供能快速进入的、大尺度自然休闲公园，并布局在不同标高上、近距离观赏多样城区风景、展现特区建设成就的观景点。十二条水廊，恢复山海间

图3 东西部生态海岸带

的自然河流系统，并深入城市中心，串联历史和文化节点。与碧道相衔接、提供绿荫覆盖、无红绿灯的独立自行车道和滨水步道，让市民亲近水岸，塑造多样的亲水活力，并成为观赏城市天际线的开敞视线廊道（图4）。

4．五大片区二十公园群

结合城市重点发展区域规划建设内联外通、有机融合的公园群，在“一脊一带二十廊”基础上延展200多组自然城径，将中部、西部、

图4 山海通廊：“山–城–海”变化风景

东部、西北、东北五大片区分散的城市公园连接成为20个互连互通的公园群。通过提升现有连接条件，新建、改造慢行系统等方式，以道和径为载体链接盘活资源，化零为整，完善生态游憩骨架覆盖，让原本距离不远的公园、闲置绿地集群连片，全域公园互联互通，便捷可达。同时采用街道公园一体化设计，完善连接市民家门口最后1km的自然城径，安全舒适连通周边主要社区及产业片区，形成一套惠及2 000万人的山海连城公园体系，真正实现从千园之城到一园之城。

（三）统合市区条块，形成“美丽深圳”的共识性行动纲领

“山海连城”计划为深圳全域、全要素空间的自然生态资源的集成与治理描绘了一幅城市级的战略蓝图。新时期生态、宜居、美丽、可持续的城市营造需要城市治理模式升级，在新治理模式下“山海连城”计划聚合生态、城管、交通、水务等部门既有项目构想，计划将集成绿道、碧道、古驿道、公园等系统，在明确共识指向下统筹部门条块、凝聚建设合力，成为全市构建“魅力生态骨架”形成“美丽深圳”的共识性行动纲领。

“山海连城”计划坚持生态优先，以复育山海生态系统为基础，用最少的人工介入、采用“针灸点穴”的手法，解决关键问题，达到提升生态质量、创造游憩体验价值的目标行动，是长期、持续的精细化营造过程。各条山海连廊将在项目指导下，坚持生态复育优先，原真性、亲自然、低扰动、轻建设，各美其美、文化特色，开源共创、公众参与四大原则，由各区政府整体统筹、逐步实施。

1．生态复育优先

“山海连城”计划的首要任务在于自然生境的复育，全面评估生态系统质量，研判现有生态问题，通过构筑连续的山海廊道强化生态连通治理，贯通被割裂的关键生态节点，连接从山到海的破碎斑块，对植被与野生动物栖息地进行保护与复育，从而恢复生态系统要素完整的自然生境，构筑更健康、更稳定的自然生态系统。

生态复育的核心在于营造高密度超大城市的都市生境，为连绵城区带来更多生物多样性和舒适环境，实现自然与城市更好地渗透融合，夯实美丽宜居城市建设和提高人类福祉的基础。借鉴巴塞罗那绿色连接计划，在高密度城市空间中营造绿色连通体系，通过城市公园、景观栽植道、垂直绿化、生态廊桥等方式将自然生境与城市进行无缝连接，创造更多融合自然的生态公共空间体系。

2．原真性、亲自然、低扰动、轻建设

坚持低扰动、轻建设，采取“针灸式”介入，让魅力生态公共空间有机生长。借鉴新加坡公园连接道系统，通过针灸式的设计手法，充分衔接现有路径基础，改造路径上的阻隔点，采用尽可能少的建设手段在关键节点进行连接，有效串联现有的绿色斑块，实现整体连接。

保持生态自然原真性，创造亲自然游憩体验价值。采用原真质朴的亲自然步道，融合山林环境，实现保护自然野趣特征的同时共享自然。引入香港郊野公园建设理念，提倡质朴野趣的标识与游憩设施，鼓励就地取材，营造与自然共生的活动场景。观景点设施采取轻盈的体量和亲自然建设方式，最大程度保持生态自然环境的原真性，创造自然、质朴、野趣的山林生态游憩体验。

3．各美其美、文化特色

依托山海连廊构筑的生态游憩网络，整合周边价值资源与文化特色，展示特征性景观风貌，让山海连廊成为承载城市多样化人文魅力的容器。通过各条廊道的特征性价值挖掘，串联沿线特色风貌地段，塑造特色体验路线，从而展现独具特色的景观风貌、彰显独具魅力的历史文化氛围，形成差异化的廊道体验。

连接公园、商圈、地标簇群、地铁站等兴趣点，衔接居住地和工作地，融合丰富多元的公共生活方式，形成多元复合活力的魅力生态公共空间，激发沿线活力。引导公共艺术与创

意介入空间环境设计，植入趣味性休憩设施和互动性景观，强化公共文化氛围，让更多人体验、创造文化。

4．开源共创、公众参与

基于多元广泛的主体参与推进山海连城的规划建设，实现公共价值利益的最大化，让市民产生家园共鸣，增强归属感和自豪感。借鉴新加坡铁路走廊的工作坊形式，搭建高水平城市设计协同平台，邀请各相关职能部门、高校、市民和志愿者等多元力量参与。倡导社区营造市民共创，与社区联系紧密的“自然城径”，可由街道、社区等基层管理主体主导推进，组织规划研究和实施，鼓励社区居民共同设计和缔造。通过强化生态空间营造的科普与宣传，引导市民建立正向生态资源价值保护意识。

近期，深圳市正着力推动大沙河水廊、竹子林山廊、平峦山山廊、观澜河水廊等山海连廊的贯通，逐步连通山脊翠脉，打造中央山山脊公园群以及推动山顶观景点的建设，完善中央山山脊公园群的登山方式，通过轻型交通工具实现大美景点的快速可达。

四、展望

在创造经济发展奇迹的同时，绿色、生态、可持续是深圳市的不懈追求。纵观深圳城市规划与设计历程，以人为本、持续服务于人的生态宜居都市生境营造是一条贯穿始终的隐形主线。

深圳面临人口、土地、资源和环境四个难以为继的矛盾，“山海连城”计划以“接力跑”的方式，对接高成本、高密度、高建成度下深圳人不断升级的宜居需求，对绿色可持续走向精细营造进行系统创新。从扩张发展转变为内涵提升，通过转型升级来破解空间资源硬约束，实现空间的高品质。未来仍需不断完型和夯实自然生态本底，不断追求更高品质的都市生境，不断追求公共产品的迭代进化，创新思考供给服务于高品质生活的生态产品，探索突破小地盘超大城市的资源瓶颈，实现高度城市化地区自然资源保护开发模式的创新以及城市生态空间治理能力的升级。

从“试管”走向“示范”，深圳一直坚持不懈地探索生态文明、绿色可持续的“中国方案”，以国土空间提质增效聚力打造未来可持续发展先锋，通过深圳实践进一步探索可复制、可推广的超大型城市可持续发展路径。

参考文献

[1] 深圳市规划和国土资源委员会. 转型规划引领城市转型——深圳市城市总体规划(2010—2020) [M]. 北京：中国建筑工业出版社, 2011.
[2] 吴健生, 黄乔, 曹祺文. 深圳市基本生态控制线划定对生态系统服务价值的影响[J]. 生态学报, 2018, 38(11): 3756-3765.
[3] 周亚琦, 盛鸣. 深圳市绿道网专项规划解析[J]. 风景园林, 2010, 5: 42-47.
[4] 余池明. 改善人居环境, 打造健康城市[J]. 环境经济, 2020(z1): 72-75.
[5] 陈为邦. 高质量人居环境需要高质量规划体系[J]. 人类居住, 2019(4): 14-15.
[6] 何萍, 王波. 城市自然生境空间体系构建研究——以成都天府新区直管区为例[J]. 规划师, 2020(23): 38-43.
[7] 庄少勤. 新时代的规划逻辑[C]. 武汉：第一届全国国土空间优化理论方法与实践学术研讨会, 2018.
[8] 单樑, 周亚琦, 荆万里, 等. 住有所居 居乐其境——新时期深圳宜居城市规划的探索与实践[J]. 城市规划, 2020, 44(7): 110-118.
[9] 王芳, 张婷婷. 深圳：打造“山海连城”生态宜居城市[N]. 中国自然资源报, 2020-10-16(1).

深圳城市公园绿地开放共享的实践与探索

廖齐梅[1]，汪银娟[1]，黄凌慧[1]，钟怡曼[1]，李妍汀[2]，彭皓[2]
（1.深圳市公园管理中心；2.深圳市蕾奥规划设计咨询股份有限公司）

摘要： 随着经济社会的发展和生活水平的不断提升，人民群众对城市公园绿地的需求日益增长，对绿地功能的需求也更加多元，在城市进入存量提质的发展阶段，如何更好地提升城市公园绿地的吸引力，满足市民更丰富的需求，是当下城市管理面临的挑战之一。深圳在40多年间不断探索公园绿地建设模式并实现了跨越性发展。为响应2023年2月住房和城乡建设部发布的《关于开展城市公园绿地开放共享试点工作的通知》，深圳展开了系列实践与探索。结合相关政府文件资料，本文阐述了深圳城市公园绿地开放共享实践的开展情况，从空间形式、公众服务和运营机制三方面总结了深圳城市公园绿地开放共享的创新模式，为进一步推动城市公园绿地开放共享提供经验和借鉴。

关键词： 深圳；城市公园；绿地；开放共享

Practice and Exploration of Open and Sharing of Green Space in Shenzhen City Park

Liao Qimei[1], Wang Yinjuan[1], Huang Linghui[1], Zhong Yiman[1], Li Yangting[2], Peng Hao[2]
(1. Shenzhen Park Service; 2. LAY-OUT Planning Consultants Co., Ltd.)

Abstract: Along with the economic and social development and people's living standard improved, the masses' demand for urban park green space is increasing day by day, and their demand for the functions of green spaces is also more diversified. In the context of the development of cities entering the stage of stock quality improvement stage, how to enhance the attractiveness of urban park green space and carry a richer life of citizens is one of the challenges facing by current city management. Based on the "Notice on Carrying Out Pilot Work on the Opening and Sharing of Urban Park Green Spaces " issued by Ministry of Housing and Urban-Rural Development of the People's Republic of China in February 2023, this paper conducted systematic research on the practice of open and sharing urban park green spaces in Shenzhen's, analyzed the practice and exploration of Shenzhen from three aspects: spatial form, public service and operation mechanism, and summarizes the innovation model of Shenzhen in this field. To provide experience and reference for further promoting the opening and sharing of urban park green space.

Keywords: Shenzhen; Urban park; Green space; Open and sharing

引言

在过去40多年的发展中，深圳一直将绿色可持续、宜居城市作为规划建设主线，经过1986、1996和2010年等多版城市总体规划的持续优化和建设发展，城市空间发展与自然山水有机融合，形成了深圳独具特色的半城半绿、山海城相依的“多中心、网络化、组团式”空间格局，现在这些绿色空间逐步演化成为重要的公园和游憩场所，对保育深圳独特的自然山海资源和生物多样性发挥了重要作用，更是深圳建设“公园城市”的重要载体。深圳持续推进开放共享的复合型公园建设，“自然公园－城市公园－社区公园”的三级公园体系愈加完善，据深圳市城市管理和综合执法局2023年3月公示的数据显示，截至2022年年底，深圳市各类公园达1 260座，已初步建成“千园之城”。这1 260座公园有山、海、河、林、湖等独具特色的景观资源，还有一年四季、精彩纷呈的公园文化活动。公园已经成为深圳市民的一种生活方式，和整个城市的发展融为一体，可以说“开放共享”一直都是贯穿深圳公园建设始终的重要理念。

为了满足市民群众对公园绿地的新需求、新期待，落实2023年2月住房和城乡建设部发布的《关于开展城市公园绿地开放共享试点工作的通知》的精神，深圳坚持“以人民为中心”的发展思想，围绕“复合型、生活型、生态型”公园建设要求，通过试点开放帐篷区、大力推进文体设施进公园，打造一批网红公园书吧，创新推出公园消费市集和升级公园文化季等一系列举措，推动公园绿地最大限度地开放共享，并总结出一系列运营和管理上的模式，用深圳的创新和实践为我国城市公园绿地的开放共享探索出了一条具有示范意义的道路。

一、深圳城市公园绿地开放共享理念的形成与发展

（一）深圳城市公园绿地发展概况

深圳独特的区位和自然条件造就了“半城半绿”的优越山水格局，根据第三次全国国土调查，深圳市蓝绿空间总面积约为1 016km^2，超过陆域面积的50%，在此基础上逐渐构建起来的自然保护地体系和三级公园体系成为深圳公园城市建设的重要载体；但另一方面，深圳也是一个典型的小地盘、高密度、超大型的现代化都市，特区成立40多年来，建成区范围从建市之初的3km^{2}拓展到955km^2，人口从33万增加到1 768万，目前，深圳人口密度高达8 800人/km^2，公园城市建设面临着人均绿地资源少、不同区域绿色生态发展不均衡等挑战[1]。在此背景下，深圳的城市公园绿地建设不断探索和发展，也伴随着公园建设理念的不断升级，大致经历了以下4个发展阶段：

1. 基础发展阶段（1980—1995年）

特区成立以前，深圳仅有始建于1961年的“水库公园”（现东湖公园）。1983年，深圳市政府代表团在考察新加坡后提出建设花园城市[2]的理念，并开始筹建荔枝公园、人民公园、儿童公园、洪湖公园和仙湖植物园。后又连续建设了莲花山公园、笔架山公园等，在1994年4月，被住房和城乡建设部评为第二批“国家园林城市”。

2. 稳定增长阶段（1996—2000年）

1998年，深圳市提出要把深圳建设成为园林式、花园式现代化国际化城市的目标[3]，为城市绿化的发展提供了良好的条件，并在“为民办十件实事”工作中增加了公园的建设内容，在1997年和1999年先后兴建了皇岗公园、大梅

沙海滨公园以及中心公园等多个公园。

3. 高速增量阶段（2001—2010年）

2002年，深圳启动首轮“公园建设年”活动，开始了第一批郊野公园的筹建，同期也推进了梅林公园等市政公园的建设。2004年11月，市规划委员会通过的《深圳市绿地系统规划（2004—2020）》中提出“大公园”体系，在传统城市公园体系上，开创性地提出“森林、郊野公园-城市公园-社区公园”三级体系。2005年，在全国率先划定“基本生态控制线”，在法规层面保障了生态空间格局。同年启动第二轮“公园建设年”并全面推进社区公园的建设，建成社区公园111个[4]。2009年，深圳启动“区域-城市-社区”三级绿道网的建设工作。此阶段，深圳实现了公园数量的飞速增长，从百座公园增至2010年的683座公园[5]。

4. 精细发展阶段（2011年至今）

2010年国务院正式批复的《深圳市城市总体规划（2010—2020）》中深圳正式提出将工作重点从增量空间建设转向存量空间优化，针对城市绿地提出了更加精细化的管理建设要求2019年，深圳初步实现了“千园之城”的建设目标[6]，并在2022年发布的《深圳市公园城市建设总体规划暨三年行动计划（2022—2024年）》中提出建设全域公园体系，未来将建成一批开放共享的公园化的社区、街区，城市绿道和生态连廊互联互通，形成网络化、系统化的公园城市空间格局。

（二）深圳城市公园绿地的“开放”属性不断得到强化

新中国成立之初，我国绿地建设以学习苏联模式为主流[7]，当时绿地在城市总体规划中常作为建筑的补充和配角，多为分布零散的封闭式存在[8]。进入20世纪80年代，随着我国城市设计发生变革，“开放空间”的概念重新被纳入城市规划的讨论中，绿地应是开放空间中的重要部分得到了广泛共识[9]。

特区成立以来，随着城市化的不断深入，深圳市城市公园在40多年的时间里实现了跨越性的发展，一方面，其在城市规划中的形式由最初的零散分布逐渐演变成系统、开放的有机形态，“开放空间属性”得到更多重视；另一方面，人民对城市公园绿地的使用提出了更高的要求和期待，荔枝公园、洪湖公园、莲花山公园等拥有水体、林地等自然资源的复合型城市公园不断出现，成为深圳市民在城市中主要的游憩场所和亲近自然的重要媒介。为了更好地响应公众需求，原本以生态保育和风景展示功能为主的公园绿地陆续向公众开放使用权限，越来越多的游憩活动如野餐露营、放风筝、自然教育等开始在深圳市城市公园的绿地上出现，开阔且方便到达的公共绿地还让公园成为绝佳的城市应急避难场所，功能承载的多样性标志着公园绿地的开放程度和使用品质都在逐步提升。

如今，深圳市的城市公园像绿色宝石般镶嵌在城市大大小小的空间里，作为属于全社会共同所有的公共资源，向所有社会公众开放，并越来越趋向于打破围墙，模糊城园的边界，以更包容的姿态融入城市、融入人们的生活。

（三）深圳市城市公园绿地的共享理念逐渐成为共识

城市空间的“共享”既包括了针对服务群体的使用，也更加强调在空间建设过程中的共建、共治，更为注重最广泛的公众的参与、最多元的社会力量的介入，以及人与空间的交互作用，让城市空间能够更加平等地满足不同阶层的需要，最大化地发挥城市公共资源的价值[10]。

共享理念在公园绿地的开放实践中首先体现在建设思路上的转变，公园绿地跳脱出单纯的绿化环境打造，更加强调通过公园绿地建设来满足市民活动的需求、增强城市的活力以及丰富市民的休闲生活。在空间利用上也充分地考虑有效利用率，通过布局各类功能，来使公园绿地能承载多样的活动，在同一时间里包容各种事件的发生[11]。共享理念很好地在时间和空间的维度上支持了公园绿地复合利用率的提升。

伴随着深圳特区40多年的发展，深圳市民对城市公园的使用需求从最初较为单一的观赏休憩变得更为多样，市民蓬勃发展的公共生活也对公园绿地等城市公共空间提出了更多的使用需求。同时，公众参与社会治理的意愿不断加强，这些情况都为在深圳市城市公园绿地实现共享理念提供了需求和条件。在公园绿地共享理念的引导下，深圳市城市公园场地能够更好地满足市民的平等使用需求，同时深圳市的公园管理者通过开设园长信箱等方式，不断听取公众的意见和建议，完善公园绿地共享的相关配套支持及规则制定，为公众提供更好的服务，能够较好地回应深圳市民参与城市空间治理的意愿，为深圳市的多元人群提供了共治、共享公园绿地的基础及可能性。

（四）深圳城市公园绿地开放共享的意义

为贯彻落实党的二十大精神，完整、准确、全面贯彻新发展理念，拓展公园绿地开放共享新空间，满足人民群众亲近自然、休闲游憩、运动健身新需求新期待，住房和城乡建设部在2023年2月发布《关于开展城市公园绿地开放共享试点工作的通知》，正式开展城市公园绿地开放共享试点工作，鼓励各地在公园草坪、林下空间以及空闲地等区域划定开放共享区域，完善配套服务设施，更好地满足人民群众露营野餐、运动健身、休闲游憩等亲近自然的户外活动需求，是扩大公园绿地开放共享新空间的重要举措。

深圳市城市公园的开放空间是市民日常非常重要的活动载体，随着深圳进入从增量建设到存量提质的更新阶段，新增可规划建设的城市开放空间数量变得越来越紧缺，在有限的开放空间内有效提升公共空间复合利用率、满足多元人群个性化需求的开放共享模式被寄予更多期待。深圳市城市公园绿地的开放共享极大程度地回应了当下人民对于高质量城市空间的需求，同时也为市民参与社会治理提供了很好的实践机会，能够更好地支持深圳市城市公园绿地的可持续发展。

二、深圳市城市公园绿地开放共享的实践

（一）深圳市城市公园绿地的开放共享场景呈现

1995年12月深圳市第二届人民代表大会通过了《深圳经济特区园林条例》，将城市园林分为市政园林、经营性园林和单位附属园林，其中市政园林指政府投资建设并对公众开放的公益性城市园林，并明确规定城市园林全年开放、不得收取门票费等，是我国首部做出此规定的地方法规[12]，近年来各区还启动了一系列公园建设提升的项目，通过“拆墙透绿”等行动打开公园的景观视野，推动全敞开式公园的建设。2021年开始，深圳围绕“复合型、生活型、生态型”[14]的公园建设要求，近年来通过开放公园帐篷区、推进文体设施进公园、建设“网吧”公园书吧、推出公园消费集市、丰富公园文化季活动和开展运营管理的创新等一系列举措，大力推动公园绿地的开放共享。

随着公园管理工作越来越强调精细化、人性化和全民友好的高质量发展路径，2023年4月，深圳市城市管理和综合执法局发布了《深圳市城市公园绿地开放共享场景大数据调查报告》，该报告以深圳市城市公园为研究对象，结合人流热力数据、使用人群画像、社交媒体分享笔记及评论、人群轨迹数据等大数据全面呈现深圳市民在城市公园中的使用模式、使用偏好、使用诉求、热门场所和热门活动，对深圳市公园绿地的开放共享场景进行了系统的呈现。在研究中通过参考丹尼尔·亚伦·西尔和特里·尼科尔斯·克拉克《场景：空间品质如何塑造社会生活》的理论，植入“公园场景”的理论，提取场地、时间、人群、活动四大要素以研究城市公园中人们的行为和需求。当前，深圳城市公园绿地的开放共享场景大致分为5

种类型：

（1）自然观光类的开放共享场景。主要指依托公园的天文、地理、动植物等资源开展的活动场景，具有很强的时间和空间属性，部分稀缺性的资源一般集中在特定的时间，例如观日出日落（图1）、赏花、看海、观鸟等，深圳的城市公园拥有丰富的山海资源，因此该类型的场景与具备深圳特征的花、海、候鸟等元素相结合，是最具备深圳特色的公园活动场景，特别是深圳常年举办的四季主题特色花展和粤港澳大湾区花展，每年都吸引数百万的市民前来观赏。

（2）休闲娱乐类的开放共享场景。主要指和家人、朋友在双休日、节假日以公园场地为载体开展的各种休闲娱乐活动，其中最典型的属针对儿童游憩的亲子活动场景，其次还有公园摄影、阅读、露营野餐、放风筝（图2）等，这些场景在社交媒体的分享笔记中占有相当大的比例。

（3）户外运动类的开放共享场景。包括球类运动、休闲娱乐类运动和日常健身类运动等，一般有比较固定的群体和圈层，各类球场、跑道、智能健身设施分布在数量众多的城市公园内部，成为运动爱好者的常驻地，同时在城市公园中也衍生出飞盘、陆冲、赛艇、攀岩、轮滑等一系列小众运动，成为公园里的靓丽风景线。随着文体运动设施与场地的更新以及智能设备越来越多地出现在公园中，在公园中开展运动活动也越来越受到市民的青睐（图3）。

（4）政府和相关社会机构主办的公园主题文化活动。近些年来，政府和相关机构也在不遗余力地为丰富公园的场景提供各种平台，开展多样的公园主题活动，涵盖了丰富的活动门类，截至2023年公园文化季已经连续举办17年，早已成为“深圳市民的节日”，同时从2022年的公园文化季起推出了“全市域、全季候、全龄段”的公园文化季活动，结合四季特色开展多样丰富的公益免费活动，满足市民游客的精神和文化需求。

（5）消费生活类场景。近些年来，越来越多以服务于市民日常游玩需求为主要目的的运营项目也开始进入大众的视线。截至2023年6月，深圳已在全市41座公园的绿地空间中划定了区域供市民游客搭设帐篷，并在2023年4月开展深圳公园露营文化周，在莲花山公园、深圳湾公园（图4）、笔架山公园（图5）等试点开放了不同主题的消费型营地，以满足市民对户外露营的不同需求；同时设置了14处可移动

图1 在深圳湾公园的日出剧场看一场日出

图2 在莲花山公园的风筝广场放风筝

图3 在笔架山公园开展户外健身运动

轻餐饮餐车，放置于公园人群活动较为集中的区域，为市民提供轻餐饮服务；在公园的改造新建中植入宠物等包含多种功能的主题公园，并提升了运动设施与运动场地150多处，建设公园书吧54处，进一步丰富了公园的场景内容。

（二）深圳市城市公园绿地开放共享的市民使用评价

2023年4月，在《关于在全党大兴调查研究的工作方案》文件的指导下，深圳在全市范

图4 深圳湾公园的草地音乐节

图5 笔架山体育公园营地

围内开展“千园体检、万人问计”行动，结合城市公园绿地开放共享工作的推进，从公众参与、公园服务、公园导览等方面开展全民调查，在公园场景大数据分析的基础上通过问卷发放、走访座谈等形式对公园人群使用数据进行系统调研，进一步为公园的开放共享工作提供参考借鉴。

截至2023年6月，《深圳公园服务设施情况调查问卷》共收到43 116份有效答卷，根据问卷反馈，超过八成的市民就深圳城市公园现有服务设施情况给出了不错的评价。其中，超过六成市民认为现有的城市公园“很好”（62.15%），近三成市民评价城市公园“较好”（26.26%）。在不错的使用评价下，市民也对深圳市城市公园的服务及开放共享的提升优化提出了更高的期待，主要聚焦于休闲娱乐配套设施、便民配套设施和健身文体设施三大版块。休闲娱乐设施中，儿童游乐设施的需求最大，其次是露营场地和科普体验设施，智慧互动设施和公园市集场地也得到了一定的关注（表1）；便民配套设施中，优化直饮水和遮阴亭廊的呼声最高（表2）；就健身文体设施而言，市民对跑步道、健身设施及各类运动场这三类设施的需求最高（表3）。

表 1 城市公园休闲娱乐设施的需求情况

选项	小计（份）	比例（%）
儿童游乐设施	20 903	48.48
快闪打卡装置	3 618	8.39
露营场地	12 415	28.79
智慧互动设施	7 061	16.38
科普体验设施	8 909	20.66
公园市集场地	7 202	16.7
宠物友好设施	2 835	6.58
其他	3 818	8.86

表 2 城市公园便民配套设施的需求情况

选项	小计（份）	比例（%）
直饮水	17 744	41.15
多功能售卖机	8 097	18.78
智能储物柜	5 748	13.33
智能救护箱	6 569	15.24
充电设备租赁	4 475	10.38
遮阴亭廊	10 195	23.65
休息座椅	8 942	20.74
洗手间	8 562	19.86
其他	1 947	4.52

表 3 城市公园健身文体设施的需求情况

选项	小计（份）	比例（%）
跑步道	14 772	34.26
健身设施	14 453	33.52
各类运动场（乒乓球场、篮球场等）	12 161	28.21
跳舞广场	4 834	11.21
智慧健身设施	6 187	14.35
水上运动设施	5 834	13.53
室内运动馆	6 310	14.63
其他	2 949	6.84

这些期待和需求对公园的开放可使用空间提出了更高的要求，在当下城市公园面积有限的情况下，公园绿地的开放共享就成为可以尝试的、能有效满足市民更高的公园服务需求的实践方式。

除了通过问卷调研现存的公园服务设施情况，“千园体检，万人问计”行动还鼓励市民开放地提出对公园场景的喜好和需求，设置“园长信箱”“公园事大家议”等双向沟通平台，并进行“公园场景评选活动”，意在更好地基于市民需求实践城市公园绿地的开放共享。开放的公众意见表达渠道让公园管理方收获了很多好的意见和建议，并能基于此开展更多公园绿地开放共享方面的探索、实践与创新。例如，接到深圳市民反馈公园里的免费体育场较少的情况后，相关部门依据《深圳市加快建设公园文体设施提升文体功能工作方案》，进一步增加公园文体设施及活动的规划建设及各类公园里的体育场所。

“千园体检，万人问计”行动通过线上线下的多种方式，开放公众意见表达渠道，邀请市民对公园的服务和发展建言献策。通过行动了解市民对深圳公园的需求和期待主要体现在以下方面：便利的可使用空间、丰富多样的公园功能和活动以及优质的服务体验，这些需求和意见为进一步开放共享深圳公园绿地、提升深圳公园的发展品质，提出了更高的要求，也指明了实践探索的方向。

三、深圳市城市公园绿地开放共享的创新模式

（一）空间形式的创新

1. 城园融合，开放公园边界

深圳在特区成立之初就一直坚持免费开放市政公园的方针，大多数公园在建设之初便没有修建围墙，但部分公园早期也在临街的位置设置了围栏或绿篱等界定边界的设施，在“公园城市”的城市发展理念下，按照《“复合型、生活型、生态型”公园的建设指引》要求，实现从“‘边界清晰、视觉封闭’到‘无界融合、开放可见’”的转变，进一步消除公园与城市空间的边界感，让公园与城市公共空间实现无界融合，城市公园主管部门先后拆除了莲花山公园、荔枝公园、中心公园、四海公园等临街的老旧围栏和绿篱，同时打开封闭的绿地空间，比如福田园岭片区通过打开封闭绿地，建成上步绿廊公园带（图6、图7），让公园与街道融为一体。这些改造方式不仅打开了城市公共空间之间的景观视线，还在公园与街道之间塑造了一条积极的共享地带，实现了公园对路人和有通行需求的市民的开放，从而直接扩大了公园的受益人群，增加了公园的使用价值。

公园的边界开放还体现在公园内外交通的联系上，通过增加可进入公园的路径，贯通城市与公园之间的慢行系统，增设出入口、空中连廊和停车设施等方式提升了绿地交通的可达性与便利性，更好地增加人们使用和亲近公园的机会。例如在莲花山公园、深业上城与笔架山公园之间建设的长450m的空中廊桥（图8），在廊桥贯穿以前，莲花山公园与笔架山公园间隔了3条日常车流量巨大的市政道路，市民想要在两座公园之间穿行需要耗费大量的时间绕行，如今通过廊桥，不仅将市民通行的时间缩短至10min，还通过对商业区的资源串联扩大了市民的游玩区域，丰富了市民的活动体验，实现了公园与城市的有机融合。

2. 复合利用，拓展公园功能

在场景营造层面，在公园中融合生态、休闲、文化、娱乐等要素，使生态空间与不同区域文化价值的场景结合，激活场地新价值、新潜力。比如“公园+”空间类型的构建，配置上儿童游乐、文化艺术、科普教育、花艺园艺、体育运动、休闲娱乐等服务项目，针对不同公园的人群需求和场地特征个性化营造场景，促进市民产生新体验，满足市民的多样化需求。

八卦岭站
Bagua ling station
体育中心站
Sports Centre Station
通新岭站
Tongxinling Station
科学馆站
The science museum
图例LEGEND
地铁站The subway station
①光岛园Luminous Floating Park
②鹏益园Pengyi Park
③星空园Starry Star Park
④岩生园Rock Park
⑤垅溪园Longxi Park
⑥爱学园Aixue Park
⑦绿廊园Green Gallery Park
⑧街心园Street Park
⑨宜学园Baihua Child-Friendly Park
N

图6 上步绿廊设计图

图7 改造后的上步绿廊3km公园活力带

图8 深业上城和笔架山之间的空中廊桥

深圳于2016年率先提出建设儿童友好型城市的目标，2019年深圳市城市管理和综合执法局与深圳市妇女儿童工作委员会共同制定了《深圳市儿童友好型公园建设指引（试行）》，针对儿童的成长需求和空间需求，创新有关制度和标准，拓展了更加安全、友好的公园空间[13]。从视觉元素植入、儿童活动区建设等方面开展儿童友好型公园的建设。为了拓展儿童在公园中的自然体验，围绕“参与式设计”的理念，公园主管部门采用低介入的设计手段，协调莲花山公园、深圳中心公园、洪湖公园等多个老公园的开放空间，打造出儿童游玩的休憩小游园，在游乐设施的基础上增加了多种植物动物科普功能，营造出亲近自然、功能多元的小型儿童游憩空间，促进儿童全面发展。

例如深圳湾公园结合公园临海的自然资源特色，以海星为主题，利用红树林生态公园东南角的椰林草地改造成350m^{2}规模的儿童游乐场地，极大地丰富了有限场地的多元功能，形成了很好的示范效果（图9）。

结合日益增长的萌宠主人的需求，打造宠物友好型公园也是公园绿地复合利用的又一举措，由于缺乏针对宠物需求的公共空间，在公共空间时常发生宠物相关的纠纷事件[14]，北京、广州、成都等多个城市都意识到了建设宠物公园的重要性并开始探索宠物公园的建设。2022年深圳市公园管理中心利用城市绿地、街旁绿地或有条件的社区公园等，在有条件的区域建设了11个宠物角，满足了市民对公园的多样化需求。其中位于深圳福田区的景田北六街公园宠物主题园是深圳首个宠物主题公园，园内配备了宠物科普的知识栏、训练设施以及宠物便池等，方便宠物和主人的同时，也时刻在进行文明养宠的宣传与教育（图10）。

图9 深圳湾公园儿童游乐场

图10 景田北六街宠物主题公园

为完善公园服务功能，创造宜居宜游的美好休憩空间，2021年起，结合公园条件和市民游玩需求，在认真梳理林下空间和绿地基本情况后，全市多家公园通过划定专门区域供市民游客搭设帐篷，试点开放帐篷区工作。目前，深圳已在全市41个公园设置了帐篷区，同时若干主题营地的开营和一系列活动也受到市民游客喜爱，更好地满足市民多场景露营需求。其中莲花山公园的YUAN生活城市营地与深圳湾公园的艺术营地分别以自然休闲与艺术文化为主题，在公园中打造了城市的第三客厅，通过开展自然教育、公益课堂、音乐沙龙、电影放映等特色活动，丰富市民们在公园的活动场景。

（二）服务内容的创新

1. 精准施策，优化服务配套

随着城市公园绿地开放共享场景的逐步完善，使用人群的数量也在持续增长，不同人群的需求也日益多元化，对公园中的基础服务设施提出了更高的挑战，近些年来政府采取一系列举措对各类服务设施进行提质升级，包括文体设施、便民设施以及文化设施的升级，力图为市民提供更具人性化、功能更多元的公园服务。

2019年，深圳开始在全市公园内试点开展文体设施的建设，在2022年印发《深城管〔2022〕27号关于积极推进文体设施进公园的实施方案》，选取便捷可达的公园场地，增加各类文体设施，增加多种运动场地的建设，进一步加大了文体设施的建设力度。截至2023年4月，已建成全市公园各类户外球类场地400多个、跑步道约85km、简易运动健身场地约400处、儿童游乐场地260多处，升级打造5G户外智能健身设施47处，极大地丰富了市民在公园中的运动体验[15]。

在便民设施方面，以“布点合理化、形式简约化、功能舒适化”为原则，在对公园使用需求进行系统调研的基础上，规划设置了多处自动售卖机、智能果汁机、移动餐饮车等饮食服务设施，并持续引进AED急救设备，提升公园原有的座椅、厕所以及垃圾分类等配套设施。

在公园文化设施方面，深圳作为全民阅读典范城市，更是在公园领域打造出了一番独具特色的书香氛围。通过对公园管理用房的功能拓展，根据场地的规模及公园特色，全市共打造了书吧、阅览室、读书角、书屋等共54处。2020年建设的深圳湾公园白鹭坡书吧作为深圳的首个公园书吧，一经开放便成为市民自习、阅读的热门场所。除此之外，盐田区海景公园内的灯塔图书馆、人才公园的求贤阁等书吧也成了市民津津乐道、喜爱打卡的热门场所，书吧的引入让市民可以在看书自习的同时观赏海景、花景，多维度地丰富了公园带给市民的休闲体验感，让公园的景色与市民的日常活动场景相互融合。

同时，还推出了针对不同人群的城市公园游玩地图和特色场景地图，整合了公园中的儿童游乐场、自然教育中心、特色书吧、展览馆、艺术雕塑等以及看海赏花的游玩路线与攻略信息，通过线上与线下结合的方式进行发布，方便人群结合自身的需求，根据活动类型以及游玩时节进行选择，进一步提升公园活力的同时也对深圳公园中丰富的文化与活动场景进行了宣传。

2. 公益为民，开展全龄活动

深圳众多的公园数量和海量的使用人群为公园全龄活动的开展提供了良好的基础，公园文化季、自然教育与公共艺术季是深圳公园活动中典型的文化品牌，已有了非常好的群众基础和城市影响力，是深圳公园城市品牌的软实力。

深圳从2006年开始每年在市、区、街道三级公园中举办公园文化季活动，至今公园文化季已经连续举办17年，早已成为“深圳市民的节日”。近年来伴随着城市与社会的发展，公园文化季在承办公园数量、活动时长以及活动类别上也在不断地创新。公园文化季的承办单位由2006年首届的11个公园发展到2023年全市公园范围，实现了公园文化活动的全覆盖，参与承办单位范围也由2006年首届的市、区两级公园扩展到市区街道三级公园[16]，而公园文化季的活动时长也经历多次变化，从一周，到持续开展一个月或半年，然后在2021年首次跨年举行，最终在2022年实现全年全季候的活动开展（表4），并友好地将活动集中在周末，更方便市民的参与。随着市民的需求更加多元化，对于公园文化季的期待值也在不断提升，公园在延续往届经典品牌节目的同时，不断增类丰量，持续地推出儿童音乐剧、世界极限运动表演、文创音乐周、自然教育嘉年华、艺术文化活动等创新的公园活动类型。2022年的公园文化季按照音韵雅风、缤纷花事、自然派对、乐活潮玩四大主题，针对不同人群，策划了不同的主题活动，突显公园文化娱乐功能，在让市民享受大自然的同时，也可以感受文化、运动、休闲娱乐的魅力。

表4 历届公园文化季信息

届次	时间（年）	参加公园数量（个）	活动时长（天）	会场情况
第一届	2006	11	11	主会场莲花山公园
第二届	2007	13	7	主会场园博园
第三届	2008	14	7	主会场园博园
第四届	2009	20	7	主会场园博园
第五届	2010	21	6	市区区级各1处主会场
第六届	2011	21	15	各区主会场
第七届	2012	25	90	各区主会场
第八届	2013	26	8	各区主会场
第九届	2014	25	180	各区主会场
第十届	2015	26	9	各区主会场
第十一届	2016	25	9	各区主会场
第十二届	2017	27	7	无主会场
第十三届	2018	22	30	无主会场
第十四届	2019	29	30	无主会场
第十五届	2020	26	约60	无主会场
第十六届	2021	45	约150	无主会场
第十七届	2022—2023	全市区公园	全年	无主会场

深圳山海自然资源丰富，拥有开展自然教育得天独厚的条件，因此自然教育起步较早，发展也非常迅速。早在20多年前，就已经围绕深圳湾开展观鸟和湿地参观体验等活动，2014年在深圳华侨城湿地公园建设了全国第一个自然学校，并开始有序在公众中推进自然教育中心、自然教育径的建设。目前已建有46家自然教育中心，培训自然教育志愿者2 100多人，通过开展自然解说、科普讲座、自然导赏、亲子活动等自然体验活动，让市民进一步了解公园中的自然资源，每年可服务近10万人次的市民。

例如坪山通过“一张图、一套标识解说系统、一套书、一系列课程、一个导赏程序”的“五位一体”模式推进全民共享的坪山“全域自然博物”项目，在坪山全域建设了15条自然研习步道（图11），沿途设置了408个实地观察研习点，1 200个自然研习博物牌，构建国内首个覆盖全行政区域的自然环境解说系统，并开发了“坪山全域自然博物”小程序，配套408节线上解说课程，打造了深圳市第一个“自然教育之区”。

深圳以社区公共绿色空间为载体，调动专业力量、社会组织、社区居民等积极因素，创建城市人的绿色生活空间——“共建花园”（图

图11 坪山全域自然博物研习步道

图12 公众参与共建花园建造

12）。深圳市城市管理和综合执法局于2019年启动“共建花园计划”，2020年在全市推广。截至2023年，全市各区共建设住区型、校园型、公园型等六类共建花园360个。“共建花园”创新公众参与社区基层治理新模式、搭建部门联动联系服务群众新平台、探索社会力量参与城市管理新路径，助力打造共商、共建、共治、共享的社会治理新格局，在全市掀起了“建设我们的花园”的热潮。目前，在全市公园内已建成26个共建花园，极大地丰富了公园绿地开

图13 深圳湾公共艺术季

放共享的形式。

深圳湾公共艺术季是在深圳市人才公园举办的持续性公共艺术项目，由政府支持，中国美术家协会作为学术支持，国内八大美术院校参与构建，由此构成艺术季的学术高度和城市建设高度[17]。2019年至今已经成功举办四届，第一届和第二届分别以“开放进行时”和“智识”为主题，体现深圳的城市精神以及在文化艺术交流上的开放，展示了来自不同国家的艺术作品，也得到了深圳市民的高度认可。第三届和第四届分别以“深圳潮”与“天行健”为主题，更多地向市民展示了深圳的文化与底蕴。除此之外，自2020年开始举办的深圳光影艺术季也将光影艺术展品放到了公园中进行展示（图13），让市民们可以在生活中就能够看到这些作品，例如2022年第三届艺术季以福田香蜜公园作为主展区，联合商业空间和其他公共空间共展出了217件光影艺术作品，举办了影像大赛等68场主题活动，呈现了不一样的深圳公园夜文化。这些活动除了通过公园场所与文化艺术的结合彰显深圳开放的公园文化，也通过不同的艺术作品布展扩展了市民的游玩方式和场景体验。

（三）运营机制的创新

1. 政企合作，创新公园管理模式

深圳的各类城市公园对公众完全免费开放，政府财政需负担公益性公园运营管理的部分或全部费用，财政压力巨大，因此在管理中一直在探索更为精细化的管理方式，为了有效降低成本和提高管理效率，政府已在20世纪90年代末开始逐步改革原有的城市公园管理体制，向市场化进行过渡[18]，并在香蜜公园与福田红树林生态公园的管理运营机制中，委托社会公益组织（公园之友、红树林基金会MCF）进行管理，在公园的管理服务模式上实现了创新。

香蜜公园位于福田区的中心地带，在公园建设阶段，就以“开门问计”的形式，向包括人大代表、各民主党派、辖区居民、公园租赁商户等多个社会群体征询了意见，推动公众参与到公园的规划、设计与管理工作中，也同时推动成立了全国第一个关注公园品质提升和管理优化的社会组织福田区公园之友管理服务中心，该中心凝聚了生态、交通等行业专家以及热心公益的社会人士[19]，并在运营管理阶段设立“香蜜公园理事会”对公园管理事务进行决

策，在公众与政府之间搭建了有效沟通的平台，对公园的建设管理起到了关键性的作用，实现了“政府引导、市场运作、社会监督”的多方共管模式[20]。

不同于香蜜公园的模式，福田红树林生态公园则是为了更好地提升其生态效益，由政府委托了专业环保机构——红树林基金会（MCF）在生态保护和科普教育方面通过募集社会资金进行专业化管理，同时，政府出资组建了专业管理委员会，吸纳生态保护、园林规划、环保水务等多个领域的专家，以进行公园的评审和监督考核等工作，成功构建了“政府-社会公益组织-专业管理委员会”三维管理架构[21]，成为国内首个政府筹建，委托给社会公益组织管理的城市公园。

2. 市场参与，打造多元消费场景

面对公园庞大的游人量以及市民对公园服务越来越多样化的需求，针对公园公共服务内容建设主要依靠财政投入，内容和形式不够多元的情况，近年来政府出台促进公园消费体验等系列政策文件，鼓励社会参与，注重引入优质企业、行业协会、社会组织等多元主体参与公园共建，加强与公园绿地周边商场、品牌商家合作，挖掘打造一批公园消费、运动健身等体验场景，在花展、重大节日期间推出花集、文创、餐饮等各具特色的公园消费市集，促进公园绿地的生态价值不断转化为经济价值、生活价值。

在配套服务供给的具体模式层面通过资产租赁、委托服务等方式，鼓励社会资本投资建设运营配套服务项目，推动政府和市场的有机结合，扩大配套服务的有效供给，以营造更多公园融合生活、文化、消费、科技、教育等功能的服务场景，推动公园绿地更大程度地开放和共享。

四、结语

从举办花展花事到升级公园文化季，从设置城市露营地到试点公园消费市集、打造网红公园书吧，深圳不断努力通过拓展公园绿地功能、提升公园管理服务水平，让市民在公园里留得下、玩得好。截至2023年8月，除仙湖植物园外，由城管部门管理的城市公园共152个，总面积约为8 066hm^2，暂未对外开放的面积约为191hm^2，开放率约为97.63%，基本实现城市公园绿地开放共享。在践行公园城市建设新理念、探索公园城市建设新范式的实际行动中，深圳的实践和探索也在进一步拓展公园城市的内涵，公园城市的理念不仅仅融入城市发展和社会建设的各个方面，更融入市民的日常生活中，公园已经成为深圳人的一种生活方式，寄托了人民对美好生活的共同期待。

通过空间形式、服务内容和运营机制等方面的积极探索，深圳城市公园绿地的开放共享得以不断发展，开放共享场景的数量和质量上均得以提升，更好地满足了市民日益丰富的使用需求。但深圳在面临地少人多、生态风险挑战、空间发展不均衡等压力下，公园的开放共享仍面临许多压力，在引入多元市场主体，打造公园特色服务、活动及消费场景方面仍有较大的提升空间。未来深圳仍然需要广泛借鉴国内外先进城市经验，结合自身实际情况，形成具有创新和示范意义的开放共享路径，建设具有国际先进水平的公园城市。

参考资料

[1] 深圳市规划和自然资源局，深圳市城市管理和综合执法局．深圳市人民政府关于印发深圳市公园城市建设总体规划暨三年行动计划（2022—2024年）的通知[J].深圳市人民政府公报,2023(2):1-35.
[2] 于光宇，吴素华，黄思涵，等．从“千园之城”到“一园之城”：深圳公园城市规划纲要编制思路与实践[J]. 风景园林，2023, 30(4): 69-77.
[3] 1998年市委二届八次全会提出要把深圳建设成为园林式、花园式现代化国际性城市的目标，并制定了《深圳市建设园林式、花园式城市工作方案》.
[4] 潘麒羽．广州中心城区综合公园开放更新策略优化研究[D]. 广州：华南理工大学，2021.
[5] 深圳市城市管理和综合局官方发布数据.
[6] http://www.sz.gov.cn/zfgb/2020/gb1140/content/mpost_6859307.html.
[7] 张亚男，沈守云，廖秋林，等．城市绿地系统规划理论研究现状与展望[J]. 中南林业调查规划，2009, 28(1): 52-57.
[8] 赵纪军．新中国园林政策与建设60年回眸（二）——苏联经验[J]. 风景园林，2009(2):98-102.
[9] 苏伟忠，王发曾，杨英宝．城市开放空间的空间结构与功能分析[J]. 地域研究与开发，2004(5):24-27.
[10] 安晓娇．共享与品质——2018中国城市规划年会在杭州成功举办[J]. 城市规划，2018, 42(12):4.
[11] 操思凡．基于空间共享理念的城市附属绿地开放研究[D]. 长春：吉林农业大学，2022.
[12] 朱伟华．为了“公园之城”的梦想深圳公园30年[J]. 风景园林，2010(5): 64-66.
[13] 徐宇珊．“嵌入式”全域系统建设儿童友好城市：城市高质量发展的路径探索[J]. 深圳社会科学，2022, 5(6):80-91.
[14] 汤维多，覃颖逢，余淑莲，等．面向遛狗需求的消极空间改造策略[J]. 规划师，2019(5):6.
[15]《深圳公园绿地开放共享带来更多新玩法》深圳市政府在线“政务公开”栏目 http://www.sz.gov.cn/cn/xxgk/zfxxgj/tpxw/content/post_10810156.html.
[16] 周文燕．深圳市公园文化节的现状、问题与对策研究[J]. 科技展望，2015, 000(19):231-232.DOI:10.3969/j. issn. 1672-8289. 2015.19.201.
[17] 段少锋．艺术造城的深圳模式——深圳湾公共艺术季策展手记与思考[J]. 艺术工作，2022(6):45-54.
[18] 张波．深圳、新加坡城市公园管理及借鉴意义[J]. 中国园艺文摘，2013, 29(8):76-79, 84.
[19] 孙逊．城市公园公众参与模式研究——以深圳香蜜公园为例[J]. 中国园林，2018, 34(S2):5-10.
[20] 王清洁．市政公园品质建设之行政策略探析——以深圳香蜜公园为例[J]. 中国园林，2018, 34(S2):15-21.
[21] 谢恺琪，黄兰英，唐佳梦．社会公益组织管理城市公园的创新实践[J]. 中国园林，2018, 34(A02):4.

基于韧性城市的海滨公园风暴潮适应性建设实践
——以大梅沙海滨公园为例

柴斐娜
（中节能铁汉生态环境股份有限公司）

摘要：目前，全球变暖导致极端气候事件频发，其中风暴潮等自然灾害对海滨公园的破坏和损毁屡有发生。深圳作为滨海城市，海滨公园是其生态空间和活动空间的重要组成部分，也是风暴潮易发区域。以往针对风暴潮等自然灾害采取的措施多为灰色防御性基础设施，但发挥作用有限，同时一定程度上割裂城市、隔绝自然、隔断生活。如何通过更加缓和互动的方式消解彼此直接对抗的力量，构建和风暴潮等相适应的海滨公园迫在眉睫。本文通过梳理国内外相关研究动态，针对巨浪、洪涝、海水倒灌等风暴潮灾害链条，提出“模块-网络-维度”海滨公园风暴潮适应性建设框架体系，选择人工珊瑚礁离岸防波堤、防浪沙丘、防风固沙植物、固沙栅栏等模块，构建适风、固沙、耐淹三大网络，塑造公园监测预警、社区居民需求、内外交通组织三大维度，将韧性城市与海滨公园风暴潮适应性建设相结合，为海滨公园应对风暴潮等自然灾害探索了一条实践之路。

关键词：韧性城市；海滨公园；风暴潮适应性；大梅沙

Practice of Storm Surge Adaptability Construction of Coastal Park Based on Urban Resilience
—Taking Dameisha Beach Park as an Example

Chai Feina
(CECEP Techand Ecology & Environment Co. LTD)

Abstract: At present, global warming has led to frequent extreme weather events, among which storm surge and other natural disasters have frequently damaged and damaged seaside parks. As a coastal city in Shenzhen, seaside park is an important part of its ecological space and activity space, and it is also a storm surge prone area. In the past, the measures taken to deal with natural disasters such as storm surge were mostly grey defensive infrastructure, but it played a limited role, and at the same time, it cut off cities, nature and life to a certain extent. How to dissolve the forces of direct confrontation between each other through more moderate interaction, and build a seaside park that ADAPTS to storm surge is imminent. By reviewing relevant research trends at home and abroad and aiming at storm surge disaster chains such as high waves, floods, and seawater inpouring, this paper proposes a “module-nets-dimension” storm surge adaptability construction framework system for coastal parks, and selects modules such as artificial coral reef offshore breakwater, wave prevention dunes, wind and sand fixation plants, and sand fixation fences to build three major networks suitable for wind, sand and flood. The three dimensions of park monitoring and early warning, community residents' needs, and internal and external traffic organization are shaped, wind and sand prevention and sand consolidation are utilized by nature, multiple protection systems of green seawall are constructed, and resilient cities are combined with storm surge adaptability construction of coastal parks, exploring a practical way for coastal parks to cope with natural disasters such as storm surge.

Keywords: Urban resilience; Coastal park; Storm surge adaptability; Dameisha

引言

全球变暖问题导致的风暴潮等自然灾害对滨海城市及滨水区域的破坏日益加剧。1975—2016年，全球80%因风暴潮死亡人数在距离沿海100km的地区内[1]。我国沿海地区是极端天气和气候事件易发和频发的区域，滨海城市几乎都受到风暴潮的影响。减缓滨海带自然灾害的风险和破坏，构建韧性安全的滨海城市格局，是当前亟待研究和解决的问题。

荷兰、英国、美国、加拿大、泰国等在该领域的研究和实践开展较早，注重自然力量，尝试把基于生态系统的软性基础设施融入防灾系统，重点关注受灾区广泛且长期的减灾和重建，并颁布了一系列气候适应性法规政策，取得了显著成效[2]。

国内在该领域的研究和实践起步较晚，目前研究的不平衡性十分突出，缺乏应对风暴潮灾害针对性的防灾研究和实践，硬性基础设施和软性设施之间缺乏衔接，法规政策、灾前预警、公众科普、不同区域的防灾建设标准体系构建等均不够完善，相对应的建设实践，尤其海滨公园风暴潮适应性理论和建设实践也较少[2]。

2018年9月，台风“山竹”使深圳大梅沙海滨公园遭受毁灭性破坏，盐田区启动灾后重建工作，历经3年于2020年“十一”国庆假期重新对外开放。在此次建设中，基于大梅沙海滨公园处于风暴潮易发区的特性，引入城市韧性理念，将风暴潮这一外界极端性干扰因素重新纳入城市动态平衡视野下，通过一系列人工和自然工程措施，将对抗关系变为调和共生关系，提供了更具前瞻性和落地性的实践思路。

一、国内外研究动态

（一）国外研究动态

1973年加拿大生态学家霍林首次将韧性思维引入生态学领域，并将其定义为当生态系统受到干扰或影响时，维系系统重要功能，保持结构重要特征，并且凭借系统自身力量恢复至其原始状态的能力[3]。

韧性城市联盟在2005年对韧性城市进行了定义：城市系统消化、吸收外来干扰并保持原来结构、维持关键功能的能力。韧性城市联盟还指出，韧性城市主要包含4个方面：生态韧性、工程韧性、经济韧性与城市韧性[4]。

诸多学者对韧性城市的特征进行分析。威尔德夫斯基提出韧性城市的6大基本特征：动态平衡特征、兼容特征、高效的流动特征、扁平特征、缓冲特征、冗余度[5]。埃亨认为韧性城市应当具备5个要素：多功能性、冗余度和模块化特征、生态和社会的多样性、多尺度的网络连接性、有适应能力的规划和设计[6]。艾伦和布赖恩特认为韧性城市必须具备7个主要特征，即多样性、变化适应性、模块性、创新性、迅捷的反馈能力、社会资本的储备以及生态系统的服务能力[7]。综合以上学者论述可得韧性城市的基本特征如下：

其一，多功能性。城市不同功能在同一地块的叠加，可在城市有限的空间提供更多更持续的生态服务功能。

其二，生物多样性。对于可持续发展的城市而言，生物种类越丰富，其长期活力和稳定性也越高，对灾害的抵御和恢复力越强，城市韧性与调节能力也就越强。

其三，适应性。构建有适应能力的规划设和设计，灵活有效地解决并适应城市系统中的不确定问题，建立适应外部干扰的恢复能力。

其四，冗余度。城市在面临极端天气时应有一定数量的设施备份，当其中一个结构受到冲击破坏时，其他相同结构的设施也能补偿其损失。

其五，连接性。在城市空间网络的构建中，点、线、面三维构成韧性空间，以提高城市应对气候韧性水平。

在风暴潮灾害应对方面，欧美国家在这一领域开展了积极探索和实践，从被动式的硬性应对策略逐渐转化为主动式应对，主要集中在基础设施、社会管理、产业布局结构等方面的建设（表1）。

表1 国外应对风暴潮灾害的经验概述[2]

国家地区	政策或计划	应对措施
荷兰	建设结合自然计划 三角洲工程 沙引擎工程	通过硬性和软性基础设施进行海岸保护；运用沿海脆弱性评估在薄弱处稳定生态结构，阻止生态退化；建设沙滩、湿地、滩涂等界面，运用自然力量缓解灾害影响
美国	波士顿风暴潮屏障工程 《纽约适应计划》	重新评估基础设施防灾能力，强化社区功能并适当增加弹性绿地空间；强化领导和决策机制，成立纽约气候变化城市委员会；强调社会全员参与性，打造灾前、灾时、灾后多层次防灾体系；纽约海岸线加固与防护、防波堤重建以及滨海潮汐公园系统构建等
加拿大	加拿大气候影响与适应网络计划 加拿大草原作物多样化战略 温哥华撤退计划	注重预防、应急准备、应急反应与灾后重建、重要基础设施保护等突发事件管理的一切要素；强化政府在灾害应对中的职能，结合风险评估打造全国性的灾害应对系统；在灾害严重处采取撤退的策略，并依照季节打造多样化的产业结构
泰国	国家防灾减灾计划 泰国湾渔业计划	成立水灾受害者援助复兴委员会，任务是制订基础设施、经济、社会三个领域的灾后重建计划；保护红树林和珊瑚，以防御风暴潮，适度开发旅游业；积极争取国际救灾援助；打造适应性渔业经济

（二）国内研究动态

国内对韧性城市理论的研究较晚，近年研究的重点从城市基础设施韧性、管理韧性等方面的探索向应对灾害的城市韧性、风险治理研究等领域开展。

孟海星、沈清基等对韧性城市作出了定义，表示城乡人居环境的各个体系和要素在受到干扰或改变时，在阈值范围内表现出如吸收、恢复、适应和转变的动态特征[8]。林沛毅等认为韧性城市是指城市系统及其所组成的社会、生态和社会技术网络跨时空尺度的能力，在面对干扰的情况下，保持或迅速恢复到期望的功能，以适应变化及快速转换当前限制或未来适应能力的系统[9]。仇保兴等对韧性城市的属性进行了总结，提出韧性城市包含主体性、多样性、自治性、冗余性、慢变量管理、标识这6个要素[10]。

2008年汶川地震后，我国初步将韧性理念纳入城市建设规划，2018年开展大规模的相关实践，并在2020年6月的城市体检项目中将“安全韧性”作为核心指标之一。同年10月，我国政府将“建设韧性城市”明确写入了国家“十四五”规划。但是相较于国外韧性城市理念在国家战略中的深入与韧性理念指导下的城市防灾减灾经验，我国仍有较大差距。

国内海滨公园的早期研究热点侧重于规划设计、旅游度假、滨海植物设计等方面，2018年至今，国内研究热点开始转向针对气候适应性的弹性景观设计、海滨盐碱地修复等，但针对风暴潮适应性的海滨公园研究寥寥无几，主要集中在灾后绿化修复等方面[11]，且研究重点侧重于将海滨公园恢复至灾前状态，较少从规划设计阶段提前注入适应性思维。

二、深圳风暴潮灾害成因与特征

（一）风暴潮概念、成因及等级划分

风暴潮是指由于剧烈的大气扰动（强风和气压骤变）引起海面异常升高或降低的现象。风暴潮灾害是指风暴潮叠加在正常潮位上，加之风浪和涌浪三者共同作用引起海岸瞬时增水冲毁海堤、吞噬沿海城市等，从而造成严重损失。

风暴潮分为温带气旋风暴潮和台风风暴潮两类。在我国台风是造成风暴潮灾害的主要天气系统。天文大潮引起的高潮也是风暴潮成灾的原因之一。若风暴潮和天文大潮叠加发生在同一区域，则其造成的危害更大。另外，海岸形状、海底地形、地理位置等也制约着风暴潮的成灾程度。

一般情况下，遭受海上大风正面侵袭、海岸呈喇叭状、海底地形平缓的滨海经济发达地区是风暴潮灾害易发区域。

风暴潮等级划分是根据风暴潮潮位值超过当地“警戒潮位”的相对高度决定的。根据国务院《风暴潮、海啸、海冰应急预案》规定，风暴潮预警级别分为Ⅰ、Ⅱ、Ⅲ、Ⅳ四级警报，分别表示特别严重、严重、较重、一般，颜色依次为红色、橙色、黄色和蓝色。

（二）深圳台风风暴潮特征

1. 未来影响深圳的台风呈现频次增加、季节变长、强度增强特点

根据中央气象局资料统计，1965—2021年以深圳市为中心的200km范围内遭热带气旋登陆的次数共有95次，其中台风级别以上有42次，占比约40%。

受气候变暖和海温升高双重影响，近10年影响深圳的台风频次增加。2015年前每年影响深圳的台风平均2.6个，2016—2020年增加至每年平均4个。其中，南海台风影响深圳的频次增加更明显，由2015年前的每年平均0.8个，到2016—2020年增加到每年平均2个[12]。

深圳在历次台风期间受到了严重的经济损失，其中2018年第22号台风“山竹”被认为是1979年以来影响珠三角地区最为严重的台风[3]。

未来，深圳强台风频率可能加强，需谨防高密度强台风的影响，尤其关注台风风暴潮对深圳的侵袭程度。

2. 深圳近海风暴潮发生概率大

邓国通等通过研究深圳近海风暴潮的影响因素发现，风暴潮主要受台风登陆地点、风力大小及持续时间、路径、地形、天文潮叠加等影响[13]。

对于台风的登陆地点，相同条件下，在深圳西边登陆的台风比在深圳东边登陆的台风产生的最大增水高1.5m左右。由东往西移动并登陆深圳的台风，比由南向北移动的台风产生的最大增水高1.0m左右。对于台风尺度，台风最大风速半径增加15%，最大增水上升0.2m左右。台风强度增强15%，最大增水上升0.4m左右。

通过研究1954—2019年27个深圳高影响台风，主风台风绝大多数路径以西北移动路径为主。主雨台风路径有三类，以西北路径为主，其次为东北或偏北移动经珠三角以及福建登陆进入广东北部或江西、湖南[14]。综上可见，高影响深圳台风路径多以西北路径为主，且登陆地点位于深圳西边数量较多，由此可见深圳发生风暴潮概率较大。

（三）深圳风暴潮灾害损失

以2018年台风“山竹”为例，其于2018年9月16日14时从距离深圳125km南面掠过，成为1983年以来影响深圳最严重台风，具有强度极强、范围极广、破坏力极大的特点。其一，风极大。“山竹”影响期间，12级以上阵风持续时间13h，10级以上阵风持续时间25h，其大风影响累计时间突破历史记录，最大阵风达

52.7m/s（16级，内伶仃海域），历史罕见；其二，雨极大。全市平均雨量187.2mm，最大累计雨量338.6mm（特大暴雨）；其三，浪极凶。大鹏湾湾口浪高6.6m，大亚湾东涌浪高5.7m，珠江口内伶仃海域浪高2.2m；其四，潮极高。盐田和赤湾验潮站记录到破历史纪录的潮位。这次超强台风形成了极大风、极大雨、极大浪、极大潮等多层叠加[15]。

受“山竹”影响，深圳有2名群众轻伤，树木倒伏1.7万多棵，供电线路中断493条次，15万多户居民停电，84个小区停水，4个片区供气中断，公共场馆受损104个，交通设施受损97处，户外广告牌受损122个，路灯损毁68个，山体滑坡、路面塌陷、围墙倒塌等较大次生灾害13起，盐田区海鲜街、小梅沙海洋世界、大梅沙喜来登酒店以及大鹏新区较场尾、南澳东山码头、沙渔涌、金沙湾万豪酒店等区域海水倒灌15处，坪山坑梓街道区域内涝积水80余处等[15]。

台风“山竹”给深圳的城市公共安全造成了严峻的挑战，产生一系列次生灾害，呈现链条式结构演化趋势，构成风暴潮灾害链。“巨浪”“洪涝”“海水倒灌”是深圳风暴潮灾害的主要形式，也是风暴潮防控工作的重点对象[16]。

三、城市韧性视角下海滨公园风暴潮适应性建设框架体系

确保海滨公园在应对风暴潮等极端天气时能够发挥其缓冲、适应、恢复能力，遭受灾害时快速分散风险，修复功能，恢复格局，须在此类公园规划建设前系统性考虑，预判性防控，高瞻性设计，最终长期可持续为市民服务，实现城市与自然的共生友好发展，为此提出以下基本原则和建设策略。

（一）基本原则

1. 耐用持久原则

海滨公园须考虑风暴潮等极端天气所产生的可见变化及风险，不仅能承受其巨大的冲击能量，也能长期持久地应对风暴潮此类灾害的频繁打击。

2. 多样冗余原则

海滨公园须增加抗风暴潮干扰的多样性结构，当一种结构受到气候干扰破坏时，另有其他结构发挥作用，降低灾害程度。同时要构建结构的冗余性，强调多个重复建设，防止功能丧失。当然，若冗余建设容易造成建设成本增加，应科学计算，合理设定冗余结构数量，避免造成浪费。

3. 自然适应原则

近20年来，遵循自然规律，采用自然解决途径应对气候变化取得显著效果。具体而言，通过保护或恢复滨海自然生态系统，如保护沿海地区红树林，恢复红树林生境，以缓解风暴潮的冲击。通过重建或创建新的生态系统，如构建自然排水系统以缓解风暴潮带来的城市内涝，建立人工暗礁以降低波能，减弱风暴潮对滨海地区的伤害。

（二）建设框架

冯璐在研究绿色基础设施的基础上提出了基于韧性城市理念的“模块–网络–维度”韧性基础设施框架体系[17]。

模块是指那些实现绿色基础设施弹性，又能在面临外来冲击时具有足够选择、保持一定冗余度的内容，彼此之间既相互联系，又相互分离。

网络并非有廊道连接的实体网络，而是各个模块在空间上的集合，通过功能叠加，实现特定的韧性需求。

维度是指超过空间之外的抽象维度，如经济、社会、政治等，具有针对韧性城市思维下

多学科融合的特点，强调多元合作和整合。

借鉴其理论，本文构建“模块-网络-维度”三位一体的海滨公园风暴潮适应性体系（图1）。通过打破空间阻隔和时间断裂，让各个模块在空间上实现集合和叠加，又针对风暴潮灾害特点，构建海滨公园适风网络、固沙网络以及耐淹网络，减缓并适应风暴潮带来的巨浪、洪涝、海水倒灌等方面的严重破坏，同时通过公园监测预警、社区居民需求、内外交通组织等维度，维护海滨公园耐压性和承受力。

1. 模块

沙滩修复、生物礁、固沙植被等是海滨公园风暴潮适应性建设的各类模块。这些模块具有多样性、重复性、动态适应性等特征，可在其他模块失效时实现有效替代，表现出一定的冗余度，并可以根据风暴潮不同时段的发生特点采取不同的适应性应对。

（1）沙滩修复。来自沙丘、海滩和近滨地区的沙是天然存在的适用于防护海滨的最好物质。人工养滩按照补沙的抛填位置可分为沙丘补沙、滩肩补沙、剖面补沙以及近岸补沙。通过研究波浪、水流动力维持人工修复沙滩后的自然系统，可减少海滨维护成本[18]。

北戴河西海滩经过十年努力，通过人工海滩吹填、人工沙丘修复、人工沙坝吹填、离岸潜堤建设、人工浅礁建设等，使得原来海岸线肩滩向海推进约50m。在离岸约250m处填人工沿岸沙坝，在两侧岬角处按照抛物线形状进行补沙，在原老虎石栈桥位置离岸约100m以外构筑人工浅礁，在北戴河东防波堤东南方向100m之外构造人工潜礁，形成人工岬湾。养滩剖面滩肩坡度采用1：100缓坡形式，滩面采用1：10坡度，补沙方式采用滩肩补沙和近岸补沙相结合。滩肩补沙采用汽车陆运方式进行，近岸补沙采用“吸沙-驳运-吹填”方式进行，塑造人工沙坝[19]。

（2）抗风沙丘。利用沙丘移动并消耗波浪能量的功能，可构建双层沙丘：第一层沙丘对抗风暴潮，起到大幅度缓和波浪冲击的功能，在第一层沙丘的保护下，第二层沙丘进一步吸收海浪能量，同时大大降低沙体流失，最终将大部分灾害阻挡在第二层沙丘外，从而起到保护海滨公园的作用[17]。

（3）生物礁。生物礁生长于近岸浅水区的前缘，如果其规模足够大，就能消耗波能，甚至导致波浪破碎。可根据不同生物的生长特性选择养殖，可利用的造礁生物有珊瑚、牡蛎、

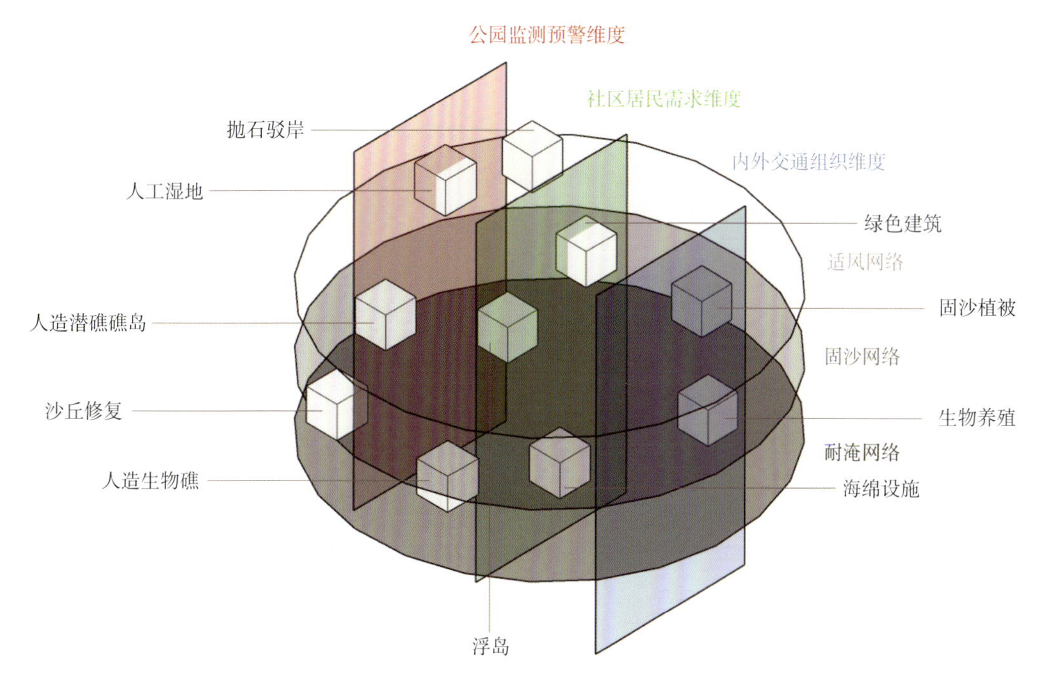

图1 海滨公园“模块-网络-维度”风暴潮适应性建设框架体系

贻贝、藤壶等。适合低纬度热带生长的生物礁以珊瑚为主，需要悬沙浓度低、波浪作用强的地方，因此通常远离潮滩环境。除了保护天然珊瑚礁外，也可人造珊瑚礁或珊瑚球，促其消耗波能，保护后侧海滩。

多美尼克斯海滩度假村在近海安装了大约450个人造珊瑚礁单元，形成水下防波堤，其在两次飓风中幸存下来且未发生任何位移，保护度假村沙滩免遭风暴潮侵袭。

（4）人造潜礁、潜岛。采用石材、混凝土或其他材料认为建造用于减弱海波冲击且可为海洋生物提供栖息环境的人造潜礁或岛屿，也可作为离岸生态防波堤来缓解风暴潮的冲击。作用原理是人造潜礁或岛屿多孔隙的粗糙界面可有效吸收海浪的波能，且生长其上的动植物也能起到滞淤防浪作用。

（5）浮岛。浮岛是一种由植被覆盖的漂浮结构，可以起到减缓波浪冲击以及为动植物提供生境、净化水质的作用。浮岛的漂浮特性恰能应对海浪冲击的主要发力点，一般由椰丝纤维、塑料泡沫和海绵作为基底，并在其上安装多孔材料作为植物的固定物。在海水中生长的植物一方面可降缓海浪冲击，另一方面还可作为动植物的栖息地，并适当净化水质。但其固定性较差，不适宜设置在波浪比较大的海域。

（6）生物养殖。可在离岸近海区域养殖牡蛎等海产，不仅可以吸收海浪冲击能量，保护滨海地带，还能充分利用空间发挥其经济作用。美国斯塔滕岛建造了牡蛎暗礁这一人工防波堤，既可以减小风暴潮带来的波能、净化水质，又可以构架滨海生态系统增加生物多样性，还可以刺激当地的牡蛎养殖产业，拉动经济发展[20]。

（7）防风固沙植被。海滨公园需选择耐盐、抗旱、耐涝、抗风且有一定观赏价值功能的乡土植物，营造滨海景观，提供游憩休息遮阴空间，同时改善公园小气候，阻挡或减弱海浪冲击，固沙定水，保护海岸免受侵蚀危害。

深圳大鹏新区西涌海湾在“山竹”台风后启动了海岸线环境品质提升工程，以增强西涌应对台风天气的能力。其构建三重复合型防风林体系，主要以木麻黄为主要树种，重塑海岸生态环境。第一道防线，以乔木和固沙地被搭建乔灌为主的透风结构，作为第一道防线避免直面台风时被折断或吹倒，起到固沙防风的作用。第二道防线，以乔木、灌木、地被形成三重立体稀疏结构的植被层次，用于减弱风速。第三道防线，以木麻黄为主，对原有植被进行补种，形成紧密结构的背景防风林[11]（表2）。

（8）抛石驳岸。抛石护坡由碎石材料构成，其间空隙可使海水通过，从而减缓海水对驳岸海堤的冲击力，表现出更稳定的状态。同时驳岸间的缝隙可为动植物的生长提供场所，形成稳定的工程兼生态系统。抛石驳岸适用于已有的硬质驳岸段，不适合在自然海岸段。

（9）人工湿地。滨海湿地包括盐沼、红树林等，其通过减弱波浪作用并过滤水中的碎屑来缓冲沿海风暴对高地的影响。可加强湿地生境，也可以在沿海岸线新建以吸收波浪能。随着海平面上升以及风暴潮频发，湿地的复原力几乎不需管理，可持续提供重要的生态系统服务。

表2 西涌三重复合型防风林体系

防风林带分区	滨海三道防护线	防风林带结构	透风系数	植物品种搭配	群落类型	防风林宽度
近滨海路边缘	第一道防线	透风结构	＞ 0.5	木麻黄＋大叶榄仁、黄槿＋草海桐/马鞍藤	生态混交群落	约 26m
保育区林带	第二道防线	稀疏结构	0.3~0.5	木麻黄＋蒲葵＋海南椰子＋大叶榄仁＋水黄皮＋露兜＋黄纹万年麻＋文殊兰/长春花	生态混交群落	约 46m
近村庄边缘带	第三道防线	紧密结构	＜ 0.3	木麻黄＋银合欢＋血桐、银叶树	片林生态混交群落	原有补种

（10）海绵设施。“海绵设施”包括绿色基础设施，如绿色屋顶、雨水花园、透水铺装、植草沟等，以及灰色基础设施如雨水管网、调蓄水池、泵站等。通过构建海绵体进行滞留、渗透、集蓄和净化，由城市水生态设施，如经管网、泵站排出，从而降低风暴潮引起的城市内涝危害和压力。

（11）绿色建筑。海滨公园建筑等应根据其所在地的主导风向、光照强度、通风情况等，在屋顶结构、立面结构、建筑材料等方面，发挥节能、防风、抗风、引风、耐盐碱等作用。

2. 网络

在选定遵循场地情况的适应风暴潮模块后，可将各个模块在空间上进行集合叠加，发挥模块的多样性和冗余性，组成具有不同功能的网络，满足防御风暴潮的不同需求，如缓解风浪、导流吸收、储存洪流、固沙护滩、盐碱化适应等，从而保证功能链条没有缺失零件，保障畅通运行。与此同时，构建风暴潮适应性网络时，还需跨越不同尺度，与城市区域规划相协调[17]。

（1）适风网络。风暴潮引起的飓风冲击会给海滨公园造成巨大的损失。可在城市韧性视角下，选择多个模块形成多重抗风适风防线网络系统，通过分级分层将海浪的能量逐级消减，降低风暴潮对海滨公园的冲击。

加州长滩建立了包含人工暗礁区、滨海湿地、潮汐池和沙丘瘠地的滨海韧性带，充分缓冲飓风暴雨带来的波能，降低损失[20]（图2）。

大鹏半岛在台风“山竹”后提出了东部海堤重建工程，通过构建“三重海岸防线”，恢复水上安全战略与生态海岸线，海堤建设、景观和公共空间改造相结合，从全局层面构建应对多变的海洋气候的适应性，以防止频繁发生的台风灾害事件。

三重堤坝构建多层次、多功能的海堤防护系统（图3）。第一重“外”堤坝通过建设人工珊瑚礁修复海洋生态系统，通过波浪衰减、侵蚀减少和沉积增强来增加弹性，抵御和减缓风暴潮的破坏。第二重“中间”堤坝利用高架路堤，用于阻止风暴潮和被海浪推高的海水。它不是传统意义上的一堵防浪墙体，而是高起的丘陵公园、高架滨水区或抬高的建筑形成的一个多功能区。第三重“内”堤利用“海绵城市”的理念管理雨水，对相邻的城市、村落、山区等的所有径流进行缓冲、延迟并暂时储存在雨水公园中[11]。

（2）固沙网络。开敞性海岸线在遭受风暴潮袭击时，常规气候下平衡状态的沙滩会遭受严重流失，由此可构建“抗风沙丘+固沙植被+固沙构筑+人工补沙”等功能模块链条，形成有效的固沙网络。

为增加沙丘防御能力，可种植具有固沙作

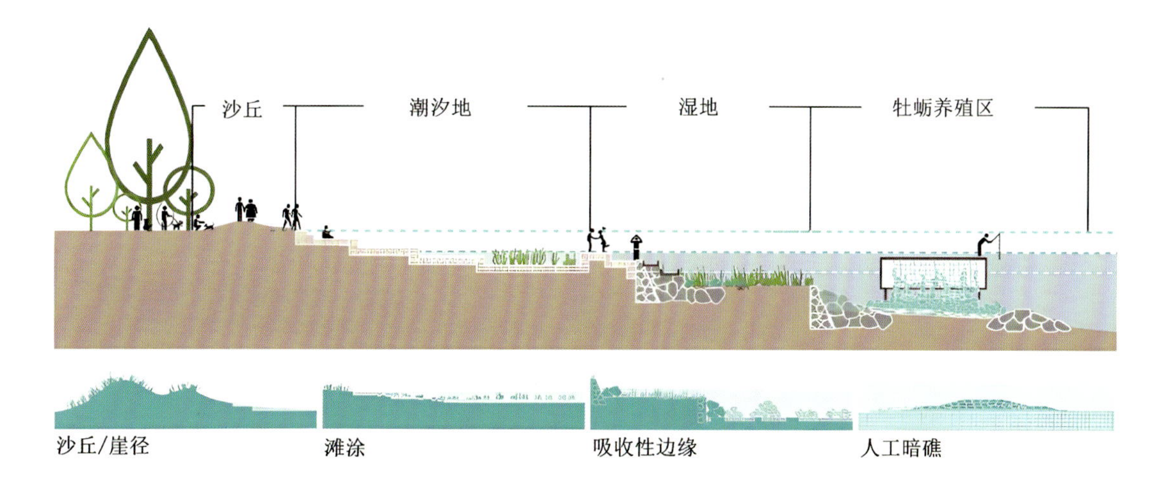

图2 加州长滩滨海防风适风多重防线网络

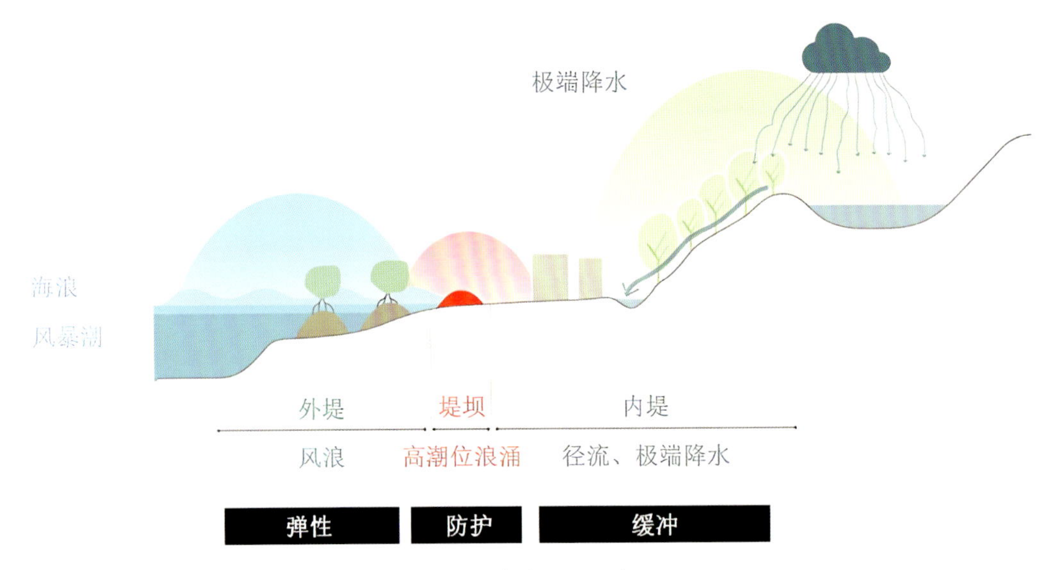

图3 三重海岸防线示意图

用的沙丘草，其对土壤盐度、高强度光照、贫瘠土壤、气候变化、供水困难等有惊人的忍耐力。厚藤、单叶蔓荆、匍匐苦荬菜、草海桐等也是可考虑的植物种类。

为固定沙体，也可修建沙篱，用以阻挡被海风吹起的海沙，可采用木材、竹片、钢材等材质。

若海滨公园沙量损失较大时，则可通过人工补沙手段，恢复重建被侵蚀的海岸带。

（3）耐淹网络。为应对海滨公园的周期性淹没状况，需充分发挥海岸带作为海陆交接缓冲区域的重要作用，将公园开发边界后移，让海岸带成为海陆物质交流、动植物生长以及应对风暴潮等极端天气的缓冲地带。

为避免与潮水正面冲突，需将公园基础公共设施建在淹没区最高水位线之上，确保其安全度过风暴潮等极端天气。另外，也可最大限度地利用生态屋顶、透水路面、植草沟等海绵设施应对持续暴雨灾害。

3. 维度

海滨公园风暴潮适应性维度不仅需要对公园内部韧性模块设施进行规划，同时需要对相关联的公园管理、居民需求、交通协调等方面进行规划，强调风暴潮适应性解决方案的综合性和多元整合性，以求更好地发挥各个模块的作用，加深网络的联系。

（1）公园监测预警维度。监测并预判公园可能发生的自然灾害，提高防灾预警水平，同时根据海滨公园易受灾特点制定应急预案，优化公园管理模式。

（2）社区居民需求维度。风暴潮适应性模块不仅需要发挥其工程、生态韧性功能，还需要充分考虑社区居民需求，对其进行景观化处理，增加其社会功能。

丹麦建筑及景观设计事务所（Bjarke Ingels Group, BIG）针对曼哈顿地区适应性滨水区的设计中，构建了一个绵延16km的“U”形保护系统，其中护堤是贯穿方案的主要风暴潮适应性手段，但其不是传统的功能单一的护堤形式，而是通过拓宽，设置观景亭、休息座椅、活动平台、自行车道等，形成一个多功能的城市公共休闲廊道，满足社区居民多重需求[17]。

（3）内外交通组织维度。保障海滨公园在遭受风暴潮侵袭时能快速疏散人员，增强应对外部冲击的稳健性，同时具有备选或替换通道，增强冗余度，外来冲击影响降低后，可快速恢复通道功能。

四、大梅沙海滨公园风暴潮适应性建设实践

（一）基本情况

大梅沙海滨公园位于广东深圳盐田区大梅沙片区，三面青山环绕，一面海水蔚蓝，拥有优越的生态条件以及自然资源，是广东省5A级旅游景区。大梅沙海滨公园几经提升改造，成为深圳的重要城市名片，是深圳立市以来最重要的海滨旅游度假区之一，不仅素有“东方夏威夷”的美誉，更是“鹏程八景”之一的“梅沙踏浪”景点。

（二）重建背景

1. 台风“山竹”对大梅沙海滨公园的毁灭性破坏

2018年9月6日台风“山竹”席卷广东时，深圳平均雨量187.2mm，最大338.6mm，12级以上阵风持续13h，造成严重的社会经济损失。风暴潮和巨浪使得大梅沙海滨公园遭受了毁灭性破坏，沙滩被卷走约25万m^3海沙，沙滩整体下沉超过1m，基础部分严重外露，公共、建筑设施及构筑物全部受损，多处绿化被沙子掩埋，部分树木倒伏，直接经济损失约8 500万元。在此次自然灾害中，大梅沙公园在防风防浪等生态安全方面的缺陷暴露无遗，修复大梅沙海滨公园海岸线，提高公园防灾能力，恢复大梅沙公园功能成为亟待解决的问题。

2. 深圳推进创建“世界级绿色活力海岸带”的重要抓手

深圳市于2018年9月出台了《深圳市海岸带综合保护与利用规划（2018—2035年）》，提出“对标全球海洋中心城市，全市通过建设海洋地标，提升深圳国际海洋地位”的规划思路。

大梅沙海滨公园作为深圳重要的滨海地标，需对标国际一流标准，构筑滨海生态安全格局，贯彻海绵城市理念，多管齐下规避灾害，强化公共服务和交通可达性，为深圳打造全球海洋中心城市作出贡献。

（三）风暴潮适应性建设主要内容

1. 模块

（1）人工珊瑚礁离岸防波堤。海潮自东南向西北流入大鹏湾，呼应潮水风向，在大梅沙海滨公园近海处设置离岸防波堤。防波堤依托原有天然珊瑚礁，构造人工珊瑚礁堤岸，作为消浪前锋，可消耗波能，保护后侧海滩。同时，防波堤吸引海洋生物，营造海洋多样生境。

（2）沙滩修复。采用推沙、筛沙、平沙、人工补沙手段，重现大梅沙银滩风光，同时抬高沙滩剖面基底标高，在高水位时消纳波浪能量，减少滩面沙的流失。

（3）防浪沙丘。构建双层沙丘体系，缓和波浪冲击，以低人工干预手段修复公园沙滩生态。

（4）沙滩防浪基础。深入沙滩下设置消隐式预制钢筋混凝块防浪基础，用以抵挡风暴，吸收海浪能量，阻挡潮水。

（5）防风植物。大梅沙海滨公园在保留现状乔木基础上，选择抗风沙、耐贫瘠、根系发达、固土能力强且具有一定观赏性的植物品种，如棕榈科植物、高山榕、朴树等，形成平均宽度为30m的防风屏障。

（6）固沙植物。在改良土壤的基础上，选择马鞍藤、单叶蔓荆等固沙植物，其耐旱、呈伏地状的蔓生特点，可以抵抗根部裸露的危害并深入地下获取水分，还能快速覆盖沙丘、沙滩表面，防止沙粒移动，从而保护沙质岸线安全。同时，选择耐盐碱的细叶芒、狼尾草等，打造滨海浪漫景观带。

（7）消隐式防浪墙。采用自然消隐方式，结合特色园路基础、木栈道基础及广场重力式挡墙，在沙滩和公园绿地边缘界面全线设置防浪墙体系，构成系统的隐藏防浪墙。

（8）固沙栅栏。利用风动力原理，风中携带的沙砾遇见固沙栅栏后会沉积在栅栏下，镂空的形式使它们更能抵抗海风。

（9）绿色建筑。服务建筑以海浪冲上沙滩

的波浪曲线为灵感，嵌入沙滩下方，延伸绿地，而沙滩面积不减，创造了新的服务空间亮点。服务建筑边角圆润光滑，建筑背风向形成的压力呈现稳定状态，其边角强风影响程度越小，越利于削弱强风，减少其受风暴潮灾害的影响甚至破坏。

服务建筑采用覆土建筑形式，在节能节地的同时防风防震，稳定微气候，同时又增加绿地空间和服务空间，实现经济和生态双平衡。

建筑主体顺应夏季主导风向，向东开口，借助海风吹过拔风井形成的负压来加强建筑的自然通风，降低建筑能耗。

（10）海绵建设。大梅沙海滨公园化身“巨型海绵”增强城市韧性。结合场地规划建设覆土建筑及中水循环系统，营造植物生境，采用透水铺装，不设置地下管网，利用沟渠引流和雨水花园处理雨水，既有效利用雨水，又缓解暴雨雨水泛滥的风暴潮灾害，构建公园的耐淹网络。

2. 网络

（1）适风网络。运用“风、光、水、沙”自然之力，根据大梅沙海滨公园实际情况，选用人工珊瑚礁离岸防波堤+沙滩修复+防浪沙丘+沙滩防浪基础+防风林+消隐式防浪墙+绿色建筑等多个模块，构成适风网络，扩大风浪缓冲区域，加固易受损区域，全面保护公园，抵御海面上升和极端气候导致的风暴潮和海岸侵蚀灾害。

（2）固沙网络。选用“沙滩修复+防浪沙丘+固沙栅栏+固沙植物”等多个模块，阻滞沙流，固定沙。遵循大梅沙海岸结构特点，在研究水动力和地貌特征的基础上修复沙滩，构造连续丰富且延展的沙丘地形，利用固沙植物捕获沙源，且利用人工沙栅保护沙丘，以维持沙滩天然的防护作用。

（3）耐淹网络。采取退让策略，将公园开发边界整体后移，形成更多的潮间带，增大沙滩面积，扩大缓冲地带。在研究大梅沙潮水位、历年风暴潮浪高的基础上，合理抬高公园地势以及公园建筑室内标高，公园竖向总体标高抬高至5.5m以上，以避免海浪潮水侵袭，保护公园公共基础设施，同时低水位处可以作为周期淹没区，日常作为散步休闲场所，发挥场地韧性。利用服务建筑屋顶、绿化空间、透水路面、植草沟等最大程度扩大弹性界面，以应对风暴潮带来的持续暴雨灾害。

3. 维度

（1）公园监测预警维度。依托公园指挥调度大厅，建立基于地理信息系统（Geo-Information System, GIS）的综合应用管理平台对公园客流动态、周边环境、车辆数目等进行监测、分析和调度等，制定应急预案，对公园运行中出现的问题做到快速发现、快速反馈。充分监测并预判公园可能发生的气候灾害，明确职责、落实责任，制定应急预案，及时公布预报预警信息，确保人民群众生命财产安全。

（2）社区居民需求维度。充分考虑公园使用人群需求，在规划设计时，须兼顾风暴潮适应性和公众休闲游憩，发挥韧性的多功能性。公园内的棚架、坐凳等装置与固沙栅栏相结合，使公园景观更具备整体性。特色园路、木栈道、广场等基础可作为消隐式防浪挡墙，在防灾减害的同时不影响景观效果，又兼顾休闲功能。结合离岸人工珊瑚堤岸，在防浪防潮的同时，设置潜水科普等活动。设置生态保育区，展示固沙防潮设施，同时寓教于乐，让民众参与到大梅沙海滨生态保护以及风暴潮适应性建设中来，提升公众素质，培养社会韧性。

（3）内外交通组织维度。大梅沙海滨公园以往人车拥堵，交通组织韧性欠佳，其承灾体脆弱易损，因此公园内部交通组织必须将区域交通条件纳入考虑中来，将地铁、盐坝高速、盐梅路一起统筹为进入公园的主要通道。通过下沉广场连接并疏散来自地铁的游客，盐梅路部分下沉后，路面平台融入公园，公园路径延伸至海景酒店和客家旧城，实现城市与公园的无缝对接，人行步道桥将与公园、愿望湖和沿路酒店直接相连，由此增强交通路线的冗余度，以便在遭受风暴潮时快速疏散，灾后迅速恢复。

五、结论

气候变化是21世纪城市发展需要面临的主要问题之一，海滨公园作为滨海城市受其影响的重要空间，亟须对风暴潮一类气候灾害的适应性建设进行探讨和实践。大梅沙海滨公园的灾后重建工作基于韧性城市理念，运用自然之力防风固沙，构建绿色海堤多重防护体系，发挥韧性复合联动特征，构建海滨公园适风、固沙、耐淹网络，优化管理运营功能，兼顾满足社区居民需求，构建海滨公园社会管理韧性，增强了公园在遭受极端干扰因素时能快速恢复的能力，从而减少社会经济损失，实现可持续发展，是深圳市对标国际一流海洋城市，打造世界级滨海旅游目的地的重要探索。

参考文献

[1]HU P, ZHANG Q, SHI P, et al. Flood-induced mortality across the globe:spatiotemporal pattern and influencing factors[J]. Science of the total environment, 2018, 643: 171-182.

[2]季睿，施益军，李胜．韧性理念下风暴潮灾害应对的国际经验及启示[J]. 国际城市规划，2023, 38(2): 48-59.

[3] HOLLING C S. Resilience and stability of ecological systems[J]. Annual Review of Ecology and Systematics, 1973, 4(1): 1-23.

[4] Resilience Alliance. Assessing resilience in social-ecological systems: a workbook for scientists Version 1.1[EB/OL]. Research Gate. (2010-01-10)[2021-10-10].

[5] WILDAVSKY A B. Searching for Safety Vol. 10 [M]. New Jersey: Transaction Publishers, 1988.

[6] AHERN J. From fail-safe to safe-to-fail: Sustainability and resilience in the New Urban World[J]. Landscape and Urban Planning, 2011, 100(4):341-343.

[7] ALLAN P, BRYANT M. Resilience as a framework for urbanism and recovery[J]. Journal of Landscape Architecture, 2011, 6(2): 34-45.

[8]孟海星，沈清基．超大城市韧性的概念、特点及其优化的国际经验解析[J]. 城市发展研究，2021, 28(7): 75-83.

[9]林沛毅，王小璘．韧性城市研究的进程与展望[J]. 中国园林，2018, 34(8): 18-22.

[10]仇保兴，姚永玲，刘治彦，等．构建面向未来的韧性城市[J]. 区域经济评论，2020(6): 1-11.

[11]黄予几．深圳市大梅沙海滨公园修复研究[D]. 南宁：广西大学，2022.

[12]林咪玲．短时极端强降水风险不断增大[N]. 深圳晚报，2021-03-23(A6).

[13]邓国通，刘敏聪，邢久星，等．深圳近海风暴潮影响因素分析[J]. 热带海洋学报，2022, 41(3): 91-100.

[14]郑群峰，张超，胡霄，等．1954—2019年深圳高影响台风气候特征分析[J]. 广东气象，2020, 42(3): 14-18.

[15]佚名．深圳市2018年气候公报[R]. 深圳：深圳市气象局，2018.

[16]刘洪良，罗年学，赵前胜．基于灾害复杂网络的深圳台风灾害链风险分析[J]. 灾害学，2023, 38(4): 000-000.

[17]冯璐．弹性城市视角下的风暴潮适应性景观基础设施研究[D]. 北京：北京林业大学，2015.

[18]赵多苍．沙质海滩侵蚀与近岸人工沙坝防护技术研究[D]. 青岛：中国海洋大学，2014.

[19]裴丽娜，邱若峰，等．受损沙滩生态修复工程后评价研究[J]. 中国环境管理干部学院学报，2016, 26(3): 43-46.

[20]赵巍．气候韧性城市设计的自然解决途径研究[D]. 哈尔滨：哈尔滨工业大学，2020.

城市填海区盐化土壤生态修复与绿地构建技术方案研究*

史正军，戴耀良
[深圳市仙湖植物园（深圳市园林研究中心）]

摘要： 填海造地是沿海城市解决土地资源匮乏采取的普遍方式，但在满足城市空间扩展的同时，也对生态环境产生严重影响；此外，填海造地区域的土壤次生盐渍化、废渣等问题严重影响土地开发利用和城市绿地建设。本研究以深圳为典型案例，结合园林绿化工程项目建设要求开展了填海区绿地土壤盐害风险监测和生态修复技术研究工作。通过技术研发和集成，构建出一套基于严重受损区域生态重建技术模式，以土壤改良、耐盐植物筛选应用和隔盐排盐工艺为核心的城市填海区盐化土壤生态修复技术方案，为深圳乃至华南填海区域土地生态修复和绿地建设提供参考。

关键词： 填海造地；土壤次生盐渍化；生态重建；城市绿地

Study on Saline Soil Ecological Restoration and Green Space Construction Technology in Urban Reclamation Area

Shi Zhengjun, Dai Yaoliang
[Shenzhen Fairy Lake Botanical Garden (Shenzhen Landscape Architecture Center)]

Abstract: Land reclamation is a common way to solve the shortage of land resources in coastal cities, but it also has a serious impact on ecological environment while satisfying the urban space expansion. In addition, the soil secondary salinization and waste residue in the reclaimed land area seriously affect the land development and utilization and urban green space construction. Taking Shenzhen as a typical case, this study carried out research on soil salt hazard monitoring and ecological restoration technology of green land in reclamation area according to the requirements of landscaping project construction. Through technology research and development and integration, a set of technical solutions for the ecological restoration of saline soil in urban reclamation area based on the technical model of ecological reconstruction in severely damaged areas, including soil improvement, screening and application of salt-tolerant plants, and salt separation and drainage technology, was constructed, providing a reference for land ecological restoration and green space construction in Shenzhen and even South China reclamation area.

Keywords: Land reclamation; Soil secondary salinization; Ecological reconstruction; Urban green space

---

* 本文得到国家重点研发计划(2021YFE0193200)、深圳市城管和综合执法局科研项目（202018，202201）等资助。

随着工业化和城镇化进程加快，生态系统退化、脆弱性提高等问题加剧，部分生态系统已无法通过自我调节恢复其结构和功能，生态修复成为修复脆弱生态系统的重要途径。目前，国家已启动了山水林田湖草生态保护修复工程，发布了《全国重要生态系统保护和修复重大工程总体规划（2021—2035年）》，启动了全国范围内的全域土地综合整治试点和省级国土空间生态修复规划的编制工作[1]。填海造地是全球各沿海城市扩展城市空间，解决土地资源匮乏采取的普遍方式。我国自20世纪五六十年代就已开始小规模填海，“十五”期间填海造地规模及速度进一步加大，“十一五”期间，围海造地规模及速度达到鼎盛时期[2]。据统计，从1993年开始实施海域使用权确权登记到2010年年底，全国累计确权填海造地面积达到$9.84\times10^4hm^2$ [3]。我国香港、澳门、天津、深圳等沿海城市都经历了大规模的填海造地历程。填海造地活动在缓解社会发展与陆域土地供应紧张的同时，也对生态环境产生了严重影响，如红树林面积减小、近海环境污染、海水倒灌、土壤次生盐渍化等。

城市区域填海造地主要作为建设用地进行开发利用，包括公园绿地及各类城市附属绿地。城市填海区域生态修复是以城市植被恢复、生态环境治理[4-5]为目标的土壤盐害治理与预防[6-9]、水循环修复[10-11]、土壤综合肥力提升[12]、植被重构和绿地景观营造等人为干预和生态重建过程，个别区域存在着土壤重金属等污染物修复的要求[13]。

目前，国内外对滨海地区盐碱地修复研究集中在土壤改良[14-15]、耐盐植物筛选[16-17]以及水利工程隔排盐措施[18-20]等方面。土壤中盐碱及污染物转移、累积受区域气候、水文、土壤等条件影响显著。深圳每年雨季主要在4~9月，季节性干旱现象明显。旱季土壤蒸腾作用强烈，是土壤次生盐渍化主要作用时期；另外，由于深圳的填海材料多以建筑废弃物、海底淤泥为主，对绿地植被恢复造成严重障碍。园林绿地的长期性、多样性及对景观生态丰富性要求绿地土壤必须要有宽松、适宜的条件，对填海区土壤盐碱等问题的修复尤为迫切。当前，深圳乃至华南沿海地区对于填海区土壤次生盐渍化问题的研究和土壤盐害预防和治理的技术相当缺乏，导致许多土壤盐害问题迟迟未能解决。本文在前期填海区土壤盐害修复、城市退化土壤修复、肥力改良、园林植物研究等相关科研项目和工程实践的基础上，从填海造地区域绿地建设和场地生态修复需求出发，依据生态修复原理，构建一套适宜深圳乃至华南区域填海造地次生盐渍化土壤生态修复、绿地系统构建的综合技术方案。

一、深圳填海造地及生态环境影响分析

（一）自然地理条件

深圳位于东经113° 46″ ~114° 37″，北纬22° 27″ ~22° 52″，地处广东省东南沿海，九龙半岛北部。东临大亚湾和大鹏湾，西濒珠江口和伶仃洋，南边深圳河与香港相连，北部与东莞、惠州两城市接壤。深圳地势错综复杂，类型颇多，其中山地占5%，丘陵占44%，台地占22%，平原占27%，水域占2%。全境地势南高北低，全市海岸线总长260.5km。深圳属亚热带季风气候，年平均气温为22.3℃，最高气温为38.7℃，最低气温为0.2℃。每年4~9月为雨季，年降水量1 932.9mm，地带性代表植被类型为热带常绿季雨林和南亚热带季雨性常绿阔叶林。

深圳全市土壤包括水稻土、黄壤、红壤、赤红壤、菜园土、潮沙泥土、滨海盐渍沼泽土、滨海沙土沼泽土和石质土等10类，其中赤红壤面积最大，约占全市土地总面积的51.92%，是本市地带性土壤。滨海盐渍沼泽土类包括滨海泥滩、滨海草滩、滨海林滩等土属。该土类成土母质为三角洲沉积物，通过盐

渍化和沼泽化过程形成次生土壤。滨海盐渍沼泽土主要分布于深圳西部海岸沿线，最主要的特征是盐渍化和沼泽化。表层土含盐量一般在0.4%~1%之间，甚至大于1%。土壤质地黏重，一般仅表土数厘米厚度的氧化层呈灰黄色，其他剖面几乎呈灰蓝色，盐分以氯化物（NaCl和KCl）为主，土壤较肥沃。滨海沙土沼泽土主要分布于深圳东部的西涌等区域，由滨海冲积物发育而成，含沙量（0.05~1mm）达94.4%以上，黏粒（<0.001mm）含量在3.3%左右。土壤剖面无明显发生层次，表层土壤有机质在5g/kg以下，属极缺乏范围，氮、磷、钾养分均极低。

（二）填海历程及土地开发利用

深圳人工填海进程可分为1980年特区成立至20世纪80年代中期的起始阶段、20世纪80年代中期至90年代中期的稳速增长阶段、20世纪90年代中期至90年代末的高速增长阶段，以及21世纪以来的理性增长等四个阶段[21]。1986—1995年，深圳围填海规模扩大，主要集中在前海—蛇口，围填海主要为了满足工商用地、农业及生态用地需求；1996—2007年，深圳围填海面积达到峰值，主要集中在前海—蛇口、深圳湾和沙井—新安，新增用地类型主要为农业及生态用地和公共用地；2008—2010年，深圳围填海速度最快，新生成土地主要用于发展交通和工商业；2011—2020年，为了发展交通和城市后备建设，深圳规划围填海区域主要分布在沙井—新安、坝光[22]。深圳湾畔的滨海大道全长9.66km，其中7.6km是建在填海筑堤而成的土地上，道路面积达61万m^2[23]；南山商业文化中心区占地151万m^2，其中填海90万m^2[24]。

（三）填海工程的生态危害

1. 对海岸带的影响

填海造地在为沿海城市拓展空间的同时，也在改变着城市原有海岸带空间格局与生态环境。大规模的填海造地等活动，导致了自然岸线资源缩减、海岸利用结构发生变化、海洋生态系统失衡，成为海岸线变化的主导因素[25]。相关数据表明[26]，1960年以来，深圳海岸线处于延长、下降的波动中，同时海岸带形态也发生了明显变化，其中主要因素为填海所致。海岸线形态变化可改变局地海岸地形，影响附近海域潮汐和波浪等水动力条件，导致泥沙运移状况改变，从而对港口航道淤积、河口冲淤、河道排洪及台风暴潮增水等带来影响[27-28]。

2. 对地下水系统的影响

填海工程极大地改变海域的水动力系统、海水组成及海洋生态系统等，大大降低海域的环境容量，容易引发环境灾害。Chen等[29]对深圳1985—2002年42个采样点的地下水水质数据进行分析，发现自1989年发展填海造陆以来水质开始淡化。黄建敏等[30]采样分析深港西部通道填海区的地下水pH值和电导率，发现随着填海时间的增长，填海区pH值和电导率均减小，说明该区域海水正在被陆地地下水稀释替代。

3. 对土壤的影响

大规模填海活动显著改变滨海湿地上游入海河流的流向和流量，阻断了海水向内陆地区物质的正常输送，从而改变滨海围填海区域土壤环境，破坏其中C、N等营养物质的平衡并且有可能会带来一定程度的土壤污染[31]。吹泥填海区填土多为淤泥质黏土，土壤颗粒细小且含盐量高，以建筑废弃物堆填的区域含有大量块石、建筑垃圾等不符合种植要求的块状硬质回填材料（图1）。填海造地区域存在地表泛碱严重、沙质土保水保肥力差、盐雾危害大等生态问题而导致景观绿化困难[32]。同时，填海造地导致土壤有机碳储量减小，对生态系统净初级生产力和土壤性质产生明显影响[33]。

4. 其他影响

填海造地区域植被物种多样性普遍较低、植被单一、生态景观效果较差[34]。填海可能会对建成区的排洪系统产生不利的影响，主要表现为排水不畅和淤堵[10]。滨海滩涂沼泽湿地面积锐减，海洋动物的栖息地几乎都被破坏，海域生态环境恶化[35]。

二、填海区盐化土壤生态修复研究方法

（一）生态修复模式选择

生态修复工程根据本底状况、主要生态问题、生态保护修复目标等，对修复对象可采取保护保育、自然恢复、辅助再生或生态重建等措施为主的保护修复技术模式[36-37]。填海造地区域与矿山、采石场、排土场、创伤性边坡等区域属于严重受损的生态系统[38-39]，同时，土地利用类型发生明显转变，整体应采取生态重建的技术模式，即要在消除胁迫因子的基础上，进行地貌重塑、生境重构、构建全新的生态系统[36]。生态重建理论包括生态限制因子原理、生态系统的结构理论、生物适宜性原理、生态位原理、生物多样性原理和生物群落演绎理论等[40]。

（二）土壤调查与动态监测

生态修复项目规划设计前，应对场地及影响范围内的气候条件、地质地貌、动植物多样性、水土本底资源等进行全面调查和综合评价。针对土壤盐害进行生态修复的项目不仅应进行土壤盐碱特征本底调查，还应进行修复前后的动态监测。

用于土壤盐化的监测方法主要分为传统方法和现代信息技术两类。传统方法主要包括野外调查、实地定点长期监测等，是对土壤盐化发生、发展进行监测的基本手段，是目前国内外土壤盐化监测普遍应用的方法。随着现代信息技术的发展，包括地理信息系统（Geographic Information System, GIS）、全球定位系统（Global Position System, GPS）、遥感技术（Remote Sensing, RS）在内的现代信息技术（即“3S”技术），也成功被应用于土壤盐化监测中[41]。GIS技术具有强大的空间分析功能，对土壤盐化监测及空间分析统计具有重大的技术革新意义。此外，鉴于土壤具有反射光谱特性，因此遥感技术近年来也被广泛地应用于旱区土壤盐化监测中[42]。但遥感技术主要适于广袤区域内大尺度的土壤盐分跟踪监测，对于零碎分布的城市填海造地区域，单独应用遥感技术监测土壤盐分因干扰因素较多，分辨率不够等问题，难以真实地反映土壤盐分状况[43]。只有将“3S”技术手段与传统调查方法相结合，通过中小尺度的系统调查和长期定点监测，并借助传统统计学方法和地统计学现代方法进行深入分析，才能获得城市填海区土壤盐化时空变化的可靠信息，从而为土壤盐化预报和治理提供依据。

填海区土壤盐化成因比较复杂。由建筑垃圾、海相淤泥填充形成的新土层本身含有较多的盐碱成分，甚至夹杂着大量废渣层。此外，填海造地地区地下水的毛细管蒸腾和海水侧渗作用形成的次生盐渍化加剧了表层土壤的盐碱成分累积，土壤盐化受当地气候、水文、填海材料影响显著。本研究在对深圳填海造地全面了解的基础上，选择主要由建筑渣土填充的深圳前海填海区域及主要由淤泥吹填而成的宝安中心区填海区域作为典型研究区域进行土壤本底调查和为期一年的土壤水盐运移规律动态监测。

（1）本底调查。采用挖坑剖面取样法进行系统取样调查，每个样点以30cm为跨度分层取样，深度至150cm。其中，在前海设置了32个样点，采集了108份土壤样品，在宝安沿江高速临海填海区沿线设置了17个采样点，取得105个土壤样品。对样品分别进行土壤有机质、氮磷钾养分、石砾含量、容重、孔隙度、土壤pH值、EC、可溶性盐总量等土壤肥力指标和盐分指标分析，并进行了土壤肥力质量和盐害状况综合评价。同时，对前海区域样品分别进行了铜（Cu）、锌（Zn）、铅（Pb）、镉（Cd）等土壤重金属污染物分析。

（2）定位观测。在前海填海区（地势较高、填充物主要为建筑渣土）和宝安填海区（地势较低、主要填充物为海底淤泥等）两个不同主要类型的代表区域，各选一个固定观测点，从2018年5月至2019年4月，按月进行取样。每个点的取样深度为100cm，分为0~20cm、

图1 深圳前海填海区土壤剖面典型特征（剖面挖掘深度1.5m）

20~40cm、40~60cm、60~80cm、80~100cm 共 5 层剖面。每个剖面每次取一个样品，带回实验室后测定土壤可溶性盐含量。进行了为期12个月的土壤盐分动态变化规律固定观测研究。

通过土壤调查和定位动态观测，发现深圳填海区绿地土壤盐分累积主要发生在每年1~3月。同时发现深圳西部填海区土壤盐分受地下水盐运动影响较大，更应做好预防未来盐害加重风险。而前海填海区土壤受到碱渣土影响较大，在绿地建造和日常管理时要更注重对现有渣土填层的治理。

（三）土壤改良技术研究

除了对土壤重度污染需要采取专项修复的个别情形外，大部分情况下填海造地生态修复及绿化建设工程项目最终以实现高标准、可持续的绿地人工植被生态系统为目标。土壤修复不仅要消除盐碱等有害因素，更要达到土壤肥力的综合提升，主要技术原理包括土壤盐分运移和盐渍化原理、土壤盐害发生原理、工程隔盐及灌溉（降水）排盐、土壤改良原理、植物耐盐性原理等[44–46]。

本研究前期开展了土壤物理、化学及微生物改良、水利工程排盐、隔盐等盐害修复和综合改良系列研究试验。研究筛选出了可替代泥炭土的新优土壤改良剂材料风化煤腐殖酸、可增强土壤去盐碱效果的高分子生物活性材料鼠李糖脂、最适合城市绿地土壤改良大量应用的有机质材料园林废弃物堆肥，并研发出了不同材料配制应用的土壤改良剂5种：①以5份泥炭、5份风化煤腐植酸组成的高腐植酸类土壤改良剂1种。②以堆肥、泥炭和生物炭组成的土壤改良剂配方3种，即80%原土+20%堆肥、80%原土+10%堆肥+10%泥炭及80%原土+15%堆肥+5%生物炭。③由鼠李糖脂发酵液96重量份、乙酸3.6重量份、壳聚糖0.4重量份组成的液体调理剂1种。通过土壤改良与工程隔、排盐的综合措施试验，证明了隔盐、排盐措施在土壤盐害去除的重要作用，发现陶粒做隔盐层材料效果优于河沙，总结出土壤改良与隔盐、排盐相结合的具体工艺。

（四）园林植物耐盐性综合评价筛选及群落配置方法

植物修复是土壤退化生态系统自我修复的重要手段，同时，作为建设用地开发的城市填海区域，城市绿地建设更符合恢复生态学中“人为设计”的理论模式[47]，即通过工程方法来进行植物选择和群落配置，需要更多的植物和更丰富的人工群落模式同时满足生态、景观的双重要求。主要研究方法为以耐盐性为基础，建立园林植物耐盐性综合指标评价体系，通过本地常用园林植物的耐盐性评价、筛选、构建和丰富填海区园林植物资源数据库，进一步研究乔灌草多群落配置修复模式，通过对比群落对环境有影响的生态、景观功能评价和地下部分根系系统对土壤不同深度物理结构重塑和肥力培育等修复效能[48-49]，为填海区生态重建项目规划设计提供更多参考。

本研究结合试验和参照《绿化植物耐盐性鉴定技术规程》（DB13/ T 2146—2014）及相关文献，提出一套易于实践操作的耐盐植物综合评价体系。该体系由“生存状态”“景观形态”“生理响应”三类评价因子，具体指标包括存活率、叶片形态、细胞膜透性和脯氨酸含量等4项。其中，前两项指标为主要评价指标，比重分别占0.55、0.35~0.55，后两项为辅助考察指标，比重分别均占0~0.05。对于耐受盐度分别设置为0~0.2%（轻盐度土壤及非盐化土壤）、0.2%~0.4%（中盐度土壤）、0.4%以上（重盐度土壤）。根据此标准，对深圳滨海94种常见绿化树种进行了耐盐性评价。

三、填海区盐化土壤生态修复推荐技术方案

本文基于前期研究，在生态修复基本原则和严重受损区域生态重建技术模式的框架下，构建了基于绿地建设需要的华南填海区土壤修复综合技术方案。该方案主要包括治理目标、指导原则、主要问题及技术对策、技术步骤等成套技术环节。

（一）土壤修复治理目标

土壤修复治理目标：①种植土质量达到DB440300/ T 34—2008、DB440300/ T 29—2006等标准规范规定的绿化种植土考核要求。②采用整层开挖、改良回填技术措施，根本上解决垃圾填充物对园林植物生长的影响。③采用整层改良技术措施，降低后期养护管理难度和成本，并避免因规划调整换植换种所面临的需重新处理土壤有效种植层的问题。④强化排盐碱措施，治理和预防盐碱对植物生长的危害。

（二）指导原则

主要包括：①坚持“适地适树、适树适土”的原则，为各类园林植物生长提供最佳的生长环境。②坚持高标准生态修复和绿地建设的原则。③坚持标本兼治的原则，通过整层改良的技术措施，既有效降低盐分有害影响，又为植物后期养护和园林绿化长期发展提供良好、宽松的条件。④坚持生态、集约的原则，在达到改良目标的同时，尽可能地保护表土、减少土方外运、尽可能地利用本地资源。⑤永久绿化和临时绿化区别对待，减少不必要浪费。⑥种植土采用标准配方改良加工后换填的方式，从而对种植土质量有了规范的、严格的保证。⑦配方种植土生产采用原料集中堆放、过筛、配料统一搅拌混匀的流水线式、机械化、规模化生产加工模式，从而提高了生产效率。

（三）主要常见问题及技术对策

根据深圳填海区场地调查发现的主要问题类型及生态修复和绿地建设对土壤质量的标准规范要求，表1列出了填海区土壤主要问题，并提出了相应的处理技术对策。

表1 深圳填海区土壤主要问题及处理技术对策一览表

序号	场地常见问题类别	技术对策
1	地表残存硬质路面和建筑物废墟	在转换为绿地时需要进行铲除深度至少100cm，结合土地平整、造型进行客土置换，保证有效种植土厚度达到100~150cm

续表

序号	场地常见问题类别	技术对策
2	土层中存在成片建筑物垃圾填充物层	铲除种植层150cm内所有建筑垃圾填充层
3	现有土壤与建筑垃圾混杂、杂质较多	对可再利用土壤进行过筛；废渣太多无除杂过筛价值的，则需清除
4	受人为压实严重，土壤紧实，通气透水性差	对可用表层土壤收集、改良后重新回填
5	土壤pH值整体呈碱性反应，土壤碱化问题突出	对可利用表层土壤进行收集和集中处理，添加酸碱改良材料；强化排盐碱设施；重视有机物的使用
6	严重盐化问题	对可利用表土进行收集和集中处理，添加除盐改良材料。强化排盐设施
7	综合肥力低、有机质、养分普遍缺乏	根据种植土质量指标要求，以补充有机改良材料（泥炭、堆肥）为主，并适量补充氮、磷、钾等矿质肥料

（四）技术步骤

1. 场地清理

①对于永久绿化地段，全面清除1.5m土层内建筑垃圾。②现状地表为路面和建筑物废墟硬质层的，应拆除所有硬质层，并铲去表层100cm的地基填充层。③除重度盐化土、重度碱化土外，土方开挖前对各地块60cm以内的可利用的土壤（原土）进行集中收集和堆放。

2. 配方种植土生产

①在工程施工场内或场外建立配土设施，采用标准化规模生产方式生产配方种植土。如表2所述，本方案针对原土改良和换土改良推荐了两个改良材料配方。②对于收集后的可用的现有土壤（原土）过筛、与Ⅰ型改良剂混匀。过筛筛孔孔径应为45~55mm，过筛后土壤不应含有大于50mm的石块、固体垃圾、杂草、树根等杂质；过筛后土壤中粒径≥2mm的石砾含量原则上不大于20%。③外来客土必须在原地进行见证采样，经检测符合要求后再运入工地施工。客土酸碱度（pH）应在5.5~7.0之间；EC≤1.3ms/cm；不含大于40mm的固体杂物，粒径≥2mm的石砾含量不大于20%。④加工后的配方种植土，理化指标均以《园林绿化种植土质量》（DB440300/ T 34—2008）中的树穴土质量要求执行。主控指标应达到如下质量要求：有机质≥18g/kg；全氮≥0.8g/kg；全磷≥0.4g/kg；全钾≥12g/kg；EC≤1.3ms/cm。除符合上述要求外，利用客土加工的配方种植土，酸碱度应在5.5~7.5之间；利用原土加工的配方种植土，酸碱度应在5.5~8.0之间。

表2 土壤改良材料推荐配方

<table>
<tr><th>改良剂类型</th><th colspan="6">选料及配比</th><th>用途</th></tr>
<tr><td rowspan="2">Ⅰ型改良剂</td><td>有机堆肥</td><td>泥炭</td><td>过磷酸钙</td><td>硫酸钾</td><td>硫酸亚铁</td><td>螯合铁</td><td rowspan="2">现有土壤的盐碱化、结构和养分改良</td></tr>
<tr><td>100kg</td><td>200kg</td><td>2 000g</td><td>200g</td><td>80g</td><td>20g</td></tr>
<tr><td rowspan="2">Ⅱ型改良剂</td><td colspan="2">有机堆肥</td><td colspan="2">过磷酸钙</td><td colspan="2">硫酸钾</td><td rowspan="2">新填土的结构和养分改良</td></tr>
<tr><td colspan="2">100kg</td><td colspan="2">1 000g</td><td colspan="2">120g</td></tr>
</table>

3. 永久绿化土壤修复改良措施

①对于拟实施永久绿化的种植施工区域，结合场地平整和土方开挖，应全部换填配方种植土。原则上应保证有效种植土层厚度达到150cm，场地条件不具备时可适当降低，但

不应少于100cm。②配方种植土应采用分层回填方法，在施工期许可情况下尽量以利用雨季连续降雨使填土沉降稳定；不具备降雨沉降条件时，每回填30cm厚度浮土用夯机等小型机械压实数次，保证土壤密实度在80%~85%之间或土壤容重保持在1.10~1.20g/cm^3。③在地下水位高、土质黏重区域，应设置排盐管等强化排盐碱工程措施。排盐管埋设方法可参考SZDB/Z 225—2017中4.2.4.4要求进行；排盐管应与市政雨水管网连通。④四周不具备排水条件的小型街头绿地，采用客土抬高地面，利用高差进行排水淋洗盐碱。⑤地形地势较低的区域应设置隔盐层，防止底层、侧面盐分渗透。

4. 临时绿化土壤修复改良措施

①按上述要求处理场地及配制配方种植土。②利用微地形改造形成坡度、预防积水浸泡及促进排盐碱。主要措施包括除海绵型绿地设计外，原则上要求临时绿地标高应适度高于周围硬质铺装地面，或具备排水沟等设施，防止成为雨洪时期的汇水区；绿地地势应有一定坡度，不应存在积水低洼地。③种植草坪地被类植物的，应整体换填不少于20cm厚度（压实后）的配方种植土。④栽种乔木的，宜采用树穴土壤局部改良技术措施。树穴内应换填配方种植土，树穴内不应含有不透水层。

（五）植物选择及群落构建基本要求

1. 植物选择

植物选择原则主要包括：①填海造地区域绿地植被一般应以适应滨海盐碱等环境下的本土植物为主，重点考虑生态环境适应性及对退化土壤的修复功能，并兼顾城市绿地植被景观要求，表3提供了156种可在深圳至华南填海区应用的园林植物。②草本地被植物选择应遵循聚盐性强、生长快速、根系发达、高生物量等基本原则。③灌木植物选择应遵循耐盐碱等抗逆性强、根系发达、冠幅较大等原则。④木本植物宜选择耐盐碱能力强、抗风、抗旱、深根系，以及成林后对下层灌草负面影响较小为原则。

2. 群落构建

群落构建基本原则包括：①宜采用“渐进型”生态修复群落演替模式。即以生长迅速、高生物量的草本植物及少量灌、乔作为先锋种，根据新成土发育熟化规律，分阶段引入其他体系植物，实现从人工干预为主到系统自我恢复为主的稳定状态。②宜采用乔－灌－草复合型群落结构，主要群落结构应以生态修复能力强的深根乔木－浅根小乔木－灌木－草本地被、深根乔木－灌木－草本地被为主。

表3 填海造地区域园林植物推荐名录

中文名	学名	科名	习性	耐盐碱
1 天门冬	*Asparagus cochinchinensis*	百合科	草本	B
2 草海桐	*Scaevola sericea*	草海桐科	灌木	A，半红树
3 南洋杉	*Araucaria cunninghamii*	南洋杉科	乔木	A
4 异叶南洋杉	*A. heterophylla*	南洋杉科	乔木	A
5 罗汉松	*Podocarpus macrophyllus*	罗汉松科	乔木	A
6 竹柏	*Nageia nagi*	罗汉松科	乔木	A
7 刺冬	*Scolopia chinensis*	大风子科	乔木	A
8 红桑	*Acalypha wilkesiana*	大戟科	灌木	B
9 秋枫	*Bischofia javanica*	大戟科	乔木	A
10 变叶木	*Codiaeum variegatum*	大戟科	灌木	B

续表

中文名	学名	科名	习性	耐盐碱
11 琴叶珊瑚	*Jatropha integerrima*	大戟科	灌木	B
12 石栗	*Aleurites moluccana*	大戟科	乔木	A
13 光血桐	*Macaranga tanarius*	大戟科	乔木	A
14 海漆	*Excoecaria agatlocha*	大戟科	乔木	A，半红树
15 刺桐	*Erythrina variegata*	蝶形花科	乔木	B
16 鸡冠刺桐	*E. crista-galli*	蝶形花科	乔木	B
17 锦绣杜鹃	*Rhododendron× pulchrum*	杜鹃花科	灌木	B
18 水石榕	*Elaeocarpus hainanensis*	杜英科	乔木	B
19 长芒杜英	*E. apiculatus*	杜英科	乔木	B
20 海桐	*Pittosporum tobira*	海桐花科	灌木	B
21 台湾相思	*Acacia confusa*	含羞草科	乔木	A
22 马占相思	*A. mangium*	含羞草科	乔木	B
23 海红豆	*Adenanthera pavonina* var. *microsperma*	含羞草科	乔木	B
24 南洋楹	*Albizia falcataria*	含羞草科	乔木	A
25 阔荚合欢	*A. lebbeck*	含羞草科	乔木	A
26 红绒球	*Callandra haemetocephala*	含羞草科	灌木	B
27 细叶结缕草	*Zoysia tenuifolia*	禾本科	草本	B
28 狗牙根	*Cynodon dactylon*	禾本科	草本	A
29 黄蝉	*Allamanda schottii*	夹竹桃科	灌木	B
30 软枝黄蝉	*A. cathartica*	夹竹桃科	灌木	B
31 糖胶树	*Alstonia scholaris*	夹竹桃科	乔木	A
32 狗牙花	*Ervatamia divaricata*	夹竹桃科	灌木	B
33 夹竹桃	*Nerium oleander*	夹竹桃科	灌木	A
34 鸡蛋花	*Plumeria rubra*	夹竹桃科	乔木	A
35 黄花夹竹桃	*Thevetia peruviana*	夹竹桃科	灌木	B
36 花叶良姜	*Alpinia zerumbet* 'Variegata'	姜科	草本	B
37 黄牛木	*Cratoxylum cochinchinense*	金丝桃科	乔木	B
38 朱槿	*Hibiscus rosa-sinensis*	锦葵科	灌木	B
39 锦叶朱槿	*H. rosa-sinensis* 'Cooperi'	锦葵科	灌木	B
40 黄槿	*Hibiscus tiliaceus*	锦葵科	乔木	A，半红树
41 杨叶肖槿	*Thespesia populnea*	锦葵科	乔木	A，半红树
42 玉蕊	*Barringtonia racemosa*	玉蕊科	乔木	A，半红树
43 水黄皮	*Pongamia pinnata*	蝶形花科	乔木	A，半红树
44 海南红豆	*Ormosia pinnata*	蝶形花科	乔木	B
45 悬铃花	*Malvaviscus arboreus*	锦葵科	灌木	B
46 小驳骨丹	*Justicia gendarussa*	爵床科	灌木	B

续表

中文名	学名	科名	习性	耐盐碱
47 黄虾花	*Pachystachys lutea*	爵床科	灌木	B
48 金脉爵床	*Sanchezia oblonga*	爵床科	灌木	B
49 非洲楝	*Khaya senegalensis*	楝科	乔木	A
50 苦楝	*Melia azedarach*	楝科	乔木	A
51 麻楝	*Chukrasia tabularis*	楝科	乔木	A
52 银边龙舌兰	*Agave americana*	龙舌兰科	草本	A
53 朱蕉	*Cordyline fruticosa*	龙舌兰科	灌木	B
54 丝兰	*Yucca gloriosa*	龙舌兰科	草本	A
55 露兜树	*Pandanus tectorius*	露兜树科	灌木	A
56 红刺露兜树	*P. utilis*	露兜树科	灌木	A
57 黄金叶	*Duranta erecta* ‘Golden Leaves’	马鞭草科	灌木	B
58 蔓马缨丹	*Lantana montevidensis*	马鞭草科	草本	A
59 柚木	*Tectona grandis*	马鞭草科	乔木	B
60 灰莉	*Fagraea ceilanica*	马钱科	灌木	A
61 小叶女贞	*Ligustrum sinense*	木樨科	灌木	B
62 四季桂	*Osmanthus fragrans*	木樨科	乔木	B
63 杧果	*Mangifera indica*	漆树科	乔木	A
64 扁桃杧	*M. persiciforma*	漆树科	乔木	A
65 小瓣萼距花	*Cuphea micropetala*	千屈菜科	灌木	B
66 小叶紫薇	*Lagerstroemia indica*	千屈菜科	灌木	B
67 大叶紫薇	*L. speciosa*	千屈菜科	乔木	B
68 希茉莉	*Hamelia patens*	茜草科	灌木	B
69 矮龙船花	*Ixora williamsii*	茜草科	灌木	A
70 二色茉莉	*Brunfelsia calycina*	茄科	灌木	B
71 高山榕	*Ficus altissima*	桑科	乔木	A
72 垂叶榕	*F. benjamina*	桑科	乔木	A
73 橡胶榕	*F. elastica*	桑科	乔木	A
74 对叶榕	*F. hispida*	桑科	乔木	A
75 小叶榕	*F. microcarpa*	桑科	乔木	A
76 笔管榕	*F. wightiana*	桑科	乔木	A
77 黄葛榕	*F. virens*	桑科	乔木	A
78 黄金榕	*F. microcarpa* ‘Golden Leaves’	桑科	灌木	B
79 木麻黄	*Casuarina equisetifolia*	木麻黄科	乔木	A
80 银桦	*Grevillea robusta*	山龙眼科	乔木	A
81 白千层	*Melaleuca leucadendra*	桃金娘科	乔木	A
82 红千层	*Aleurites moluccana*	桃金娘科	乔木	B

续表

中文名	学名	科名	习性	耐盐碱
83 垂枝红千层	*Callistemon viminalis*	桃金娘科	乔木	B
84 肾蕨	*Nephrolepis auriculata*	肾蕨科	草本	B
85 石榴	*Punica granatum*	石榴科	乔木	B
86 文殊兰	*Crinum asiaticum*	石蒜科	草本	B
87 朱顶红	*Hippeastrum rutilum*	石蒜科	草本	B
88 蜘蛛兰	*Hymenocallis americana*	石蒜科	草本	B
89 榄仁树	*Terminalia catappa*	使君子科	乔木	A
90 阿江榄仁	*T. arjuna*	使君子科	乔木	B
91 小叶榄仁	*Terminalia mantaly*	使君子科	乔木	A
92 红花羊蹄甲	*Bauhinia blakeana*	苏木科	乔木	B
93 宫粉紫荆	*B. variegate*	苏木科	乔木	B
94 首冠藤	*B. corymbosa*	苏木科	藤本	A
95 金凤花	*Caesalpinia pulcherrima*	苏木科	灌木	B
96 凤凰木	*Delonix regia*	苏木科	乔木	A
97 腊肠树	*Cassia fistula*	苏木科	乔木	A
98 翅荚决明	*C. alata*	苏木科	灌木	B
99 铁刀木	*C. siamea*	苏木科	乔木	A
100 盾柱木	*Peltophorum pterocarpum*	苏木科	乔木	A
101 尾叶桉	*Eucalyptus urophylla*	桃金娘科	乔木	B
102 黄金香柳	*Melaleuca bracteata*	桃金娘科	灌木	B
103 赤楠蒲桃	*Syzygium buxifolium*	桃金娘科	灌木	B
104 海南蒲桃	*S. cumini*	桃金娘科	乔木	B
105 蒲桃	*S. jambos*	桃金娘科	乔木	B
106 春羽	*Philodendron selloum*	天南星科	草本	B
107 白蝴蝶	*Syngonium podophyllum*	天南星科	草本	B
108 假苹婆	*Sterculia lanceolata*	梧桐科	乔木	A
109 银叶树	*Heritiera littoralis*	梧桐科	乔木	A，半红树
110 海杧果	*Cerbera manghas*	夹竹桃科	乔木	A，半红树
111 阔苞菊	*Pluchea indica*	菊科	草本	A，半红树
112 鹅掌藤	*Schefflera arboricola*	五加科	灌木	B
113 大叶红草	*Alternanthera dentata*	苋科	草本	B
114 马鞍藤	*Ipomoea pes-caprae*	旋花科	草本	A
115 小叶蚌花	*Rhoeo spathacea*	鸭跖草科	草本	B
116 阴香	*Cinnamomum burmannii*	樟科	乔木	B
117 樟树	*C. camphora*	樟科	乔木	B
118 潺槁树	*Litsea glutinosa*	樟科	乔木	A

续表

中文名	学名	科名	习性	耐盐碱
119 朴树	*Celtis sinensis*	榆科	乔木	A
120 福建茶	*Carmona microphylla*	紫草科	灌木	B
121 菲岛福木	*Garcinia subelliptica*	藤黄科	乔木	A
122 复羽叶栾树	*Koelreuteria bipinnata*	无患子科	乔木	B
123 簕杜鹃	*Bougainvillea glabra*	紫茉莉科	灌木	A
124 木棉	*Bombax ceiba*	木棉科	乔木	A
125 猫尾木	*Dolichandrone cauda-felina*	紫葳科	乔木	B
126 滨海猫尾木	*D. spathacea*	紫葳科	乔木	A
127 火焰木	*Spathodea campanulata*	紫葳科	乔木	A
128 吊瓜树	*Kigelia africana*	紫葳科	乔木	A
129 砂糖椰子	*Arenga pinnata*	棕榈科	乔木	B
130 霸王棕	*Bismarckia nobilis*	棕榈科	乔木	A
131 糖棕	*Borassus flabellifer*	棕榈科	乔木	A
132 鱼尾葵	*Caryota ochlandra*	棕榈科	乔木	B
133 董棕	*C. urans*	棕榈科	乔木	C
134 散尾葵	*Chrysalidocarpus lutescens*	棕榈科	灌木	C
135 椰子	*Cocos nucifera*	棕榈科	乔木	A
136 大王椰子	*Roystonea regia*	棕榈科	乔木	A
137 三角椰子	*Dypsis decaryi*	棕榈科	乔木	B
138 油棕	*Elaeis guineensis*	棕榈科	乔木	B
139 酒瓶椰	*Hyophorbe lagenicaulis*	棕榈科	乔木	B
140 蒲葵	*Livistona chinensis*	棕榈科	乔木	A
141 加那利海枣	*Phoenix canariensis*	棕榈科	乔木	A
142 银海枣	*P. sylvestris*	棕榈科	乔木	A
143 美丽针葵	*P. roebelenii*	棕榈科	乔木	B
144 青棕	*Ptychosperma macarthurii*	棕榈科	乔木	B
145 国王椰	*Ravenea rivularis*	棕榈科	乔木	B
146 棕竹	*Rhapis excelsa*	棕榈科	灌木	B
147 金山葵	*Syagrus romanzoffiana*	棕榈科	乔木	A
148 丝葵	*Washingtonia filifera*	棕榈科	乔木	B
149 狐尾椰	*Wodyetia bifurcata*	棕榈科	乔木	B
150 木榄	*Bruguiera gymnorhiza*	红树科	乔木	A，红树植物
151 秋茄	*Kandelia candel*	红树科	乔木	A，红树植物
152 卤蕨	*Acrostichum aureum*	卤蕨科	草本	A，红树植物
153 白骨壤	*Avicennia marina*	马鞭草科	灌木	A，红树植物
154 桐花树	*Aegiceras corniculatum*	紫金牛科	灌木	A，红树植物

续表

中文名	学名	科名	习性	耐盐碱
155 苦郎树	*Clerodendrum inerme*	马鞭草科	灌木	A，红树植物
156 老鼠勒	*Acanthus ilicifolius*	爵床科	灌木	A，红树植物

注：本名录根据深圳滨海植物调查、耐盐性筛选等成果整理而成，根据其耐盐碱程度分为 A、B 两级，A 表示耐盐碱，B 表示较耐盐碱，红树林植物也作了直接标注。

参考文献

[1] 佚名. 国家发展改革委自然资源部关于印发《全国重要生态系统保护和修复重大工程总体规划（2021—2035年）》的通知(发改农经〔2020〕837号)[J]. 自然资源通讯, 2020(12):35-52.

[2] 尹延鸿, 尹聪. 围海及填海造地的起因、发展及问题[J]. 自然杂志, 2014, 36(6): 437-444.

[3] 张明慧, 陈昌平, 索安宁, 等. 围填海的海洋环境影响国内外研究进展[J]. 生态环境学报, 2012, 21(8): 1509-1513.

[4] 王文成, 郭艳超, 孙昌禹, 等. 咸水结冰灌溉对围海吹填海沙地盐分分布及植被构建的影响[J]. 中国生态农业学报, 2012, 20(10): 1409-1411.

[5] 于亚军, 林晓坤, 李大力, 等. 乡土树种在填海区的选择应用研究[J]. 大连大学学报, 2012, 33(3): 65-68.

[6] LEE G, CARROW R N, DUNCAN R R. Criteria for Assessing Salinity Tolerance of the Halophytic Turfgrass Seashore Paspalum[J]. Crop science, 2005, 45(1): 251-258.

[7] 毛建华, 刘太祥. 曹妃甸填海造地新陆地的土壤及其改良与绿化[J]. 天津农业科学, 2010, 16(2): 1-4.

[8] 朱高儒, 许学工. 填海造陆的环境效应研究进展[J]. 生态环境学报, 2011, 20(4): 761-766.

[9] MARTÍN-ANTÓN M, NEGRO V, DEL CAMPO J M, et al. Review of coastal Land Reclamation situation in the World[J]. Journal of coastal research, 2016, 75(sp1): 667-671.

[10] 郑红. 深圳市后海填海区排洪系统探讨[J]. 城市道桥与防洪, 2005(6): 98-100.

[11] 许士国, 李林林. 填海造陆区环境改善及雨水利用研究[J]. 东北水利水电, 2006(4): 22-25.

[12] 张金龙, 王振宇, 张清, 等. 天津滨海新区盐碱土绿化综合治理技术研究[J]. 天津农业科学, 2012, 18(6): 147-151.

[13] 薛勇, 周倩, 李远, 等. 曹妃甸围填海土壤重金属积累的磁化率指示研究[J]. 环境科学, 2016, 37(4): 1306-1312.

[14] 宋秀丽. 不同改良方法对重度盐碱化草甸土壤化学性质的影响[J]. 江苏农业科学, 2016, 44(9): 498-499, 500.

[15] 王晓颖. 滨海吹填土作为绿化基质障碍特征及调控机制研究[D]. 吉林：吉林大学, 2012.

[16] EOM S H, SETTER T L, DITOMMASO A, et al. Differential Growth Response to Salt Stress Among Selected Ornamentals[J]. Journal of Plant Nutrition, 2007, 30(7): 1109-1126.

[17] 刘春卿, 杨劲松, 陈德明, 等. 不同耐盐性作物对盐胁迫的响应研究[J]. 土壤学报, 2005, 42(6): 993-998.

[18] 张金龙, 赵凌云, 崔书宝, 等. 滨海地区暗管排盐工艺下洋白蜡行道树养分特征[J]. 中国城市林业, 2018, 16(1): 75-79.

[19] 王琳琳, 李素艳, 孙向阳, 等. 不同隔盐材料对滨海盐渍土水盐动态和树木生长的影响[J]. 水土保持通报, 2015, 35(4): 141-147, 151.

[20] 孙建书, 余美. 不同灌排模式下土壤盐分动态模拟与评价[J]. 干旱地区农业研究, 2011, 29(4): 157-163.

[21] 陈婉, 李林军, 李宏永, 等. 深圳市蛇口半岛人工填海及其城市热岛效应分析[J]. 生态环境学报, 2013, 22(1): 157-163.

[22] 谢丽, 张振克, 刘惠. 深圳围填海及其新生成土地开发利用研究[J]. 皖西学院学报, 2015, 31(5): 134-139.

[23] 罗澍, 黄远峰, 黄毅华, 等. 深圳湾滨海道路的生态建设[J]. 环境与开发, 2000(2): 9-10.

[24] 宋红, 陈晓玲. 基于遥感影像的深圳湾填海造地的初步研究[J]. 湖北大学学报(自然科学版). 2004(3): 259-263.

[25] 王震, 赵振业, 周连宁, 等. 深圳市空港新城近岸海域海岸线及围填海变化情况初探[J]. 环境科学导刊, 2019, 38(4): 91-96.

[26] 卫诗韵, 付东洋, 刘大召, 等. 改革开放40年深圳海岸线变化的遥感监测[J]. 热带地理, 2023, 43(5): 986-1004.

[27] 李猷, 王仰麟, 彭建, 等. 深圳市1978年至2005年海岸线的动态演变分析[J]. 资源科学, 2009, 31(5): 875-883.

[28] 韩丕龙. 填海新区海岸带景观生态化建设[D]. 济南：山东大学, 2014.

[29] CHEN K, JIAO J J. Metal concentrations and mobility in marine sediment and groundwater in coastal reclamation areas: A case study in Shenzhen, China[J]. Environmental Pollution, 2008, 151(3): 576-584.

[30] 黄健敏, 黄润秋, 焦赳赳, 等. 深港西部通道填海区地下水铜、钒、铊、镉、钨迁移的实验研究[J]. 地下水, 2010, 32(6): 16-20.

[31] 宋红丽，刘兴土. 围填海活动对我国河口三角洲湿地的影响[J]. 湿地科学，2013, 11(2): 297-304.
[32] 林丽钰，卢艺菲，许铭宇. 华南滨海地区排盐碱技术[J]. 浙江农业科学，2018, 59(9): 1629-1630.
[33] 宋红丽. 围填海活动对黄河三角洲滨海湿地生态系统类型变化和碳汇功能的影响[D]. 长春：中国科学院东北地理与农业生态研究所，2015.
[34] 宫彦章，毛君竹，李军娟，等. 深圳沙井滨海区生态修复及景观营造研究[J]. 亚热带水土保持，2019, 31(4): 1-4.
[35] 张亮，王尽文，纪莹璐，等. 围填海工程对日照岚山港附近海域浮游动物群落影响研究[J]. 广西科学，2022, 29(1): 185-191.
[36] 佚名. 自然资源部办公厅、财政部办公厅、生态环境部办公厅关于印发《山水林田湖草生态保护修复工程指南（试行）》的通知（自然资办发[2020]38号）[J]. 自然资源通讯，2020 (17):6-22.
[37] 管英杰，刘俊国，崔文惠，等. 基于文献计量的中国生态修复研究进展[J]. 生态学报，2022, 42(12): 5125-5135.
[38] 孙华，倪绍祥，张桃林. 退化土地评价及其生态重建方法研究[J]. 中国人口·资源与环境，2003(6): 48-51.
[39] 杨振意，薛立，许建新. 采石场废弃地的生态重建研究进展[J]. 生态学报，2012, 32(16): 5264-5274.
[40] 杨永利，徐君，富东英，等. 滨海重盐渍荒漠化地区生态重建生物技术模式的研究——以天津滨海新区为例[J]. 农业环境科学学报，2004(2): 359-363.
[41] 关元秀，刘高焕. 区域土壤盐渍化遥感监测研究综述[J]. 遥感技术与应用，2001(1): 40-44.
[42] 刘勤，王宏卫，丁建丽，等. 干旱区区域土壤盐渍化监测研究进展及其未来热点[J]. 新疆大学学报（自然科学版），2014, 31(1): 108-115.
[43] 林晨，吴绍华，周生路. 滨海盐土遥感监测的发展趋势[J]. 土壤学报，2011, 48(5): 1072-1079.
[44] 相龙康，高佩玲，张晴雯，等. 不同改良剂对滨海盐碱化土壤水盐运移特性的影响[J]. 排灌机械工程学报，2020, 38(9): 945-950.
[45] 秦萍，张俊华，孙兆军，等. 土壤结构改良剂对重度碱化盐土的改良效果[J]. 土壤通报，2019, 50(2): 414-421.
[46] 许晓静，刘洪庆，张蕊，等. 天津临港吹填土植被生态重建中土壤改良及绿化技术研究[J]. 安徽农业科学，2016, 44(10): 82-84.
[47] 任海，王俊，陆宏芳. 恢复生态学的理论与研究进展[J]. 生态学报，2014, 34(15): 4117-4124.
[48] 刘志强，高吉喜，田美荣，等. 生态修复区植物群落土壤粒径的分维特征[J]. 生态学杂志，2017, 36(2): 303-308.
[49] 曹世伟，金辰. 多群落配置下滨海盐碱土壤修复研究进展[J]. 基因组学与应用生物学，2019, 38(6): 2725-2730.

深圳园林树木抗风能力与植被群落构建相关性研究

黄义钧[1]，叶餐赐[2]
[1.深圳市仙湖植物园；2.广州市越秀区土地开发中心（广州市越秀区土地储备和征地服务中心）]

摘要：【目的】研究深圳常用绿化树种抗风性能；台风重点影响区域自然植被群落结构组成。开展抗风性树种与群落构建相关性分析。【方法】①树种方面：分别从形态学、风害受损角度着手。分别获得与风害受损、形态学抗风性重要关联的各个形态因子，运用三级评分法评定计算各树种在对应指标中的理论得分。②形态学方面：计算并获得各树种抗风能力总得分和排序。风害受损方面：计算并获得各树种抗倒伏、折枝、折干、综合抗风性得分和排序。③群落结构方面：调查深圳市台风高危影响区内天然植被的群落组成，运用Sorensen相对距离法对54个样点进行聚类分析，提出理论抗风模型。【结果】①形态学方面：51个树种按照抗风性能划分出4级。其中1级8种，抗风性强；2级和3级分别有22种和10种，抗风性良好和一般；4级9种，抗风性弱。②风害受损方面：51种树木抗风能力划分5级，其中1~2级树种共20种，综合抗风力强，主干挺拔，树冠透风性佳，材质较坚韧且地下根系发达。5级10种，为风害高敏感类型。③群落结构方面：构建7组理论抗风模型。并研究形态学抗风树种和7组乡土物种抗风群落模型内物种在生态学、冠形、季相分面的相关性，提出植物搭配和景观群落构建建议。

关键字：树种；群落；抗风性；构建

Study on the Correlation between Wind Resistance of Garden Trees and Vegetation Community Construction in Shenzhen

Huang Yijun[1], Ye Canci[2]
(1.Fairy Lake Botanical Garden, Guangdong Shenzhen; 2. Guangzhou Yuexiu District Land Development Center (Guang zhou Yuexiu District Land Reserve and Land Acquisition Service Center)

Abstract: 【Objective】Study the wind resistance of commonly used greening tree species in Shenzhen; the structure and composition of natural vegetation communities in key areas affected by typhoons. Carry out correlation analysis between wind-resistant tree species and community construction.【Methods】① In terms of tree species: start from the perspectives of morphology and wind damage.Each morphological factor that is significantly related to wind damage and morphological wind resistance was obtained.The three-level scoring method was used to evaluate and calculate the theoretical scores of each tree species in the corresponding indicators. ②Morphology: Calculate and obtain the total score and ranking of wind resistance of each tree species.In terms of wind damage: Calculate and obtain the scores and rankings of each tree species' resistance to lodging, branch breaking, trunk breaking, and comprehensive wind resistance. ③Community structure: Investigate the community composition of natural vegetation in the high-risk typhoon-affected areas of Shenzhen City. The Sorensen relative distance method was used to perform cluster analysis on 54 sample points, and a theoretical wind resistance model was proposed.【Result】①In terms of morphology, 51 tree species are divided into 4 levels according to their wind resistance.Among them, 8 species are at level 1, with strong wind resistance. There are 22 and 10 types of level 2 and level 3 respectively, with good and average wind resistance.There are 9 species in level 4, with weak wind resistance. ②In terms of wind damage, the wind resistance of 51 species of trees is divided into five levels.Among them, there are 20 species of 1-2 grade tree species, which have strong overall wind resistance, tall and straight trunks, good crown ventilation, tough materials and well-developed underground root systems.There are 10 types in level 5, which are highly sensitive to wind damage. ③In terms of community structure, seven groups of theoretical wind resistance models were constructed. Study the correlation between morphological wind-resistant tree species and seven groups of native species wind-resistant community models in terms of ecology, crown shape, and seasonal aspects, and propose suggestions for plant matching and landscape community construction.

Keywords: Tree species; Community; Wind resistance; Construction

一、研究背景

（一）台风概述

台风发生于西太平洋洋面，并于每年夏秋季节频繁影响中国、日本、越南、菲律宾等沿海地区。近30年来全球气候变化加剧，各种极端气象灾害频发，影响我国东南沿海地区的台风有显著加强和增多的趋势。台风具有发生频率高、突发性强，影响范围广、成灾强度大等特点。在登陆过程中，它除了严重干扰人民的正常生产、生活，还对城市基础设施，尤其是对绿地系统造成极大破坏。随着我国园林事业蓬勃发展，近年来沿海城市园林绿化树种的景观应用方式日渐丰富，但台风侵袭时受害情况明显。因此，园林树木风灾与抗风性的问题受到沿海城市管理者及专业人士的持续关注，且研究日趋深入。

按照统计，国内每年受台风影响超90%的区域集中在自浙江至广西、海南的东南沿海各地。其中以2014年正面袭击海南的台风“威马逊”，2016年9月横扫厦门的台风“莫兰蒂”，2017年重创珠海的台风“天鸽”最为出名，3次台风均表现出瞬时风力强劲、影响时间长、雨量大、次生灾害频发等诸多特点。一些台风登陆并深入内陆省份，能够导致更为严重的洪涝灾害。1975年8月超强台风“尼娜”登陆后，深入河南中南部地区，强降雨引发的洪水致使20余万人死亡。面对突如其来的台风灾害，进一步完善风灾预警和减灾体系，使工作内容更加科学和客观。

（二）国内外研究进展

1. 国内城市绿化景观风害研究进展

20世纪90年代末开始，诸多学者从物理学、数学的角度对树木抗风性能进行研究。郑兴峰等[1]分析了经济树种不同抗风品系间主干与枝条木材纤维结构间关系。陶嗣巍[2]研究了树木在强风作用下达到折干、弯曲的最大运动极限。邵卓平等[3]研究了活立木在风荷载作用下，达到变形时的最大弯曲和扭转应力等。吴显坤[4]以逐步回归法和强制回归法构建树种抗风能力评估模型。吴志华等[5]在绿化树种的抗风评价及分级选择中采用综合评价法及灰色度关联法构建评价模型。张华林用层次分析法研究了不同树种及林组的生长量、形态指标及材质性状对其抗风性能的影响等。

国内关于台风与园林景观绿化相关性研究主要集中在夏季台风频发的福建、广东、海南等地的沿海地区。近半个世纪以来，台风对绿化景观影响的相关性研究已逐步从树种的受害情况分析逐步深入至树种自身抗风性、风场建模、风压力学等外部环境因素和树木形态学领域，研究逐步深入和细化。然而上述情况仅仅针对树种之间抗风性比对，城市绿地景观是由乔木、灌木、地被、草本植物构成的有机整体，各群落内树种种类搭配、数量、高低、生长状况、群落宽度将直接决定群落抗风性能。因此，从群落景观入手，全面考虑并分析整体抗风性能具有更加实际的意义和研究潜力。

2. 国外城市绿化景观风害研究进展

国外学者对于林木防风方面的研究多着眼于内陆或海岸地区防护林营建及风对树木产生的力学效果情况分析。关于城市绿地系统防灾、减灾方面的相关研究鲜少能够被查阅到。

来自荷兰及芬兰的M. J. Schelhaas、K. Kramer、H. Peltola等[6]运用机械化模型设定风力速度参数，评估树木单体在多大程度风力作用下会被严重摧毁。根据多次试验了解到树木高度、胸径越大，风害模型检验结果越有效果。

J. R. Butnor、K. H. Johnsen等[7]在他们文章中对当地20世纪60年代种植的长叶松、湿地松、加勒比松经济林经历"卡特里娜"飓风后的表现进行分析。经过等量划分和比对后表面，每公顷样地内长叶松枝条、主干受损概率仅有7%，远低于湿地松的14%和加勒比松的26%，具有更强抗风性能。

伦敦Deep Root城建公司[8]运用他们研发出的Silvar细胞骨架悬浮系统，将其设置在城市绿化带土壤体系中，运用生物质过滤和储存功能提升绿化树木根际土壤活性。主要目的在于增加土壤渗透性和水分存留；通过类似于细胞壁的骨架结构对污染物、有害微生物进行过滤和吸附，最终实现较高过滤效果。根系经过该结构后得以更加良好贯穿生长。

（三）台风对深圳城市绿化景观影响

2001年7月2~6号台风"榴莲""尤特"相隔4天，"榴莲"的中心风力为12级，"尤特"的中心风力11级，对深圳城市绿地18 981株树木造成损害。其中，"榴莲"造成损失最严重的树种有非洲楝（13.80%）、尖叶杜英（11.3%）、大花紫薇（10.49%）、人面子（10.02%）、柱状南洋杉（7.44%）、尾叶桉（7.09%）、杧果（5.32%）和小叶榕（4.24%）。"尤特"造成损失严重的树种马占相思（25.23%）、黄槐（8.55%）、非洲楝（7.77%）、宫粉紫荆（5.455%）、尾叶桉（4.67%）、乌墨（4.63%）、尖叶杜英（3.95%）、刺桐（3.91%）、木棉（3.52%）[4]。

2018年9月16日台风"山竹"中心风力15~16级，12级和以上阵风持续13h，共造成深圳455 080株绿化树木受损，其中倒伏损毁并死亡树木11 680株，断枝327 500株，倒伏后轻度受损（扶正可成活）115 900株。其中受损最为严重的是非洲楝、小叶榕、垂叶榕和大叶榕。

（四）研究目的与意义

1. 目的

广东拥有中国最长的海岸线，而深圳恰处于该省海岸线中间地带。近50年以来，在该区域登陆或过境的台风都会对沿海城市园林绿地系统带来直接或间接的影响，造成的经济损失高达千万或数亿元。作为绿地系统中重要组成要素的植物群落、树木产生的风害受损情况最为显著。为降低台风对绿化景观的损害，提升人工植物群落生态功能和价值，现阶段在做好树种抗风性能研究和种植的基础上，亟须通过科学手段引导植物物种搭配和群落景观构建。

2. 意义

以往树木抗风性研究主要围绕树种层面，海岸防风林、经济林配置也只局限单一物种的株行距、宽度等少数指标。涉及植物群落结构与风害相关性研究几乎没有，植物景观群落是城市绿地核心部分，体现城市绿化水平及物种多样性，通过研究群落结构组成与台风致其影响相关性能够从宏观角度科学、有效地指导所在区域群落景观营造，树种搭配模式。

二、研究区域概况和研究内容

（一）研究工作概述

植物群落与树种之间是密不可分的，群落与台风相关性研究必须结合树种。调查方式分为2个阶段：第一阶段是2018—2019年年底，对全市主要道路、公园、居住区等绿地树种开展抗风性调查，形成树种抗风性评价体系并对常见绿化树种抗风性进行分析。第二阶段：2020年1月至2021年12月对该市境内受台风影响具有较高风险的天然林地进行调查，寻找深圳绿地景观与群落抗风性的有机衔接。

（二）方法和内容

1. 风害受损、形态学与树木抗风性研究（第一阶段）

（1）方法

采用随机区域调查法，道路调查是沿主要道路的上下行方向依次对每种树木进行拍照记录，并在表格中登记树种、风害受损情况、形态因子特征等。公园调查是从不同入口开始随机选3个区域，各区域样方面积为50m×50m，方法同道路调查。

（2）内容

①抗风因子。形态学方面：其中树木形态及生长因子与抗风性密切相关，通过综合分析以往学者的研究成果，筛选并得到与抗风性能相关性较高的11个形态因子：树干与材质、根系状况、冠层密度、冠形、冠径比、树体健康度、冠高比、根冠比、树龄、抗弯强度、分枝角度。

风害受损方面：风灾过后园林树木表现出不同程度的风害状况。通过近30年学者对树木风害的研究结果[1, 6-9]，获得风害受损主要关联的7个形态因子：挠曲变形量、最大静曲载荷、树干与材质、抗弯强度、冠层密度、冠高比、根系状况。基于树木自身因素分析筛选出与抗折干能力密切相关的因子是树干与材质、抗弯强度、冠高比、冠层密度；与抗倒伏能力密切相关的因子是抗弯强度、根系状况、冠层密度、冠高比；与抗折枝能力密切相关的因子是枝条最大静曲载荷、枝条挠曲变形量、树干与材质。

②抗风因子评定。采用三级评分标准评价树种抗风能力。综合参考吴显坤[4]、祖若川[10]的研究成果，结合各树种的形态学指标得分得到三级评分量化标准，以此标准计算各树种在对应指标中的理论得分。3分：抗风能力强，2分：抗风力中等，1分：抗风性差。

③数据的计算和检验。形态学方面：对数据模型有效性进行检验，通过单因素方差分析法检测各树种理论抗风得分有效性。

风害受损方面：依次计算各树种抗折干、抗倒伏、抗折枝能力分枝和对应抗性能力重要性指数，最终获得综合抗性指数。

2. 群落抗风性研究（第二阶段）

（1）方法。基于ArcGIS软件平台，通过对2016年8月至2020年8月在广东登陆的17个台风气象数据进行分析，衡量台风过境时对整个深圳地区的影响程度，对深圳进行台风影响严重性的地域分级（图1）。

（2）数据调查与收集。台风对城市绿化景观破坏极大，影响时间间隔可跨越3~6年或更长（2020—2021年深圳绿化未受明显台风影响）。这在很大程度上延长了调查工作时间。

风致绿化景观损害的因素错综复杂，影响因子既包含风的持续时间和强度等级，也包括绿地景观所处环境条件、空气力学等。

结合历史气象数据可知深圳主城区城市绿地属于台风影响中、低风险区域；重点风险区域连续分布在没有自然山体阻隔的大鹏湾和大亚湾区。这里发育有集中且连片天然次生阔叶林，在这些区域森林群落中开展群落学研究，所得结果可用于模拟构建近自然绿地景观群落。

根据植被分布以及可达性，设置54个调查样地，进行抗风性植物群落的详细调查。

植物群落的实地调查于2020年10月至2021

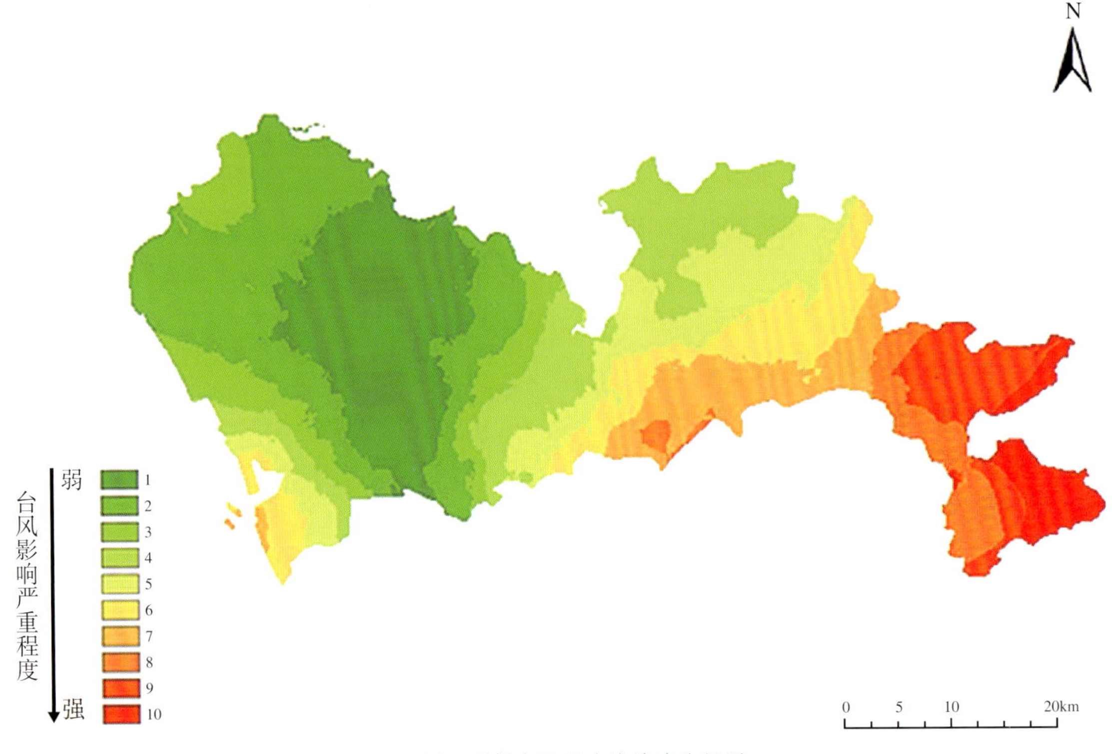

图1 深圳台风影响的地域分级图

年10月进行。每个样地面积为20m×20m。在每个调查样地中采用每木调查法对乔木群落进行调查，对乔木种测定植物种类、株数、高度、盖度和胸径；在样地的中心和四角分别设置1个2m×2m的灌木样方，对灌木种测定植物种类、株数、高度；在每个灌木样方中随机设置1个1m×1m的草本样方，测定每一草本植物种的种类和高度，目测法测定多度。植物种类鉴定依据《中国植物志》。

（3）数据分析。以群落为单位，分乔木层、灌木层和草本层计算每一物种的重要值，相关计算公式为：

乔木的重要值=（相对盖度+相对密度+相对优势度）/3

灌木的重要值=（相对盖度+相对密度+相对高度）/3

草本的重要值=（相对盖度+相对多度+相对高度）/3

以物种重要值为基础，建立样方——物种矩阵。使用聚类分析，选择Sorensen相对距离进行植物群落类型划分。

三、结果与分析

（一）风害受损与树木抗风性（第一阶段）

1. 园林树木的抗折枝能力

枝条是树体结构中相对细弱和最易受伤害的部位，强风吹拂下，树体最先受风害的就是枝、叶等器官。抗性优良的前15个树种，棕榈科植物有12种，占80%。排名前15的树种具有如下特征：①以棕榈科植物为主；②多为原生近海地区的树种或适合滨海绿化的树种，如椰子、银海枣、木麻黄等。排名后15的树种，多数原产于内陆静风的山区或平原，如火焰树、蓝花楹等，该类树种普遍冠大、枝脆，风害程度最为严重。

2. 园林树木的抗折干能力

主干是树体结构中最基础、最重要的结构单元，具有承接根与树冠结构平衡与稳定（树干的弹性与坚固性）的重要作用。强风经过时，树木主干御风性能将影响整个树体结构的稳定与平衡。抗折干能力排名前15的树种具有如下特征：①材质坚韧，如木麻黄、龙眼、荔枝等；②干形挺直、分层明显，树冠受风面积小的树种，如小叶榄仁、霸王棕等。

3. 园林树木的抗倒伏能力

抗倒伏能力最强的前15种具有如下特征：①深根性树种或具有特化的板根或支柱根，如木麻黄、黄葛树、小叶榕等；②树冠通透、透风效果好或枝条柔软风阻小的树种，如小叶榄仁、木麻黄等。

4. 园林树木的综合抗风性能

综合51种树木抗折枝、抗折干、抗倒伏能力分值，计算出树木综合抗风能力分值及指数排序。抗风能力依大小划分I~V等级（受害等级则反之，I~V等级代表受害程度逐渐降低），综合抗风能力指数排名前10的评定抗风等级为Ⅰ级，排名为11~20的评定抗风等级为Ⅱ级，余类推。抗风性能等级评价及与"山竹"风害调查结果比较如表1。

表1 树木综合抗风能力及风害等级排序表

抗风等级评价	受害等级评价	综合抗风能力评价树种
Ⅰ	Ⅴ	木麻黄（97.65）、霸王棕（96.47）、龙眼（95.29）、荔枝（94.12）、海南蒲桃（91.76）、银海枣（90.59）、蒲葵（84.71）、小叶榄仁（83.53）、加拿利海枣（82.35）、黄葛树（80.00）
Ⅱ	Ⅳ	台湾相思（78.82）、王棕（76.47）、皇后葵（75.29）、秋枫（72.94）、橡胶榕（70.59）、椰子（69.41）、小叶榕（65.88）、垂枝红千层（63.53）、华盛顿棕（62.35）、狐尾椰子（60.00）
Ⅲ	Ⅲ	散尾葵（58.82）、美丽针葵（57.65）、人面子（54.12）、香樟（49.41）、阴香（47.06）、垂叶榕（45.88）、假槟榔（43.53）、香榄（42.35）、油棕（37.65）、复羽叶栾树（35.29）、铁冬青（32.94）
Ⅳ	Ⅱ	白兰（31.76）、凤凰木（29.41）、吊瓜树（27.06）、蓝花楹（25.88）、黄槿（24.71）杧果（23.53）、火焰木（21.18）、南洋楹（20.00）、美丽异木棉（18.82）、南非刺桐（16.47）
Ⅴ	Ⅰ	吉贝（15.29）、糖胶树（14.12）、大花紫薇（12.94）、扇叶露兜（11.76）、尾叶桉（10.59）、印度紫檀（9.41）、羊蹄甲（8.24）、木棉（5.88）、黄槐（3.53）、红花羊蹄甲（1.18）

（二）形态学与树木抗风性（第一阶段）

1. 模型构建

经过计算获得11个形态学因子的权重，其中权重最高的4个指标分别是根系状况（10.35）、树干与材质（9.796）、树体健康度（9.618）、根冠比（9.252），这说明根系发达、气干密度大、长势旺盛且根冠比值大的树种抗风力强。而树龄、冠径比与高冠比对树种抗风性能影响较弱。

2. 数据的标准化和有效性检验

数据分析要求等量对比，整理所得的51种树木的3组标准化数据：历年统计数据为综合40年来研究中各树种抗风性平均分经标准化后所得。台风"山竹"得分为调查深圳10个行政区树种风害结果经数据标准化后所得。理论得分为运用抗风评价模型计算各树种抗风性能数据经标准化后所得。验证获知P-value=0.22620524＜F crit=3.06011477，同时P-value＞0.05，三组数据检验差异不显著，表明理论模型对园林树种抗风性的分析可行，可用于园林树种的抗风性能评价。

3. 树木抗风能力分级

采用最优分割法[5, 9, 13]，将树种按抗风性强弱划分为4级（表2）。

表2 树种抗风性能分级表

抗风等级	树种 / 得分
Ⅰ	木麻黄（274.29）、小叶榄仁（264.81）、龙眼（244.91）、荔枝（244.91）、霸王棕（232.31）、秋枫（227.63）、橡胶榕（226.36）、蒲葵（225.18）
Ⅱ	王棕（224.38）、皇后葵（224.27）、银海枣（223.87）
Ⅱ	狐尾椰子（223.70）、黄槿（217.83）、海南蒲桃（217.24）、黄葛树（216.87）、小叶榕（216.57）、美丽异木棉（215.41）、散尾葵（215.27）、油棕（214.95）、加拿利海枣（214.76）、扇叶露兜（214.24）、美丽针葵（213.91）、白兰（211.40）、香樟（210.19）、香榄（209.26）、铁冬青（208.26）、垂枝红千层（208.02）、吉贝（207.99）、华盛顿棕（207.07）、椰子（205.65）
Ⅲ	杧果（200.63）、复羽叶栾树（199.42）、吊瓜树（199.30）、垂叶榕（198.51）、假槟榔（198.21）、人面子（192.34）、凤凰木（191.25）、阴香（191.04）、南非刺桐（190.88）、台湾相思（190.47）
Ⅳ	大花紫薇（189.49）、火焰木（188.04）、尾叶桉（181.21）、黄槐（180.68）、紫檀（180.18）、羊蹄甲（171.97）、南洋楹（170.70）、糖胶树（170.59）、红花羊蹄甲（136.04）

（1）综合评价为Ⅰ级的树种有8种。这些树种材质坚硬，枝条韧性高，且根系发达，扎根较深。抗风性能Ⅰ级的树种综合抗风力强，在城市绿化中作为骨干树种被广泛运用，其中不乏乡土树种。上述树种能较好体现区域特色，可继续作为城乡及沿海防风绿化的主要树种。

（2）综合评价为Ⅱ级的树种有22种。该类树种树冠宽大，一些具有挺拔的干形、发达的地表根系；棕榈类树木主干富有韧性，须根系发达。抗风性能的Ⅱ级的树种由于树体高大、根系较浅，在持续的强风中容易出现轻度折枝、树叶撕毁、主干倾斜等现象，宜在台风频发季节提前进行疏枝，避免出现“头重脚轻”的现象并致树木倒伏。该类树种普遍具有较好的遮阴效果，可合理规划种植。

（3）综合评价为Ⅲ级的树种有10种。多为树体高大且冠幅开展的种类，部分树种具有特化的板根景象。抗风性能Ⅲ级的树种抗风性能一般，如遇强台风侵袭会出现一定程度的折枝、断梢、倾斜、倒伏等现象。该类树种宜作为远离风口及非迎风面的园林绿化辅助树种。

（4）综合评价的Ⅳ级的树种有9种。多数种类根系不发达，易倒伏。一些树种冠幅大，枝干很脆，台风灾害中极易出现严重的折干、断梢等现象。由于宫粉紫荆等开花树种对于丰富城市园林景观色彩、季相，增添热带氛围不可或缺，建议在避风区域种植，或与其他树种混合种植。台风来临前须做好固树支架、疏枝修剪等防护措施。该类树种在园林绿化中建议少用或不用。

（三）群落抗风性（第二阶段）

以样方－物种矩阵为基础，使用聚类分析对54个植物群落进行群落类型的划分，结果如图2。

根据聚类分析的结果，将54个植物群落划分为7种植物群落类型。使用此植物群落类型中平均重要值最大的优势种对群落类型进行命名，7种植物群落均为乔－灌－草复层，详细情况见表3。

表3 7种植物群落层次结构类型表

类型	群落名称	乔木层	灌木层	草本层
1	假苹婆＋银柴－九节＋罗伞树－半边旗＋山麦冬	骨干：假苹婆、银柴	骨干：九节、罗伞树	骨干：半边旗、山麦冬
		伴生：香樟、肉实树等	伴生：紫玉盘、白花苦灯笼、牛白藤、假鹰爪等	伴生：十字薹草、扇叶铁线蕨等
2	鸭脚木＋浙江润楠－九节＋华鼠刺－草珊瑚＋扇叶铁线蕨	骨干：鸭脚木、浙江润楠	骨干：九节、华鼠刺	骨干：草珊瑚、扇叶铁线蕨
		伴生：米槠、山油柑等	伴生：假鹰爪、玉叶金花、红鳞蒲桃、小叶买麻藤等	伴生：山麦冬、华山姜、芒萁等
3	大头茶＋马尾松－华鼠刺＋桃金娘－芒萁＋黑莎草	骨干：大头茶、马尾松	骨干：华鼠刺、桃金娘	骨干：芒萁、黑莎草
		伴生：鸭脚木、豺皮樟、木荷等	伴生：石斑木、毛棯、链珠藤、越南叶下珠等	伴生：扇叶铁线蕨、芒、毛果珍珠茅、乌毛蕨等
4	木荷＋短序润楠－吊钟花＋锈毛莓－淡竹叶＋薄叶卷柏	骨干：木荷、短序润楠	骨干：吊钟花、锈毛莓	骨干：淡竹叶、薄叶卷柏
		伴生：浙江润楠、红楠、亮叶冬青等	伴生：玉叶金花、华鼠刺、地棯、变叶树参等	伴生：毛果珍珠茅、芒、乌毛蕨等
5	浙江润楠＋密花树－亮叶鸡血藤－草珊瑚＋华山姜	骨干：浙江润楠、密花树	骨干：亮叶鸡血藤	骨干：草珊瑚、华山姜
		伴生：大头茶、山油柑、山矾等	伴生：蔓九节、石柑子、玉叶金花、华鼠刺等	伴生：密苞山姜、毛果珍珠茅、薄叶卷柏、十字薹草等
6	浙江润楠＋华润楠－腺叶桂樱＋狗骨柴－芒萁＋草珊瑚	骨干：浙江润楠、华润楠	骨干：腺叶桂樱、狗骨柴	骨干：芒萁、草珊瑚
		伴生：密花树、大头茶、尖脉木姜子等	伴生：野牡丹、酸藤子、蔓九节、玉叶金花、华鼠刺等	伴生：扇叶铁线蕨、芒、黑莎草、薄叶卷柏等
7	鸭脚木＋山油柑－九节＋假鹰爪－山麦冬＋团叶陵齿蕨	骨干：鸭脚木、山油柑	骨干：九节、假鹰爪	骨干：山麦冬、团叶陵齿蕨
		伴生：银柴、浙江润楠、大头茶、山乌桕等	伴生：水团花、毛茶、蔓九节、紫玉盘等	伴生：草珊瑚、扇叶铁线蕨、芒萁、芒等

四、讨论与结论

（一）形态学与树木抗风性

树木形态因子与生长状况直接决定园林植物抗风性能。现实中材质坚韧的树种通常具有发达的地下根系或特化根（如板根和支柱根），且根系幅度超过冠幅。如小叶榄仁、龙眼、荔枝、蒲葵等木材坚硬且韧性极高。小叶榕和黄葛树等具有发达的支柱根和表面根（地表），在支撑庞大树冠同时给予树体稳固性。棕榈科树种根系不甚发达，但冠幅很小，根冠比均衡，加之材质韧性高，抗风性突出。树木形态因子、生长状况与抗风性能关系权重调查结果表明根系状况、树干与材质、树体健康度、根冠比这4个指标与抗风性能最为密切。其中树干与材质、根系状况、根冠比三者是密切相关，尤其在阔叶树种抗风性能中表现尤为突出。这与祖若川[13]对海口园林树木的研究，吴显坤[4]对深圳、江门地区园林树木抗风性与根系状况的相关研究，张华林[9]对雷州半岛园林树种抗风性与根系状况和树干与材质关系的相关研究，吴志华等[5]对湛江地区园林树木抗风性与树干与材质、根系状况关系的相关研究结果一致。可见根系状况、树干与材质两指标对树种抗风性能的重要性毋庸置疑，属于影响抗风性能的内因。同时，外因影响的树体健康度和根冠幅比例大小与上述内因相辅相成，共同构成了影响树种抗风性能的4个核心指标。

采用树木抗风性能评价模型评价不同树种

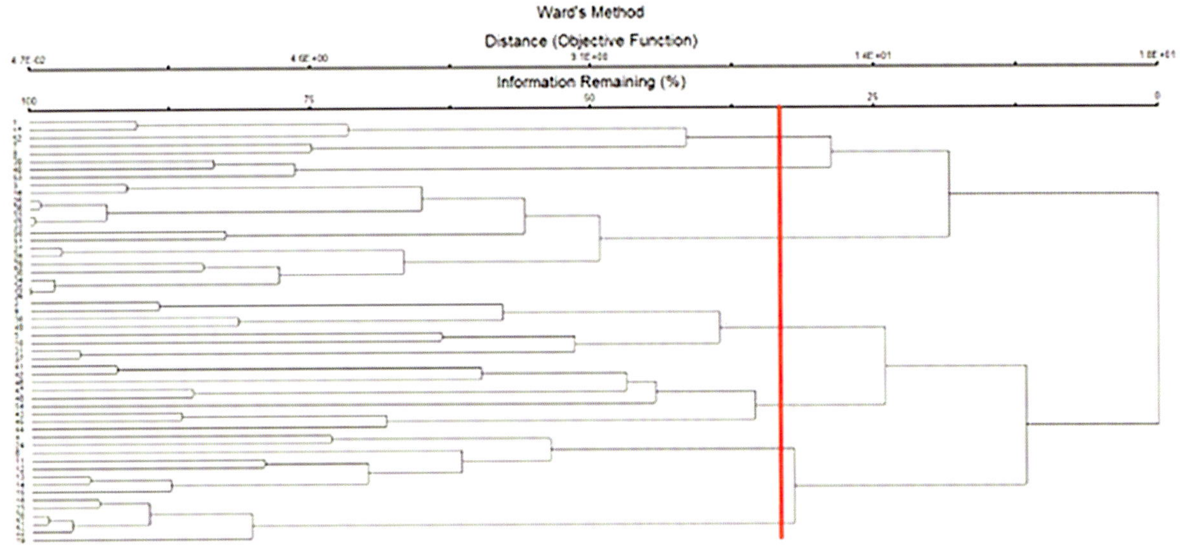

图2 54个植物群落的聚类图

抗风性能的结果表明，不同树种的抗风能力存在极大差异。这与吴显坤[4]通过采用主成分、聚类和回归相结合的方法，发现气干密度、抗弯强度、根系状况和冠形直接决定树种抗风性强弱，以及吴志华等[5]、祖若川[13]、张华林[9]采用层次分析结合模糊函数法的研究结果接近。抗风性能评价体系同时表明抗风性强弱与树木生物学因子密切相关，张华林[9]通过研究相思和木麻黄类树种发现当树木木材纤维越长，宽度越小则抗风性越强。任红如[14]指出同一树种，冠形不同其抗风性差异很大，自然圆头形、丛状形、开心形树木比较抗风。树冠生长迅速、则冠大招风，加之材质疏松极易出现断干倒伏现象[15–17]。这与抗风性能评价模型的评价吻合。

（二）形态学与树木抗风性

1. 关于树木风灾等级

目前各地园林部门甚至同一城市不同行政区域、机构针对树木风灾等级的划分缺乏统一的标准，对抗风性的评价也缺乏量化的表达。据研究[4–5, 9, 12, 19–20]，树木风灾与多种形态因子相关，其中根系状况、树冠类型、材质与密度、抗弯强度等因子对树种抗风性起决定作用。综合以往研究，我们认为从树木实际风灾受损程度及灾后景观恢复状况出发，应将树木风灾等级分为5类，有利于行业管理部门对风灾损失进行统一评估，也便于城市绿地规划中更加精细、有效开展树种选择、规划和配置。

2. 关于树木抗风能力

在抗折枝能力方面，14种棕榈类植物有11种排序靠前，说明棕榈类植物干形通直、叶片软而稀疏，风阻小，结果与吴志华研究认为该类植物抗风性能优异的结果相一致[21]；研究的37种阔叶树种中有9种同时出现在抗折干、抗倒伏能力排序前15名，这一结果说明具备材质坚韧、抗弯强度大、深根性、树冠通透、透风效果好或枝条柔软风阻小是抗折干、抗倒伏树种的重要特征。但在城市绿化中上述类型树种若树穴过小、绿化土层薄而根系难以伸展或市政施工损伤根系，也难免出现风灾较重现象；现代城市绿化的园林树木大多是移植苗，经断根或营养钵培育后抗风性能大为减弱。为维持树木良好的透风效果，每年台风季到来前需要组织开展抗风修剪工作。针、阔叶树种在树冠修剪时，自内向外疏去树冠过粗、过长的3~4级分枝；剔除并行枝、交叠枝、萌生枝。棕榈乔木状种类要修去老化叶片、花序、果序。

3. 关于环境因子等外因对树木风灾影响

导致树木风灾的原因除树木自身因素影响外，还与树木所处外部环境（风向、土壤、地形条件、位置等）密切相关。就外因而言：①针对同一树种的行道树来看，当台风登陆风向与道路呈较大锐角或直角时，对行道树破坏力最大；②若该地段土壤浅薄、树穴或绿带设计不合理且市政施工损伤树木根系则会增大风灾概率；③当绿地周围为高层建筑群环绕或位于狭窄楼宇之间时，受到空间环境影响会产生狭管效应、涡流现象，进而改变风向提升瞬时风速，树木受害情况将加剧；④台风对同一路段不同结构的群落影响也不同，如结构层次丰富的群落分散了风压和风力作用，明显优于结构单纯的群落。

4. 园林树木综合抗风能力

黄槿、美丽异木棉、扇叶露兜树、白兰、吉贝、台湾相思6种树木的形态学抗风性排序相比其在抗风害损伤能力排序偏高或偏低，这与两种评价体系中决定树种抗风性能的形态因子密切相关。

（三）抗风性城市绿地群落构建建议形态学与树木抗风性

根据聚类分析及各层植物重要值构建7组乡土物种抗风植物群落，各组群落中的物种在组合时一定具有近似的生态学习性，适宜的体量能够突出体现南亚热带植被景观特色，具有良好的生态和景观效益。

运用形态学因子、风害受损抵御能力评价所得抗风能力排序前20种树木，在各部位或综合表现方面展现出优异抗风性能。

通过研究形态学抗风树种和7组乡土物种抗风群落模型内物种在生态学、冠形、季相分面的相关性，开展植物搭配和景观群落构建，相关建议如下：

1. 生态学

需要掌握形态抗风树种、模型内树种的生态位宽度，物种间生态位重叠程度及发生演替时生态响应程度。

其中，种间联结性指一定时间内，群落物种彼此在空间内相互关联性，呈正相关物种彼此对气候条件及生存环境都有很高一致性。它的具体化表现是生态位重叠。

生态位重叠：通常生态位高度重叠的物种彼此对资源环境利用程度比较接近，当资源足够丰富时（要求外部环境、资源条件足够稳定），生态位重叠仅反映了两个物种占据了相似的生态空间，它们可以是相互促进或互不干扰的。

生态位宽度和物种对群落演替的生态响应：一般生态位宽度越大的物种，对资源环境利用力越强，分布也比较广泛。但值得注意的是，可能因为种群密度接近饱和，由于自疏或他疏作用使其种群数量增长缓慢甚至有所减少，群落演替早期发展起来的先锋树种将逐渐衰退。生态位较窄的物种为了占据更多的资源，可能会选择增大自身的生态位宽度，加强环境适应能力，从而扩大它的种群规模[22-26]。

据此，表3类型中乔木层的优势树种、伴生种可与生态相关性高的抗风树种组成种对或替换角色。

类型2、6、7中的鸭脚木、银柴、浙江润楠、米槠属对应森林演替中期物种，较喜光且要求环境比较湿润：香樟、小叶榕、阴香、橡胶榕。

类型4、5中木荷、润楠属、亮叶冬青、山矾对应树种属森林演替中期物种，较喜光，要生存环境稍湿润：散尾葵、美丽针葵、海南蒲桃、黄槿、黄葛树、美丽异木棉、垂枝红千层、复羽叶栾树、蓝花楹、铁冬青。

类型3中马尾松对应物种应具有喜光、速生习性，能够耐受较强干燥和贫瘠：木麻黄、小叶榄仁、台湾相思、山乌桕。

类型1中假苹婆对应群落演替中、后期物种，需要环境具有强散射光和湿润环境条件：秋枫、荔枝、龙眼、人面子等。

2. 冠形和体量

自然状态下，树木的形态因种类而各有

不同，群落景观即是利用树木的远观姿态营造出多树种混合生长的观赏效果。在开展植物配置时，应充分了解临近地区森林植被群落外貌，使乔木层树冠拥有连续、互补、渐变的自然美感。

连续性方面，深圳地区地带性植被为南亚热带常绿雨林和常绿阔叶林，林冠外貌具有浑圆连绵效果。群落景观构建时，上层抗风树种也应具有卵形或圆形树冠结构，体量方面相差不大。例如类型1、2、7中的香樟、鹅掌柴、米槠分枝多且刚劲有力，能够形成阔卵形树冠，景观搭配中可选择阔卵形、扁卵形树种香樟、秋枫、人面子、海南蒲桃、铁冬青、假苹婆。

互补性：在群落垂直层面形成上下互补效果，一部分树种分枝点较高，树冠集中上层空间，中下方景观空缺，此时可搭配一些树冠不很高大、分枝较低的树种，也可搭配一些柱形、锥形树冠结构树木来均衡下层空间。如类型7中的伴生物种山乌桕具有枝下高而开展的散状树冠，景观配置时适合搭配一些具有柱状或锥状树冠树种，如马尾松、大头茶、小叶榄仁；或者是树冠开展度不大的树种，如复羽叶栾树、垂枝红千层。

例如类型3在海岸区开展景观应用时，可将乔木层骨干树种替换为木麻黄与黄槿，伴生树种可选择台湾相思。锥状木麻黄具有拔升质感，比较凸显，中层台湾相思与半球形的黄槿具有浓密的枝叶和均匀感，黄槿平卧的主干和向两侧开展的枝条将中间层空间很好地向两侧推演。上、中、下三种树木的搭配既有互补性也有对比性。

渐变性：地带性常绿雨林或热带季雨林中生长种类繁多的棕榈科植物，其中一些乔木状棕榈植株高大挺拔，可穿透阔叶树种形成非常壮观且特殊的棕榈、阔叶树混交群落。在绿化群落景观营建时，可根据需要将棕榈、阔叶树混交群落分区段布置在阔叶树群落景观之中以体现林冠层渐变性。

如在类型1、类型4~7中营造棕榈、阔叶树混交景观效果。近海一侧的景观可以营造南亚热带、热带海岸林植被效果，棕榈科树种可选用蒲葵、椰子、美丽针葵，阔叶树种适宜配置种类有黄槿、小叶榕、海南蒲桃、小叶榄仁。王棕、狐尾椰子、皇后葵，与其混交的阔叶树种有假苹婆、龙眼、荔枝、人面子、香樟。霸王棕、油棕适宜在比较开阔的疏林地中生长，能够匹配的是一些体量较小或树冠锥形的阔叶树，如小叶榄仁、垂枝红千层、复羽叶栾树、密花树、亮叶冬青等。

3. 季相

深圳地带性植被为常绿阔叶林和常绿雨林，林冠层的季相景观在一年多数时间为暗绿色，但仍表现出一定季节性变化，如类型2、4~7中的浙江润楠、米槠、大头茶、密花树、鸭脚木、木荷都是具有季节性季相变化的树木。

浙江润楠、米槠花期为春季，盛花时林冠层点缀很多亮黄色斑块。

鸭脚木冬季开花，盛花期在暗绿色林冠中出现许多白色斑块。

大头茶、密花树、木荷在春或夏季抽发黄绿、红色新叶，群落中的植株集中萌芽生长时，林冠层出现一团团新绿色彩。

模型中的上述树种可选择性保留，也可增加或替换为香樟、荔枝、黄葛树等春色叶和铁冬青冬、复羽叶栾树等秋、冬观果树种。

4. 应用方式

有关研究结果显示[27-28]，树木的抗风能力与该树种自身形态因子密切相关，树种抗风性能与风灾受损状况相匹配；抗折干能力优良的树种（满分9分，7~9分为优）多原生于近海地带，内含相当比例的棕榈科物种。抗折干能力优良的树种（满分11分，9~11分为优）材质坚韧，干形挺拔，树冠分层显著，透风性佳。抗倒伏能力优良的树种（满分11分，9~11分为优）中一些为深根性或拥有特化根系的类型，另一些是树冠通透，风阻小的。综合抗风力强的树种（风害受损）（Ⅰ－Ⅲ，表1）、（形态学）（Ⅰ－Ⅱ，表2）兼具上述3类型优点。

按照现有绿地分类，结合7组特色抗风模型和树木抗性类型等级，对于树种、群落模型在实际绿地景观构建建议如下：

抗折枝能力良好（7~9分）的树种中原生近海地带并以棕榈科为主，这些树种可结合模型选择配置方式。构建的植物群落适用于以下绿地类型：道路分隔带、公园、小区、滨海休闲带、行道绿带。

抗折干能力良好（9~11分）的树种既有棕榈科也有阔叶树种，结合模型所构建的景观群落可用于沿街绿地、滨海休闲带、公园、广场、办公区等多数区域的基础绿地景观绿化。

抗倒伏能力良好（9~11分）的树木抗风能力相较于前两类型更好，结合模型搭配而成的植物群落酷似“风障”，能够极大程度地削弱和消减风速，宜布置在城市干道、滨海景观带、建筑绿化带的受风面。

综合抗风能力良好的树种适用广泛，配置形成的植物群落可在多种类型绿地中运用。综合抗风性偏弱的树种包含一些观花、观果的种类，这些树种花、果期色彩鲜艳，可丰富季相景观，应结合实际情况少量点缀于群落中。

五、展望与创新

（一）展望

7组乡土树种抗风群落是基于历史数据和现状群落调研构建，具有理论基础性和地域特色性，能够进一步开展群落景观构建和模型有效性检验。下一步工作是关于群落模型实际构建和植物配植，选择在不同区域和立地环境布置上述景观开展抗风性评估，利用有效途径评价风或其他环境、生物因素对群落抗风性影响，检验各组群落实际抗风效果。模拟群落实际检验工作量大，内容繁杂：①群落布置、选址、构建、生长维护，此项工作开展时间不低于8年。②群落抗风性检验，即根据所处的立地环境，结合台风事件等选取影响因子对构建群落进行实际抗风性评估。该研究为动态性工作，需开展至少2次重大台风事件影响评估，并对风后结果进行跟踪、对比等，此项工作开展持续时间应不低于10年。

（二）创新性

1. 风害受损与树种抗风性

风害受损与树木抗风性方面，将51种树木分别按抗折枝、抗倒伏、抗折干性能赋分并进行强弱等级排序。51种树木的抗折枝能力值由枝条挠曲变形量、枝条最大静曲载荷、树干与材质分值共同决定，总得分7~9分树种抗折枝能力较强。51种树木的抗折干能力值由树干与材质、抗弯强度、冠层密度、冠高比分值共同决定，总得分9~11分树种抗折干能力较强。51种树木的抗倒伏能力值由抗弯强度、冠高比、根系状况、冠层密度分值共同决定，总得分9~11分树种抗倒伏能力较强。

2. 植物群落与抗风性

在充分调查研究深圳地区天然植被的基础上，首次以自然群落作为对象，开展抗风群落景观研究，在此基础上构建并提出7组理论抗风群落模型。结合树种抗风性排序和抗风性群落模型，从生态学、冠形和体量、季相角度，提出抗风性城市绿地群落的树种选择及配置方法建议。

参考文献

[1] 郑兴峰,邱德勃,陶忠良,等.巴西橡胶树不同抗风性品系木材胞壁纤丝角[J].热带作物学报,2002,23(1):14-18.
[2] 陶嗣巍.树木风振特性试验研究与有限元分析[D].北京:北京林业大学,2013.
[3] 邵卓平,吴贻军,黄天来,等.风灾害下树木强度分析的理论、方法及应用[J].林业科学,2017,53(5):170-176.
[4] 吴显坤.台风灾害对深圳城市园林树木的影响和对策[D].南京:南京林业大学,2007.
[5] 吴志华,李天会,张华林,等.广东湛江地区绿化树种抗风性评价与分级选择[J].亚热带植物科学,2011,40(1):18-23.
[6] SCHELHAAS M J, KRAMER K, PELTOLA H. The wind stability of different silvicultural systems for Douglas-fir in the Netherlands: a model-based approach[J]. Forestry, 2008, 81(3): 399-414.
[7] BUTNOR J R, JOHNSEN K H, NELSON C D. Exploring genetic diversity, physiologic expression and carbon dynamics in longleaf pine: a new study installation at the Harrison Experimental Forest [C]// Proceedings of the 16th Biennial Southern Silvicultural Research Conference, Asheville, 2012.
[8] The Silva Cell is a modular suspended pavement system that uses soil volumes to support large tree growth and provide powerful on-site stormwater management through absorption, evapotranspiration, and interception [EB/OL]. https://www.deeproot.com/products/silva-cell/, 2017/2022.
[9] 张华林.雷州半岛主要树种抗风性研究和评价[D].北京:中国林业科学研究院,2010.
[10] 唐筱洁,王广群,许靖诗.台风灾害对北海市城市园林树木的影响及其对策[J].南方农业,2016,10(3):213-214.
[11] 余为国,盛蕊,李霞,等.台风"山竹"对盐田区绿化带树木的影响及防治对策[J].湖北植保,2019(1):37-38.
[12] 邵怡若,李灿,谢腾芳.台风对开平市园林树木的影响与对策[J].浙江农业科学,2019,60(7):1182-1183,1186.
[13] 祖若川.海口市公园抗风园林植物的选择与应用[D].海口:海南大学,2016.
[14] 任如红,刘分念,龚洁莹,等.舟山市园林树木抗风性的调查研究[J].浙江农业科学,2013,54(4):422-426.
[15] 肖洁舒,冯景环.华南地区园林树木抗台风能力的研究[J].中国园林,2014,30(3):115-119.
[16] 杨莉莉.浙江省沿海城市行道树抗风能力调查研究[D].杭州:浙江大学,2006.
[17] 杨小乐,金荷仙,彭海峰,等.台风灾害下杭州行道树树种选择及应对措施[J].中国城市林业,2018,16(4):54-57.
[18] 邵怡若,李灿,谢腾芳.台风对开平市园林树木的影响与对策[J].浙江农业科学,2019,60(7):1182-1183,1186.
[19] 成俊卿,杨家驹,刘鹏.中国木材志[M].北京:中国林业出版社,1992.
[20] 彭勇波,艾晓秋,承颖瑶.风致树木倒伏研究进展[J].自然灾害学报,2016,25(5):167-175.
[21] 门媛媛.南宁市居住小区绿化植物及其景观分析与评价[D].南宁:广西大学,2007.
[22] 李建仪.深圳市东涌滨海旅游区植物群落结构特征及景观评价研究[D].广州:仲恺农业工程学院,2022.
[23] 杨青青,杨众洋,杨小花,等.热带海岸香蒲桃天然次生林群落优势种群种间联结性[J].林业科学,2017,53(9):105-113.
[24] 张锦新,廖国新,徐晓晖.深圳马峦山大头茶群落种内与种间竞争研究[J].热带作物学报,2013,34(2):386-390.
[25] 孙延军,陈晓熹,付奇峰,等.深圳市梅林水库仙湖苏铁群落优势种群生态位研究[J].中南林业科技大学学报,2019,39(11):63-70.
[26] 杨帆.深圳坝光区域滨海河溪红树植物群落生态与景观特性研究[D].广州:仲恺农业工程学院,2017.
[27] 董毅,黄义钧,何国强,等.华南地区城市常见园林树木风灾受损等级及抗风能力研究[J].广东农业科学,2020,47(6):30-38.
[28] 黄义钧,何国强,张建华,等.园林树木形态因子与树种抗风能力关系探讨[J].西南大学学报(自然科学版),2020,42(5):69-79.

树艺师职业资格鉴定研究现状与对策建议

彭金根，蔡洪月，刘学军，谢利娟
（深圳职业技术大学建筑工程学院）

摘要： 本文从树艺与树艺师的概念入手，介绍西方和中国树艺师体系的发展历程，以及树艺师相关的教育培训情况，分析树艺师职业资格鉴定与认证的意义。对比分析三个体系存在的差异，包括报考资格与条件、鉴定内容与要求、考核方式与途径等。最后提出了当前树艺师体系中存在的问题，并对我国开展树艺师职业技能鉴定和认证提出了对策和建议。

关键词： 树艺师；职业资格；鉴定；研究现状；对策

Research Status and Countermeasures on the Professional Qualification Appraisal of Arborist

Peng Jingen, Cai Hongyue, Liu Xuejun, Xie Lijuan
(School of Construction Engineering Shenzhen Polytechnic University)

Abstract: Starting with the concepts of arboriculture and arborist, this paper introduces the development process of three major systems of arborist in the West and China, as well as the education and training related to arborist, analyzes the significance of professional qualification identification and certification of arborist, and compares and analyzes the differences among these three systems, including the qualification and conditions, identification content and requirements, assessment methods and ways, etc, Finally, the existing problems in the current system of tree practitioners were proposed, and countermeasures and suggestions for carrying out professional skill appraisal and certification of arborists in China were proposed.

Keywords: Arborist; Professional qualifications; Identification; Research status; Countermeasures

一、树艺学与树艺师

（一）树艺学与树艺师概念

树艺从字面上看，包含树木和技艺两方面的含义，兼具理论科学与实地操作的内涵。在欧美国家，城市树木养护和管理方面已形成专门的职业技术体系，由此而产生了一门新学科叫树艺学（Arboriculture）[1]，与我国通常指的树木栽培与养护学相对应。树艺的定义可以从不同角度来阐述。比如国际树木学会（International Society of Arboriculture，简称ISA）将“树艺”一词解析为“高大木本植物的选种、培育、种植和护养，尤以市区里种植的树木为然”。中华树艺师公会（China Arborist Association，简称CAA）将树艺解释为一门专科研究城市树木在设计、选料、种植（包括移植）、护养、修剪、定期检查、风险评估、工地保护和法律咨询的专业[2]。

唐岱将树艺定义为以发挥城市园林树木改善人居生态环境和满足审美要求功能为目的，以园林树木为主体内容，融合气象学、土壤学、生态学、生物学、树木生理学、园林树木学、园林苗圃学、树木栽培学、昆虫学、植物病理学和园林艺术等学科理论和技术于一身，直接服务于城市园林绿化实践任务的综合性、应用性、职业培训性学科[3]。可见，树艺学具有极其丰富的内涵，融合理论科学与技术技艺为一体。

树艺师（Arborist）是指从事树艺相关研究或工作的人士，又被称为树艺家（Arboriculturist）。树艺师的工作包括检查树的健康状况和价值，提出改善外观的方法，所以，他们通常也被称为树医生或者树木侦探。针对当前城市树木带来的问题，如由于栽种、养护、修剪不当，自然灾害等原因造成树木倒塌，导致社会经济损失或是危及人身安全，树艺师的职责就是做好树木的选种、栽种、养护、定期检查、风险评估等工作；随着城市中以树木为中心相关产业的发展，与树木有关的设计、保险、维权、诉讼等职责也将落在树艺师身上[4]。

（二）树艺师体系发展历程

1. 西方树艺师体系发展情况

早在100多年前树艺师在西方国家就已存在。这与西方国家城市发展进程较快、对城市建设及树木养护管理相关方面的研究起步较早有关。这些国家，通过成立各种树木学会，来研究、统筹和归类各种的树木护理知识，国际树木学会（ISA）就是其中之一。

ISA旨在通过为树木养护管理专业人员提供研究、技术和教育机会，促进树木栽培与管理的专业实践，提高全球范围内对树木益处的认识。该组织于1924年在北美洲成立，其雏形为美国树荫会议。1924年，美国康涅狄格州树木保护审查委员会召集了40位从事树木相关实务或研究工作者，召开美国树荫会议，讨论遮荫树问题及其可能的解决方案，会后不久便成立了全国树荫协会。1968年，由于其影响力和会员超越了美国范围，该组织便更名为国际树荫协会。1976年，为了更准确地反映其扩大的范围，又改名为国际树木学会[5]。

ISA总部设在美国，成员国超过50个，欧美国家几乎都是其成员国。ISA也是目前世界上规模最大、从事树艺研究最多、对树木管理人员采取职业资格认证制度并进行管理的树木学会。树艺师职业资格认证分为国际性和地区性，其中又以“注册树艺师”为大多数，其影响力辐射到了全球很多个国家和地区。

2. 中国树艺师体系发展历程

（1）中国香港。2004年，中华树艺师公会（CAA）会长欧永森通过考核，成为大中华地区的首位“注册树艺师”，并正式把英文名Arboriculture译为“树艺”，把Arborist译为树艺师。CAA原来为国际树木学会中国地区分会[6]，是负责发展和管理大中华地区内的树艺行业的专业组织。CAA的成立，宣告树艺行业在大中华地区正式开展。

2005年，CAA会长欧永森在美国考获了中国第一位“注册攀树师”，国际规格工作攀树在大中华地区正式被推广[7]。“注册树艺师”和“注册攀树师”训练课程在香港正式开始。2010年10月，香港园境师学会的事务委员会和公共事务委员会共同组建了一个树木业从业资格认证工作小组，制订认证计划。认可树木从业员审核小组随后于2011年11月成立，负责管理和认证。第一批“认可树木从业员”于2012年7月被认证，并于2018年7月更名为“认可树艺师审核小组”，已认证的“香港园境师学会认可树木从业员”亦改称为“香港园境师学会认可树艺师”[8]。截至2023年，国际树木学会香港分部有注册树艺师约1 300人，连同攀树师、都市资深树艺师约200人，合计约有1 500人[9]。

（2）中国台湾。台湾都市林健康美化协会于2014年成立。台湾都市林健康美化协会以都市内公有及私有树木之管理为目标，希望营造都市林的生态环境进而构建有完整水循环、保水的海绵城市发挥都市林的环境效益，配合政府增加绿化之政策，要绿化更要美化，结合学术界、主管机关及开发单位、民间业者、环保爱树人士之力量，采用科学方法倡导新工法技术与环保观念，让一般民众能从知树进而爱树，以达都市公园化的生态城市愿景[10]。

台湾都市林健康美化协会自成立后便申请加入国际树木学会，成为第29个会员单位，并在台湾地区举办树艺师考试，通过树艺师职业资格认证后可以在协会其他会员单位，包括美国、中国香港、新加坡执业。

台湾地区第一届树艺学研习班于2015年4月11日至2015年5月23日举办，该活动由农委会林业试验所指导，社团法人台湾都市林健康美化协会与台湾大学园艺暨景观学系主办，共有70位学员顺利完成课程、通过结业考试。根据台湾都市林健康美化协会官网，截至2023年，已公布的树艺师为54人，攀树师为13人，树木风险评估师为7人[10]。

（三）树艺师体系概况

从全球范围来看，绝大多数国家和地区都是沿用ISA的树艺师职业资格鉴定与认证制度，即四级别树艺师认证，从低到高分别为认证树艺师、市政树艺专家、公用管线树艺师和大师级树艺师。部分国家和地区在ISA基础上结合当地实际作了一定的改变，如英国树艺学会（The Arboricultural Association）将注册树艺顾问分成了1~8级；中华树艺师公会将其分为中华注册树艺师、中华注册树艺技师、中华认可树艺师、中华执业树艺师、中华资深树艺师、中华顾问树艺师；而香港园境师学会开发了自己的认可树艺师；台湾地区主要沿用ISA的认证树艺师体系；国内大陆地区目前还没有“树艺师”培训与鉴定的官方认证机构。对应的相近职业为园林绿化工，包含五个级别，由人力资源和社会保障部组织鉴定与发证（表1）。

表1 世界主要树艺师体系

类型	树艺师种类	颁发机构 / 牵头部门
美国	认证树艺师（Certified Arborist） 市政树艺专家（Municipal Specialist） 公用管线树艺师（Utility Specialist） 大师级树艺师（Board Certified Master Arborist）	国际树木学会
英国	注册树艺顾问 (Arboricultural Association Registered Consultancy)（1~8级）	国际树木学会、英国树艺学会

续表

类型	树艺师种类	颁发机构 / 牵头部门
中国香港	中华注册树艺师（CCA） 中华注册树艺技师（CCTW） 中华认可树艺师（CQA） 中华执业树艺师（CPA） 中华资深树艺师（CMA） 中华顾问树艺师（CConArb） 香港园境师学会认可树艺师［AA（HKILA）］	中华树艺师公会， 香港园境师学会
中国台湾	认证树艺师（Certified Arborist）	台湾都市林健康美化协会
中国大陆	缺乏官方的树艺师认证体系，对应的相近职业为园林绿化工（五级，分别对应初级、中级、高级、技师、高级技师）	人力资源和社会保障部

（四）与树艺师相关的教育培训情况

1. 学校教育

学校教育主要指各级学校教育，从技术职业教育到大学学位教育均有分布。树艺学的教育多与城市林业相互结合。以马萨诸塞大学（University of Massachusetts）的树艺与社区森林管理（Arboriculture & Community Forest Management）专业为例[11]，该专业包括2年制的专科，4年制的本科以及研究生教育，并在暑期开设两周的树艺学实践。树艺学实践包括8部分内容：树木培植、植物学知识、生态效益（包括树木生态效益的描述和量化，如i Tree模型软件的使用）、商业方面（包括数据分析处理、沟通技巧）、攀树、修剪、土壤以及树木识别。

中国香港高等科技学院园艺树艺及园境管理理学学士学位，需完成的树艺相关课程包括基础环境及分析化学、生物多样性、链锯操作及修剪技术、植物生态学及自然保育学、树木攀爬及空中救援、树艺学及实践、植物分类学、植物学导论、土壤科学与环境水文学、城市树木风险管理、植物病理学、植物生理学及营养学、进阶树艺学、植物昆虫学、园艺与园境及沟通技巧等[12]。

中国香港专业教育学院（沙田）保育及树木管理高级文凭（大专），需完成的树艺相关课程包括：生态学、生物多样性、园艺及土壤管理、树艺工作安全健康、树木生物学及生理学、场地及植物普查、树木栽种及普查、植物护理学、树木修剪学及移除、自然保育原理、树木风险评估及管理、树木保育及项目管理，自然保育管理等[13]。

中国大陆与树木培植相关的专业是森林培育，其主要研究对象为森林，对城市树木培植的研究主要包含在园林、园艺和城市林业等专业的课程中，内容多为传统的栽培养护，没有专门针对树艺学开设相关课程，尤其是树木风险评估与管理、树木工作安全等。2012年厦门大学首次将攀树运动引入公共体育课，成为中国大陆第一所开设攀树课的高校，并于2013年10月成立厦门大学攀树协会，这也是中国大陆第一个以攀树运动为核心的社团。随后，武汉大学、西北大学、湖北大学、成都大学、四川大学等十余所大学相继开设了攀树课，不过，几乎所有学校都将其列为体育运动类课程，与树艺师的相关工作无必然联系。

2. 培训教育

培训教育一部分来自结合就业的专业性组织（机构），部分院校也提供培训服务。这种非学历教育大多是自愿的，或由单位统一组织，教育形式灵活多样，注重学员的动手能力。英国树艺学会提供的培训课程包含理论和实践（表2）[14]。中国植物园联合保护计划自2020年开始开设“树艺专业技能培训班”，实践内容多偏重树木攀爬（表3）[15]。

表 2 英国树艺学会提供的培训课程

科目	培训目标	课程主要内容
树艺知识	了解现代树艺学的学科范围、达到专业标准所需的知识水平，掌握树木的鉴定、生理和生物力学原理以及识别树木腐朽菌、病虫害，学会正确修剪的方法，清楚保护树木的法律	树木识别、植物生理 树木修剪方法 主要腐朽菌、病虫害 树木生物力学 树木保护（保护区、规划条件、采伐许可证等） 树木和建筑物 树木和野生动物 / 生态问题
树木的基本调查及检查	识别国家法律和安全问题所指的危险树木及等级，开展基本树木调查和检查的同时保证自己的健康和安全	个人防护装备认识及使用、风险评估 法律框架 树木调查 树木巡查 树木危害评估 调查的范围和限度
病虫害实践教学	提高植物病虫害防治工作知识水平	病虫害识别 常见病虫害的鉴别、分析 治疗和控制措施
专业检查树木	在进行攀爬检验或在移动高架工作平台帮助下，完成检验之后认识到地面检验缺陷，确定所需的补救工程，记录检查过程	法律框架 可视化树木评估 腐朽原理 机械缺陷的症状 树木检查设备 测量设备的简介、评定
树木风险商业评估	了解危害和风险评估的概念，能够完成普通和备考风险评估表，清除需要修订和维护现有的评估	健康和安全法规的背景 风险评估的原则 树艺协会的风险评估程序 一般和特定地点的模拟

表 3 中国植物园联合保护计划“树艺专业技能培训班”培训课程

科目	课程主要内容	学时数
树艺概论（理论）	了解树艺概念、发展历史	2
初级攀树技术教学（实践）	掌握初级树木攀爬技术，学会检查个人防护装备，攀树器材，学习树木检查、树木挂绳、推进攀爬、考试绳结、投掷袋引绳上树，树皮保护器安装，枝上行走等	16
树木风险评估（理论）	树木风险类型，常用的评估方法	2
《古柏树养护与复壮技术规程》解析（理论，线上）	古柏养护与复壮的原理、方法、一般步骤和流程	2
树木修剪技术（实践）	采用手锯、油锯对树木进行常规修剪	3
香港树木管理（理论，线上）	香港树木管理的发展历史、现状和展望	2
初级攀树技术考核（实践）	对初级攀树技术（见上）技术考核	7

3. 社会公共教育

树艺师的社会公共教育是指面向全社会开展的树艺方面的教育，这些资源通常为公益性质或者注册会员后可免费使用。

（1）在线工具和教育资源。ISA会员有多种帮助学生学习或职业发展的方式，其中包括提供在线教育资源、职业选择信息、获得工作机会以及与行业专业人士的互动等。此外，学生会员还可以享受ISA产品和服务折扣以及其他在线工具和资源的福利。

（2）ISA在线国际词典。《国际词典》是树木栽培术语的在线目录，其中包含多种语言的定义和翻译。只需输入一个单词，选择一种语言，在线词典就会提供正确的翻译。无论是想学习如何用德语说“树”还是用葡萄牙语说“树生物学”，都可以利用这个有价值的工具参加国际树木栽培对话。

（3）图像数据库。ISA拥有大量的树木栽培和城市林业相关图像，这些图像是通过ISA的成员和志愿者的帮助下编制的。通过与林业图像的合作，ISA提供了数千张照片和图形供您使用，ISA拥有这些照片或有权允许使用它们。

（4）种植标准和规范。佛罗里达大学与城市树木基金会的研究人员为绿色行业开发了一套现代、最新且经过同行评审的详细信息和规范。这些文件专门为风景园林师、工程师、建筑师、承包商、城市林务员、树艺师、市政当局和国家机构设计，且所有文件都是开源的，免费的，可由用户编辑（采用AutoCAD，PDF和Microsoft Word格式）。

二、树艺师职业资格鉴定与认证的意义

（一）国家战略的需要

随着林业产业结构的调整和现代林业工程战略的转变，林业有关的从业人员原有的知识和技能需要已经从单方面的种植绿化逐渐转变为后期的保护、修复以及应急处理等，与如今林业发展形势不相适应。为此，提出了在国内进行树艺师技能证书开发的要求，建议从专业层面加强其职业培训和技能鉴定工作，提高现有相关林业从业队伍的素质。

树艺师的职业技能鉴定与认证对于提高劳动者的创新能力，满足林业发展需求具有重要意义。通过将国内先进的科技成果转化为现实生产力的应用型人才，能够推动基层林业单位的养护管理事业，促进林业科技进步贡献率的提升。

（二）行业发展的需要

树艺师的职业技能开发是适时缓解技能人才短缺的结构性矛盾、提高就业质量的举措之一，也是适应经济高质量发展、培育经济发展新动能、推进供给侧结构性改革的内在要求，对推动大众创业万众创新、推进制造强国建设、提高全要素生产率、推动经济迈上中高端具有一定意义。

树艺师有关的专业是我国国民经济的重要组成部分，而树木事业更是与国家可持续发展息息相关，是维护生态环境，建立绿色家园，合理经营利用植物树木及其产品，促进民生改善，融经济、文化、生态、公益于一体的综合性事业。到目前，多数的植物树木相关企业、生产等单位无论是从管理、维护、种植等方面来说，都存在着规模较小、生产技术单一落后、技术人员短缺等问题。从行业竞争力或者行业自身发展来看，更为专业的人才仍是整个行业发展的关键。

（三）个人提升的需要

树艺师是一个在国内没经历过太多沉淀的职业，而在如今21世纪，它的出现无疑是告诉树木相关行业领域人士一个更为广阔的发展平台。在这个平台上，可以提出全新的概念来适应中国树木行业情况，创造出更多的树艺师方面的创新奇迹。

以相关树艺师团队承接授课方式安排实习实训。共同推进制定课程标准、岗位标准，聚焦行业确切需求，其一可以引入企业共同开发，其二可以引入行业专家指导实习实训、技能竞赛和技能证书教学辅导，将技能培训作为实习实训体系建设的核心内容。指导相关优秀学生积极参与技能攻关、开发运用等实践，培育那

些有潜力、热爱并能长期坚守的人才。不断培养创新型的技能人才，才能创建更先进的协作团队。

相关行业整体教育目标与树艺师职业资格认证无缝对接。各级劳动部门和职业技术院校对园林、园艺、花卉、农艺相关专业的学生进行相关职业技能认证与鉴定，这对相关专业的职业教育有着直接的促进作用。行业协会和相关专业团队对职业资格认证的行业指导，也将提升从业者的门槛、层次以及树木管养工作能力。

三、树艺师职业资格鉴定与认证的研究现状

（一）报考资格与条件

1. ISA树艺师

ISA资格认证委员会要求候选人在树木栽培方面至少具有3年的全职经验或教育和实际树木栽培经验的结合。1年的全职工作经验相当于大约2 080个小时的工作时间。可接受的经验包括树木修剪、施肥、安装和建立、树木问题的诊断和处理、布线和支撑、攀爬或与树艺相关的其他知识。工作行业包括但不限于树木护理公司、景观公司、国家林业机构、树木管理相关的政府部门、树木管理工作的相关企事业单位、树木教育工作者、园艺推广计划（顾问）、害虫防治提供者（针对顾问和施药者）等。提交申请时需要提供工作案例汇编。可附上来自您现任或前任雇主的推荐信。相关志愿工作如果能提供证明文件并且可以提供详细说明职责和工作时间的文件，则可以计入资格。

表4 ISA树艺师类别及报考资格与条件

树艺师类别	资格与条件
认证树艺师	ISA认证委员会要求候选人至少有3年的全职树木栽培经历，或教育和实际的树木栽培经历的结合。1年的全职工作经验相当于2 080个小时的工作。可接受的经验包括实际应用的知识，包括修剪，施肥，安装和建立，诊断和治疗树木问题，缆索和支撑，攀爬，或其他直接与树木栽培有关的服务
公用管线树艺师	该认证适用于已经在公用事业植被管理领域工作的当前ISA认证树艺师。将接受有关电力公用事业修剪、项目管理、综合植被管理、电气知识、客户关系和风暴响应等主题的测试。想获得考试资格，必须是ISA认证的树艺师，并具有过去两年在电力公用事业植被管理方面至少有2 000个小时的直接经验；或在过去10年中，作为电力公司树木学家、林务员或植被经理的全职工作至少36个月；或在过去10年中，作为电力公用事业植被管理合同员工/顾问全职工作至少36个月
市政树艺专家	ISA认证的市政专家证书持有者是当前ISA认证的树艺师，他们选择市政树木栽培或城市林业作为职业道路。要获得此证书，申请人在公共关系、行政、风险管理、政策和规划领域进行测试，因为它们与市政树木栽培有关。要获得考试资格，申请人必须是ISA认证树艺师，并具有至少3年的额外工作经验，负责管理城市树木的建立和维护
大师级树艺师	该级别是ISA提供的最高级别的认证。除了通过广泛的基于场景的考试外，考生还必须遵守道德准则，以确保工作质量。要获得考试资格，申请人必须是信誉良好的ISA认证树艺师，并拥有可衡量的体验、正规教育、相关凭据、工作经历

2. 中国香港树艺师

申请人要成为注册树艺师，需要达到的注册要求如下：

（1）学历资历。树艺学、树木管理、树木风险评估、园境管理的专业证书或高级文凭或以上的资历，达到香港资历架构第四级或以上的水平，或相应学科的同等学历。

（2）专业资历。①国际树木学会的认证树艺师、注册树艺专业人士或学会认可树艺师；②英国树木学会的技术会员、专业会员或院士会员；③欧洲树木委员会的树木技术工人或树

木技术人员；④澳大利亚国家树木学会的一般会员（2010年12月31日前已注册）；⑤澳大利亚树艺的注册树艺师、注册执业树艺师、注册顾问树艺师、注册执业及顾问树艺师；⑥香港园境师学会的认可树艺师；或相当于以上的资历。

（3）培训资历。①完成及通过树木管理办事处举办的树木风险评估及管理训练课程及评估或复修课程及评估；②完成及通过树木管理办事处认可的树木风险评估课程，例如获得国际树木学会的树木风险评估资格或Lantra Awards的专业树木检查证书。

（4）职业安全和健康培训资历。曾接受与树木作业相关的职业安全和健康培训，内容包括识别危险树木、风险评估和监督。

（5）工作经验。不少于7年树木养护相关工作经验及熟悉树木风险评估及管理。

申请人要成为香港园境师学会认可树艺师，须持有树艺、林务、生物科学、园境学或环境学的学位或文凭，达香港资历架构3级或以上的学历，并持有相关专业资历及相关工作经验。

要想成为一个“注册树艺师”，还要懂得人文树木和环境学、树木分类学和选种方法、树木修剪学、树木病害诊断和治理、工地树木保护、危险树木评估等多方面的专业知识，以及丰富的实战经验。而且在这个行业干满3年才有认证资格（表5）。

表5 香港树艺师类别及报考资格与条件

树艺师类别	报考资格
中华注册树艺师（CCA）	已成为中华树艺师学会的会员； 已有1年以上全职树艺工作经验或同等经验
中华注册树艺技师（CCTW）	已持有本会认可的空中拯救和急救证书，并同时是本会会员； 已持有本会发出的“攀树士”证书，或已有本会认可的18个月攀树经验； 必须出示自我个人保险证明，或愿意签署本会的免责条款，才能前来参加考试
中华认可树艺师（CQA）	已持有效的“中华注册树艺师证”达3年以上，并同时是本会的“专业会员”
中华执业树艺师（CPA）	同时持有有效的“中华注册树艺技师”及“中华注册树艺师”证书各三年以上，并同时是本会的“专业会员”
中华资深树艺师（CMA）	已持有ISA的BCMA证书及使用中文作为母语，并同时是本会的“专业会员”
中华顾问树艺师（CConArb）	持牌人一般在树艺行业里已有10年以上的工作经验，树艺知识达到世界顶尖水平，并同时有撰写法律报告的能力

3. 中国台湾树艺师

台湾树艺师主要参照国际树木学会颁发树艺师的方法和流程，其认证考试应考资格包括若非树木相关科系毕业者，需至少3年以上全职树木工作经验；若为2年制技术学院或研究所主修树木学位，尚须至少2年全职树木工作经验；若为4年制大学树木专业毕业，尚需至少1年全职树木工作经验（但双主修者不得合并年限经验）。其中，全职树木工作经验是指在树木管理机关、学校、研究机构、建筑业、风景园林业、园艺业、林场、育苗场、树木保护业者等从事相关工作，需提供相关工作证明。如为自营业者，应提供至少3年的树木工作发票复印件以资证明。树木相关科系包括：植物病理/昆虫系、植物保护/医学系、园艺学系、景观造园系、森林学系等，需提供毕业证书复印件。此外，台湾关于ISA认证树艺师自2017年3月24日起，及格分数从72分上调为76分。

（二）职业资格鉴定内容与要求

1. ISA树艺师

ISA树艺师认证考试是由一个代表树木栽培各个方面的行业专家小组制定的。这些问题来自世界各地的园艺家填写的一份工作任务分析调查。ISA认证测试委员会使用最新的测试统计数据不断地分析问题，并不断开发和测试新的问题，以获得满意的性能。树艺师认证考试笔试内容分为10个知识领域（括弧中的百分比反映了与该领域相关的问题百分比），土管理（12%），识别和选择（8%），安装和建立（5%），安全工作实践（15%），树木生物学（8%），修剪（16%），诊断和治疗（12%），城市林业（7%），树木保护（4%），树木风险管理（13%）。考试由200道多项选择题组成。每个问题有四个可能的答案，其中只有一个是正确的。你将有3.5h（210min）来完成笔试。你必须通过考试才能获得证书。

ISA的树艺师包括认证树艺师（certified arborist）、市政树艺专家（municipal specialist）、公用管线树艺师（utility specialist）和大师级树艺师（board certified master arborist）共四级。唯有取得认证树艺师资格后，才能申请报考其他三种更高级的认证资格，而树木风险评估认证（tree risk assessment qualification）的取得，亦须具有认证树艺师资格。

2. 中国香港树艺师

中华树艺师公会设立用中文来作考核的树艺师牌照，主要是为了考虑大中华地区内从事树艺行业的人员，都是采用中文来沟通。树艺师牌照分成六个类别（中华注册树艺师、中华注册树艺技师、中华认可树艺师、中华执业树艺师、中华资深树艺师、中华顾问树艺师），主要是参考国际做法并结合本地区的实际情况，也让获得资格认证的树艺师在晋升时有所方向。本会的树艺师牌照由本会的“牌照委员会”来管理，牌照也没有年限和续牌要求。

本会的基础性牌照（注册、认可、执业和技师级别），均采用中文（繁体或简体）来作考核。较高的牌照（资深、顾问级别），目前仍以承认国际牌照为主，再加上持牌人的母语是中文，方予发出。这种做法会沿用直至本会有能力自行举办此类训练和考试为止。

考核内容包括自我简介、树木辨认及围绕考试内容的问题。口试包括课程第1至第5部分的问题。考生应在每个部分中获得“A级”或“B级”，考生于考试中达到最少一科达A级、不多于一科C级及专业道德操守与法规持B级，将评为合格。笔试内容包括树木辨认及知识，树木风险管理，树木工作安全，专业道德操守与法规，树艺实务及植物保养。要获取认可树艺师牌照须通过200条选择题考试（满分100分，考试得分不低于72分）（表6）。

表6 中华树艺师公会颁发的不同树艺师牌照

树艺师类别	证书介绍	考试内容
中华注册树艺师（CCA）	此是基础入门的树艺师牌照，对处理简单基本的树艺操作，辅助资历较高的树艺师作为团队工作时的一份子，最为合适	3h笔试（选择题及简答题）； 撰写树艺报告； 参加基础攀树，地上和树上电油锯使用，空中拯救，锯木溜缆等等训练课程，并获得出席证书； 通过注册面试
中华注册树艺技师（CCTW）	这是实务操作类型的牌照，要求持牌人能马上参与实地情况的树上工作，包括高空修剪、大树移除、锯木溜缆等等。持牌人必须懂得使用国际认可的攀树技术和装备	2h笔试（选择题及简答题）； 1h的攀树技术，包括示范在树上使用电油锯来锯木、示范基本锯木溜缆技术和沿枝溜缆技术； 通过注册面试
中华认可树艺师（CQA）	这是“中华注册树艺师（CCA）”牌照的进阶版本，用来承认持有人的牌照经验和书写“树艺报告”的能力	撰写本会认可的“树艺报告”3份； 通过注册面试

续表

树艺师类别	证书介绍	考试内容
中华执业树艺师（CPA）	这是认证持牌人在树艺行业里面的执业工作能力。作为执业树艺师，工作范围会包括树木检查、修剪移除、工地监督、撰写报告等	示范进阶的树上使用电油锯及溜缆技术；撰写本会认可的“树艺报告”3份；通过注册面试
中华资深树艺师（CMA）	这牌照是采用国际树木学会的资深树艺师牌照的要求，再加上持牌人必须使用中文作为母语。持牌人一般在树艺行业里面已有八年以上的工作经验，树艺知识也达到世界顶尖水平	通过注册面试
中华顾问树艺师（CConArb）	这是本会最高阶的树艺师牌照，采用美洲顾问树艺师学会的RCA牌照作为认证的要求，再加上持牌人必须使用中文作为母语	

3. 中国台湾树艺师

台湾树艺师的鉴定参照国际树木学会的考试流程，2017年认证考试相关规定考试内容：200题选择题笔试，考试时间为4h，考核内容配分比例与ISA考试一致：土壤管理（12%），树木辨识与树种选择（8%），种植与培育（5%），工作安全实务（15%），树木生理学（8%），修剪（16%），诊断与治疗（12%），都市林业管理学（7%），树木保护（4%），树木风险管理（13%）。

合格树艺师证书有效期限为3年，每3年需修习30终身学习积分（Continuing Education Unit）方可延3年，终身学习积分可借ISA美国总会或ISA各国分会举办之树艺训练课程获取。本会亦会定期举办终身学习积分课程供认证树艺师进修获得终身学习积分。未能补足终身学习积分者，证书失效，需再次考试。

（三）证书考核方式与途径

1. ISA树艺师

ISA认证树艺师考试由ISA分会或关联组织赞助，或通过委培生VUE测试中心提供。可联系ISA或访问ISA事件日历来了解由ISA分会或相关组织赞助的考生所在地区认证考试的日期和地点信息。另外，可访问委培生VUE界面网址了解附近是否有委培生VUE测试中心。所有申请人都必须审查并接受ISA认证树艺师道德准则以及认证协议和放行授权。认证需要本人的签名确认审查和接受这两份文件。

ISA国际树艺师体系，考生有两种选择可以参加认证考试：由分会或附属组织提供的纸质考试，或在Pearson VUE考试机构管理的基于计算机的考试没有截止日期，但是对于纸质考试，考生必须在预定考试日期前至少12个工作日注册并付款。

2. 中国香港树艺师

香港树艺师考试关注“中华树艺师公会”官网，查看相关报名通知，按照程序报名。该公会设立用中文来作考核的树艺师牌照，其中的中华注册树艺师和中华资深树艺师，只考四选一的选择题，中华顾问树艺师[16]除了要考开本问答以外，还要编写各类树艺师报告，此证照的合格率一般在5%左右。

3. 中国台湾树艺师

ISA树艺师证照考试为树艺学知识的国际认证考试，无论语系，皆为ISA统一出题，统一授证。申请考试的程序一般包括：

（1）至ISA官网申请账号密码，取得CSID，约需2个工作日填写线上报名表。

（2）报名表与相关认证文件，合并一份PDF文档，邮件寄至专用信箱鉴定方的工作邮箱。

（3）资料完整(报名表及认证文件资料完备)

方进行审查，审查时间约为1周。

（4）收到“报名资格审查通过”的回复后，请于指定之日期内汇款至“台湾都市林健康美化协会”，并将汇款资讯如后五码通知协会，以便安排考试。报名额满时，不再审查报名资格。

（5）汇款入账后，ISA将给予报名号次通知信件作为报名确认，始完成报名手续。

（6）考试当日携带身份证（或相关文件核对身份）、2B铅笔、橡皮擦，按号次入场，手机等电子设备于考试期间不得开启。

四、存在的问题与对策建议

（一）存在的问题

1. 对树艺行业缺乏认知，对树艺人才培养缺乏重视

尽管树艺行业在欧美等发达国家已经有近百年历史，但对于中国大陆，树艺师仍然是较为陌生的概念。城市树木是城市基础设施的一部分，对居民城市环境的改善发挥着重要作用。国外绿化管理中普遍注重公众参与，而在我国城市树木管护的公众参与还较少。城市树木数量巨大，对其管理维护单靠园林绿化工远远不够，还需要市民参与树木研究和记录，协助树木工作人员对树木进行监督管理。

2. 树艺师报考条件与国内绿化行业管养人才队伍素质偏低的矛盾

目前，国内绿化行业从业人员素质普遍偏低，大部分只有小学、初中学历，未接受过高等教育，欧美以及中国香港、台湾设置的树艺师考试门槛偏高，无法适用于我国当下国情，需有针对性地降低准入门槛，适当降低初级工对理论知识的要求，并突出对现场实操技术的考察。

3. 缺少树艺师相关领域的技术能手或专家

我国在城市绿化尤其是大树管养方面缺乏专业技术人才，尤其是树木攀爬，树木诊断与风险评估方面，目前大陆各类本科和专科学校，这些方面的课程设置非常少，部分院校开设的树木攀爬是作为一种体育运动项目，将其纳入树木管养专业课程，仍有很长一段路要走。

4. 缺乏树艺师相关的课程体系

树艺学是一门实践性很强的学科，其发展需要理论研究与实践相协调。教学方式应注重户外教育，并开展树艺学不同层次的教育，以适合我国现阶段城市树木管护水平较低的情况。

树木风险评估是现代树艺师的核心工作内容之一。我国在城市树木养护上对树木风险评估涉及较少，多凭经验判断，对单株树木的评价研究尚未系统展开，同时还存在检验方法单一、机械化程度低等现象。建议在今后的工作中，加强新机械、新技术在风险树木诊断中的使用，综合考虑多种评价方法建立适应我国的树木评价系统。

5. 缺乏规范职业资格培训和认证

职业资格认证是联系教育与就业的纽带。建议今后在管理上要明确认证权利归属，内容上要统一树木管护的技术及操作标准、重视实际操作内容。应以企业需求为导向，充分发挥相关协会在组织和团结树木管护工作者促进行业交流学习等方面的作用。

（二）对策与建议

1. 制定适合中国大陆城市树木管养现状的树艺师职业技能等级标准

我国内地城市目前在园林绿地养护尤其是大树养护管理方面的人才匮乏，需要根据实际情况、城市园林绿地现状制定适宜的养护管理方案和技术措施。深圳作为建设中国特色社会主义先行示范区，粤港澳大湾区引擎城市，应

做好表率示范作用，牵头开发适合中国大陆城市的树艺师职业技能等级标准，为树艺师职业技能等级证书的开发奠定基础。

2. 开发具有中国大陆特色的树艺师课程

随着信息化时代的到来，互联网、大数据、人工智能等技术手段的广泛应用，以及虚拟现实技术、三维可视技术等的日益普及，越来越多的高科技手段应用于园林管养领域，如互联网智慧物管养系统、自动化大型园林机械、无人机追踪探测等，将这些技术、手段和设备与树木管养相结合，同时吸收我国已有的“园林绿化工”“花卉园艺师”以及香港树艺师、台湾树艺师等培训课程中一些好的做法，融入树艺师的课程体系开发，从而打造具有中国大陆特色的树艺师课程。

3. 编写适合中国大陆树木管养实践的树艺师培训教材

培训教材是培训工作中非常重要的指引性文件，也是树艺师培训质量的重要保障，从中国国情出发，结合中国大陆树木养护管理实际，合理设置养护管理项目，并参考园林树木养护管理相关的行业标准、地方标准，编写出与之相适应的培训教材，可以选择传统纸质教材，也可以是活页式教材、数字教材等新形势教材。

4. 开展高质量树艺师技能培训与鉴定

树艺师技能培训是人才培养的重要途径，树艺师技能鉴定是树木管养技能人才输出的重要保障，如何开展好树艺师的培训和鉴定决定了树艺师证书的含金量和社会认可度。可由具有丰富教学和培训经验的技能学校，联合行业、企业中树木养护方面的一线技术骨干和专家，共同开展树艺师技能培训，共同参与树艺师考核鉴定，从而保障培训质量和鉴定方案的科学有效性。

参考文献及网站

[1] 崔佳玉，张璐，翁殊斐，等. 城市树木养护与树艺学：欧美的做法及启示[J]. 中国城市林业，2014, 12(6): 58-62.
[2] 中华树艺师公会官网 http://www.chinaarbor.com/zh/home/
[3] 唐岱. 园林树艺学[M] 北京：化学工业出版社，2014.
[4] 陈昊. 树艺师的“艺树”人生[J]. 环境，2013(2): 66-68.
[5] 国际树木学会官网 https://www.isa-arbor.com/
[6] 国际树木学会中国地区分会网址 http://isahkchina.blogspot.hk/
[7] 中华树艺师公会网址 http://www.chinaarbor.com/zh/
[8] 香港园境师学会网址 https://www.hkila.com/
[9] 大公报网址 www.takungpao.com
[10] 台湾都市林健康美化协会网址 https://www.twas.org.tw/
[11] 马萨诸塞大学课程网址 http://stockbridge. cnsumass. edu/program/arboriculture-community-forest-management/ ）
[12] 中国香港高等科技学院网址 https://www.thei.edu.hk/sc/
[13] 中国香港专业教育学院网址 https://www.ive.edu.hk/ivesite/html/tc/
[14] 英国树木栽培协会官网 http://www.trees.org.uk
[15] 中国植物园联合保护计划网址 https://www.cubg.cn/training/
[16] 顾问树艺师网址 www.asca-consultants.org

优良地被植物在深圳园林绿化中的应用

——以爵床科植物为例 *

李建友
（深圳市中国科学院仙湖植物园，深圳市南亚热带植物多样性重点实验室）

摘要： 地被植物是城市园林绿化的重要组成部分，在改善城市生态环境、丰富城市景观、提高城市园林绿化质量等方面具有至关重要的作用。爵床科观赏植物是优良的园林地被植物，种类繁多、形态各异、花色绚丽、应用方式多样、抗逆性强，易于营造出色彩缤纷、较有气势的景观。该文在实地调查的基础上，总结了爵床科观赏植物在深圳园林绿化中的主要种类、观赏价值以及园林应用方式，以实例的形式展现了爵床科观赏植物在深圳花境、盆栽、绿篱、边坡绿化以及垂直绿化中的应用，最后探讨了爵床科观赏植物推广应用中面临的问题和解决办法，以期为该科观赏植物在深圳的园林应用提供参考资料。

关键词： 爵床科；观赏植物；园林应用；深圳

Landscape Applications of Excellent Ground Cover Plants in Shenzhen

— A Case of Acanthaceae Plants*

Li Jianyou
(Key Laboratory of Southern Subtropical Plant Diversity, Fairylake Botanical Garden, Shenzhen & China Academy of Sciences)

Abstract: Ground cover plants are important constituents of urban landscape. They play important roles in improving ecological environment, enriching landscape scenes and improving the quality of urban landscaping. As main components of ground cover plants, the ornamental species of the Acanthaceae family are enjoyed by people for their rich diversity, colorful flowers, vigorous growth and landscape performance. Based on investigation, this article described morphological features, ecological habits and main application patterns of Acanthaceae ornamental plants in Shenzhen, mainly emphasized the performance in flower border, pot culture, hedgerow, tree pool, slope greening and vertical greening. This article also provided valuable advises on further landscape application of Acanthaceae plants in Shenzhen.

Keywords: Acanthaceae; Ornamental species; Landscape application; Shenzhen

* 基金项目：深圳市仙湖植物园科研基金项目（FLSF-2020-05）。

深圳正在大力开展“公园城市”建设，打造世界著名“花城”，使深圳城市绿色资源价值充分释放，生物多样性明显提升，城市色彩明显增加，城市的景观效果显著提高。建设公园城市和打造“花城”均需要用到大量地被植物，选择和用好地被植物资源是提高深圳城市园林绿地品质的重要环节。爵床科植物是优良的、适合我国南方地区露地种植的园林地被植物，种类繁多，大约包括250个属3 450余种植物，形态各异、花色绚丽、色彩多样、欣赏期长、应用方式多样，易于营造出色彩缤纷、较有气势的景观[1-9]。同时，多数爵床科观赏植物具有耐阴性，非常适合在林下、林缘之处配置，另外，多数爵床科植物还具有不择土壤、耐旱、耐高温、耐高湿、生命力强、繁殖容易、病虫害少、易于管养等特点。

作为以热带、亚热带分布为主的植物类群[1-2]，大部分爵床科植物表现出对湿热性气候的喜好，具有环境适应性强、观赏特性好等优点，十分适合在我国华南地区露地栽培[2,4,10]。深圳地处广东南部沿海地区，属典型的亚热带海洋性气候，气候温和，降水丰富，非常适合爵床科观赏植物生长。部分爵床科观赏植物，例如翠芦莉、金脉爵床、小驳骨、金苞花、雨虹花、鸟尾花、赤苞花等已经应用到深圳园林绿化中，表现良好。本文通过对深圳园林绿地中的爵床科植物进行调查，总结了深圳园林绿地中的爵床科观赏植物种类及其园林应用形式，为其进一步园林应用提供依据。

一、深圳园林绿化中的爵床科观赏植物资源

经统计，深圳绿地中的爵床科观赏植物主要有31种（表1），它们形态多样，可分为草本、灌木和藤本三大类，花通常为总状花序、穗状花序、聚伞花序或头状花序，苞片通常较大、色彩鲜艳。根据观赏部位，可分为观花和观叶两大类。观花种类众多，根据观赏颜色划分为红色、黄色、蓝色以及白色系列。红色系列包括：红楼花、赤苞花、艳爵床、大花芦莉、雨虹花、红唇花、马蓝、虾衣花以及紫云杜鹃等，其中大部分种类花颜色为鲜红色，花色亮丽；黄色系列包括：金脉爵床、金苞花、冀叶老鸦嘴以及黄花假杜鹃等，其中金苞花为该系列中的佼佼者，花序穗状，苞片金色，观赏期长；蓝色花系列包括：大花老鸦嘴、直立老鸦嘴、翠芦莉（蓝色）、蓝花假杜鹃以及可爱花；白色花系列包括：鸭嘴花、白花假杜鹃以及金叶拟美花等。观叶种类相对较少，包括波斯红草、网纹草、金叶拟美花等。

表1 深圳市园林绿化中的爵床科观赏植物

序号	名称	主要性状	应用方式
1	鸭嘴花 *Adhatoda vasica*	灌木；穗状花序，似鸭嘴，花白色，花期1~3月	盆栽、花境
2	宽叶十万错 *Asystasia gangetica*	匍匐草本；总状花序，花白色，花期6~8月	边坡绿化
3	假杜鹃 *Barleria cristata*	小灌木；穗状花序，花紫堇色，花期11~12月	绿篱、盆栽、边坡绿化
4	花叶假杜鹃 *B. lupulina*	亚灌木；叶柄基部有一对向下的针刺；花期1~3月	绿篱、盆栽、边坡绿化
5	鸟尾花 *Crossandra infundibuliformis*	亚灌木；穗状花序，呈鸟尾状，花期全年	盆栽、花境、绿篱
6	红唇花 *Dianthera nodosa*	亚灌木；花序生于叶腋，成串开花，花期6~11月	盆栽、花境
7	可爱花 *Eranthemum pulchellum*	灌木；穗状花序，花冠蓝色，花期12月至翌年2月	绿篱、花境、边坡绿化

续表

序号	名称	主要性状	应用方式
8	红网纹草 *Fittonia verschaffeltii*	草本；叶上密布红色叶脉	盆栽、花境
9	白网纹草 *F. verschaffeltii* var. *argyroneura*	草本；叶脉白色	盆栽、花境
10	小驳骨 *Gendarussa vulgaris*	亚灌木；叶披针形；穗状花序，花期 1~3 月	绿篱、花境、树池、边坡绿化
11	虾衣花 *Justicia brandegeana*	亚灌木；穗状花序，苞片砖红色，重叠似虾衣，花期全年	盆栽、花境
12	白苞爵床 *J. betonica*	灌木；穗状花序，苞片白色，有网状绿脉，花期 10 月至翌年 2 月	绿篱、花境、边坡绿化
13	赤苞花 *Megaskepasma erythrochlamys*	灌木；花序穗状，苞片赤红色，层层叠起，花期 8~11 月	花境、绿篱、边坡绿化
14	红楼花 *Odontonema strictum*	灌木；红色穗状花序，花期 9~12 月	花境、绿篱、边坡绿化
15	金苞花 *Pachystachys lutea*	亚灌木；穗状花序，苞片金黄色，层叠，花期全年	花境、盆栽
16	艳爵床 *P. coccinea*	灌木；穗状花序，绿色心型苞片，花鲜红色，花期全年	花境、盆栽
17	金蔓草 *Peristrophe hyssopifolia*	草本；叶面有明显金黄斑彩，花期全年	盆栽、花境
18	紫云杜鹃 *Pseuderanthemum laxiflorum*	亚灌木；花腋生，花冠紫红色，花期 8~11 月	盆栽、花境、绿篱
19	金叶拟美花 *P. reticulatum*	亚灌木；新叶金色，聚伞花序，花期 3~6 月	花境、绿篱
20	翠芦莉 *Ruellia brittoniana*	草本；花腋生，粉色或蓝紫色，花期全年	绿篱、盆栽、边坡绿化、树池
21	矮种翠芦莉 *R. brittoniana*	草本；该种节间短缩，花多繁密，花期全年	花境、盆栽、边坡绿化
22	红花芦莉 *R. elegans*	匍匐草本；总状花序，花桃红色，花期全年	盆栽、花境、树池、边坡绿化
23	金脉爵床 *Sanchezia nobilis*	灌木；叶脉橙黄色；圆锥花序，花黄色，苞片橙红色，花期全年	盆栽、花境、绿篱
24	马蓝 *Strobilanthes cusia*	草本；总状花序，花冠玫瑰红，花期 10~12 月	绿篱、盆栽、边坡绿化
25	雨虹花 *S. flaccidifolius*	灌木；疏松圆锥花序，花冠粉红，花期 11 月至翌年 3 月	绿篱、盆栽、树池、边坡绿化
26	异叶马蓝 *S. anisophyllus*	亚灌木；叶不等大，披针形；花量大，花期全年	绿篱、盆栽、树池、边坡绿化
27	波斯红草 *S. dyeriana*	草本；叶面布满细茸毛并泛布紫红色彩斑；花期 1~3 月	盆栽、花境
28	翼叶老鸦嘴 *Thunbergia alata*	草质藤本；叶柄具窄翼，花冠为橙黄色或白色，花期全年	盆栽、花境、边坡绿化
29	直立老鸦嘴 *T. erecta*	亚灌木；花腋生，花冠蓝色或白色；花期全年	绿篱、盆栽
30	大花老鸦嘴 *T. grandiflora*	藤本；总状花序下垂，花冠浅蓝色，花期 5~8 月	边坡绿化、垂直绿化
31	樟叶老鸦嘴 *T. laurifolia*	藤本；总状花序下垂，花较密，花期 2~4 月	边坡绿化、垂直绿化

二、爵床科观赏植物在深圳园林绿化中的应用

目前，深圳城市园林绿地中多见的爵床科观赏植物有翠芦莉、金脉爵床、金苞花、红苞花、可爱花、虾衣花、小驳骨、大花老鸦嘴以及大花芦莉等，其他观赏种类主要种植于深圳市仙湖植物园和市政公园内。在园林上的应用方式多种多样，主要造景应用方式有花境、花丛、花群、花台、基础种植及垂直绿化等，大多种爵床科植物可应用于多种园林应用方式，例如，金苞花、艳爵床、鸭嘴花、虾衣花、赤苞花、红苞花等均可应用于孤植、丛植、群植、盆栽、花池、花境等，具有良好的视觉效果，且可与其他科植物相得益彰，搭配和谐。

（一）花境

多数爵床科植物为灌木或小灌木，可以孤植、丛植、群植，构成景观，亦可与花形不同的其他灌木相搭配，形成自然活泼的小景观。适合花境种植的该科植物包括金脉爵床、金苞花、红楼花、赤苞花、艳爵床、可爱花以及假杜鹃等（图1）。金苞花是其中的佼佼者，其花型独特美丽，观赏部位为由众多金黄色苞片组成的穗状花序，观赏期长，可达数月之久，而通过修剪或药剂控制，则可做到四季有花。可将金苞花水平种植，或者是因地制宜，形成错落有致、多花齐放的优美景观。

（二）盆栽

爵床科草本和灌木性种类可以盆栽的形式进行展示。适合小型盆栽的爵床科代表种类是网纹草，具体分为红网纹草、白网纹草以及多个变种，其小巧玲珑，清新秀丽，叶脉清晰，叶色淡雅，纹理匀称，耐阴性强，可放置于室内茶几、案头、花架、橱窗、阳台上，是比较深受人们喜爱的一种室内小型盆栽植物（图2）。

图1 爵床科植物花境景观

图2 爵床科植物盆栽景观

其他适合小型盆栽的爵床科植物包括舞点枪刀药、波斯红草、矮芦莉、小驳骨等。

（三）绿篱

绿篱是园林中常用的绿化形式，主要起隔离、围护和美化的作用。爵床科植物中的灌木性种类均可用于制作绿篱。金脉爵床、小驳骨、翠芦莉、花叶假杜鹃、直立老鸦嘴、金苞花等均是制作绿篱的良好材料（图3），其中，花叶假杜鹃是制作防护性绿篱的绝佳材料，其茎多分枝，茎节处有2枚长约1cm的尖锐硬刺，可阻拦动物或者是人通过。同时，生命力强，栽植后可迅速生长，短期内即可形成茂密的观赏性防护绿篱。

（四）树池种植

目前，城市绿化多采用乔木，可以起到遮阳蔽日、美化市容的作用。乔木之下，往往是裸露的树池。树池绿化不但能作为单独的造景出现，也能与园凳、雕塑、水体、铺装等相互结合形成特色景观，其还具有增加绿地面积，通气保水利于树木生长等功能。已经用于树池绿化的爵床科植物有翠芦莉、小驳骨、大花芦莉和雨虹花。其他具有应用潜力的爵床科观赏物种包括异叶马蓝、假杜鹃以及可爱花等（图4）。

（五）边坡绿化

边坡绿化是一种能有效防护裸露坡面的生态护坡方式。不仅可以防止水土流失和滑坡、美化环境，还可以使行路者产生爽心悦目、心情舒畅的感觉。部分爵床科植物不仅观赏性佳，还具有耐旱、耐瘠薄、病虫害少、管理粗放以及根系发达等特点，同时生长迅速，能够快速覆盖坡面，适合用于边坡绿化。具体种类包括

图3 爵床科植物绿篱景观

图4 爵床科植物树池景观

图5 爵床科植物边坡绿化景观

图6 爵床科植物垂直绿化景观

翠芦莉、假杜鹃、大花老鸦嘴、樟叶老鸦嘴、翼叶老鸦嘴、宽叶十万错、可爱花以及白苞爵床等（图5）。

（六）立体绿化

爵床科老鸦嘴属植物（大花老鸦嘴、樟叶老鸦嘴和翼叶老鸦嘴）为藤本植物，习性强健、抗逆性强，可在我国南方地区露地栽培，可用于墙面绿化、屋顶绿化、棚架绿化以及立交桥垂直绿化（图6）。大花老鸦嘴和樟叶老鸦嘴，生长迅速，可迅速覆盖建筑物，形成绿色屏障。同时，花形秀美，花色艳丽，花大繁密，花期较长，极为美丽，可在立体绿化中形成亮丽的风景线。

三、应用前景

爵床科观赏植物种类繁多、形态各异、色彩多样、应用方式多样，易于营造出色彩缤纷、较有气势的景观，是开发新型栽培花卉品种的重要资源。例如：赤苞花、金苞花、红苞花、艳爵床等，花序穗状、硕大，花色亮丽，苞片层层叠起，色彩鲜艳，欣赏期长，极具观赏价值，特别适合用于建筑、亭、榭旁布景，也可用于花境布置、盆栽观赏或制作绿篱。其次，该科植物原生境多在林下沟谷、湿地或沼泽地方，而且多为低矮草本或灌木，具有耐阴性，非常适合在林下、林缘之处配置，可用于解决我国现阶段深圳公共绿地中普遍存在的乔木多、地被植物种类少和地面裸露问题。同时，多种爵床科植物可在冬、春季节开花，例如：艳爵床、赤苞花、红苞花、可爱花、花叶假杜鹃以及鸭嘴花等种类的花期恰好在9月至翌年3月之间，正好可以弥补该季节市政绿地中地被植物开花种类少、观赏性有待提升的困境。另外，多数爵床科植物还具有不择土壤、耐旱、耐高温、耐高湿、生命力强、繁殖容易、病虫害少、易于管养等特点，使得它们具有极强的适应性[8,10]。这些优点均使得爵床科植物在深圳市具有广泛的应用前景。

目前，爵床科植物中的翠芦莉、金苞花、金脉爵床、鸟尾花、雨虹花、网纹草、波斯红草、小驳骨等植物在深圳市城市园林中已有应用。然而大多数爵床科观赏种类至今未得到有效推广。主要原因有4个：①引进或者是野生苗木量少，繁殖慢，未能实现批量生产，形成规模。②未能有效宣传爵床科植物的应用价值，仅有零星报道，众多园林工作者不能详细了解爵床科植物，未能充分认识到爵床科植物的园林应用价值。③对栽培管理中存在的问题缺少指导性解决方案，部分爵床科植物需要及时修剪和养护，才能产生良好的景观和产量[10-13]。④翠芦莉种植过多，景观单一，应引导种植其他功能相似的种类，丰富深圳城市园林中爵床科植物物种多样性。今后有必要进一步开展爵床科植物引种、育种、快繁以及养护研究，建成爵床科优良观赏苗木繁殖基地，加大推广、示范和宣传力度，使得爵床科植物被更多的人所了解，有更多的园林工作者加入对爵床科植物的繁殖和推广工作之中，让爵床科植物能够在园林中得到广泛的应用，从而推进爵床科观赏植物在深圳城市园林建设中的产业化进程。

参考文献

[1] 胡嘉琪，崔鸿宾，李振宇. 中国植物志：第70卷[M]. 北京：科学出版社，2002.
[2] 彭彩霞，唐文秀，何开红. 中国迁地栽培植物志：爵床科[M]. 北京：中国林业出版社，2020.
[3] BURCH D G, DEMMY E W. Acanthaceae in florida gardens [J]. Proc. Fla. State Hort. Soc, 1986(99):186-188.
[4] 邱茉莉，崔铁成，张寿洲. 深圳仙湖植物园爵床科植物种类与园林应用特征[J]. 广东园林，2011, 33(5): 47-53.
[5] 陈恒彬，陈榕生. 多姿多彩的老鸦嘴[J]. 中国花卉盆景，2012(1): 34-35.
[6] 华文. 爵床科观花植物介绍[J]. 花卉，2013(12): 23-26.
[7] 周肇基. 爵床科花卉集萃[J]. 花木盆景（花卉园艺），2004(7): 9-11.
[8] 王碧筠. 红楼花在海口市园林绿化上应用的探讨[J]. 热带林业，2003, 31(4): 44.
[9] 陈少平. 观赏为主的爵床科植物（一）[J]. 花卉，2019(9): 18-21.
[10] 杨森，莫海波，施济普. 基于层次分析法的67种爵床科植物观赏价值综合评价[J]. 亚热带植物科学，2022, 51(1): 48-57.
[11] GAMROD E E, SCOGGINS H L. Fertilizer concentration affects growth and foliar elemental concentration of *Strobilanthes dyerianus* [J]. Hortscience, 2006, 41 (1): 231-234.
[12] 黄国良，何开红. 引种植物赤苞花的扦插繁殖研究[J]. 安徽农业科学，2013, 41(33): 12915-12916.
[13] 庄辉发，张翠玲，孙燕. 不同肥料对盆栽糯米香茶光合作用及产量的影响[J]. 热带农业科学，2012, 32 (6): 1-3.

喀斯特地貌景观营造及其在深圳市园林绿化中的应用实践

——以苦苣苔科植物为例

邱志敬，秦密，蒙林平
（深圳市仙湖植物园）

摘要： 喀斯特地貌是石灰岩地区长期被流水溶解、侵蚀而形成的一种地貌，苦苣苔科植物是中国喀斯特石灰岩地区极其重要的且有代表性的类群，观赏和应用价值高。深圳市仙湖植物园共收集保育国内外的优质苦苣苔科种质资源20余属400余种，同时经过持续开展驯化、快繁、适应性研究以及杂交育种，筛选出适宜深圳地区栽培且观赏性突出的苦苣苔科植物14属87种。本研究积极探索优化苦苣苔科植物在深圳园林中的应用，通过与上水石等结合并配置不同种类植物，以立体绿化配置、风化石立体配置、空间悬挂配置等造景形式，营造喀斯特地貌景观，发挥苦苣苔科植物独特的观赏价值，为其在园林绿化中的应用提供技术支撑，为深圳打造世界著名花城提供范例，为苦苣苔科植物产业化发展奠定基础。

关键词： 喀斯特地貌；苦苣苔科；种质资源收集和研究；园林应用

The Creation of Karst Landform Landscape and Application in Shenzhen Landscaping

—A Case Study of Gesneriaceae Plants

Qiu Zhijing, Qin Mi, Meng Linping
（Shenzhen Fairy Lake Botanical Garden）

Abstract: Karst landform is a kind of landform formed by the long-term dissolution and erosion of flowing water in the limestone area. Gesneriaceae is an extremely important and representative plant taxon in the karst limestone area of China, with high ornamental and application value. More than 400 species (from some 20 genera) of high-quality gesneriads germplasm resources from domestic and overseas have been collected in the Fairy Lake Botanical Garden by now. Through the domestication, fast breeding, adaptive research and cross-breeding of those introduced plants, we screened out 87 (from 14 genera) species suitable for cultivation in Shenzhen, which can be used in gardening. To explore the high ornamental value of gesneriads, we also simulated karst landform landscapes, and combined with a variety of plants with the combination of three-dimensional garden configuration, fossilized rock three-dimensional configuration, space hanging configuration and other forms of landscaping, creating a unique and beautiful landscape. Current project provides technical standards for the application of gesneriads in landscaping, provides an example for Shenzhen to build a world-famous flower city, and lays the foundation for the industrialization of gesneriads.

Keywords: Karst landform; Gesneriaceae; Collection and research of germplasm resources; Landscape application

一、概述

“喀斯特”最早指的是原南斯拉夫西北部一座分布着大量石灰岩的高原，后由南斯拉夫学者司维治以该高原名称命名这一地貌类型，即可溶性岩在流水的溶蚀作用下形成的地貌类型，又叫岩溶地貌[1]。

喀斯特地貌(Kart landform)最大的特征是自然形成的地质地貌、森林植被[2]。喀斯特地貌的生态环境较为脆弱，营造喀斯特地貌景观具有保护自然资源和美化自然景观的积极意义。

喀斯特地区的土壤类型为石灰土，具有富含钙镁离子、基岩裸露率高、土壤浅薄不连续、pH值高、保水性差等特征[3-5]。东南亚和中国西南地区是全球喀斯特地貌最为集中分布的区域之一，其由于土壤碱性、生境隔离程度大导致苦苣苔科植物类群在这一地区的喀斯特地貌上具有极高的多样性和特有率。中国苦苣苔科植物主要生长于西南至华南的广袤山地，尤以喀斯特地区为多，而洞穴、峡谷、陡崖、峭壁、天坑等人迹难至、高湿度和荫蔽度的环境更是适宜其分布的区域[6-8]。

按照最新的分类系统，我国共有苦苣苔科植物45属约809种，半数以上属于珍稀濒危植物，其中12属为中国特有属，625种为中国特有种[9]，是世界上苦苣苔植物多样性最丰富的国家之一[13]。根据国家林业和草原局及农业农村部2021年公布的《国家重点保护野生植物名录》，苦苣苔科植物共有4种，一级保护1种，二级保护3种。苦苣苔科植物主要分布在我国的云南、广东、广西、贵州等地区，多生于石灰岩山地的陡崖上[10]。苦苣苔科植物适合在喜湿、阴湿凉爽的环境中生长，分为附生类型、喜酸类型、喜钙类型。在原产地主要生于石灰岩岩石或岩壁上；石灰岩林下、阴处或溪边、沟边石上；在山地林中石上或树上、土山林中也较常见[11]。

苦苣苔科植物花冠艳丽，花色有紫色、蓝色、白色、黄色、淡蓝色或红色等[12]。该科多数植物花大，花色繁多，且色彩鲜艳，花期长，很具观赏性。在国外，大岩桐亚科下的大岩桐属（*Sinningia*）、苦苣苔亚科下的非洲堇属（*Saintpaulia*）、海角苣苔属（*Streptocarpus*）、芒毛苣苔属（*Aeschynanthus*）、欧洲苣苔属（*Ramonda*）等大部分被开发为商品花卉，广受欢迎。

深圳市仙湖植物园自2011年开始，大力开展苦苣苔科植物引种收集、迁地保育工作，对苦苣苔科植物的系统进化、栽培繁殖、园林应用和科普展示开展了深入系统研究。目前，喀斯特地区的苦苣苔科植物受到严峻的威胁，喀斯特生境的脆弱性加上人为干扰对植物居群造成不可逆转的破坏。因此，利用选育扩繁的苦苣苔科植物，结合喀斯特地貌特征，营造喀斯特地貌植物景观，对于苦苣苔科植物多样性维持和可持续利用具有重要意义。

本研究利用选育出的观赏性强、适应性广的苦苣苔科植物，对其进行了大量繁殖，拥有了一定的种苗资源基础。根据其生境特点，结合园林手法模拟营造喀斯特地貌景观，并对其植物长势、景观效果及可持续性利用等做出评估，为苦苣苔科植物种质资源开发和利用提供理论与实践基础，同时为其在园林绿化中的应用提供范例。

二、喀斯特地貌景观营造

（一）营造所需主要材料

1. 苦苣苔科植物

国内有多个植物园对苦苣苔科植物进行过引种，如中国科学院桂林植物园和中国科学院北京植物园都对苦苣苔科植物有过引种栽培，但尚未形成一定规模[14-15]。深圳市仙湖植物园多年来一直关注苦苣苔科相关种类的引种，截至2022年，共收集野生苦苣苔20余属400余种；其中，国家二级保护植物2种，珍稀濒危植物200余种，药用植物100余种，品种800余个，通过人工杂交获得杂交种100余个。经过前期筛选获得适宜深圳地区栽培、可应用于喀斯特地貌景观的苦苣苔科植物如下表。

2. 上水石

在研究中使用的上水石主要来自广西和广东的喀斯特地貌区域。

喀斯特地貌适应性良好的苦苣苔科植物种质资源表

植物属名	植物种名	生活型	花色	花期	观赏特性	应用形式
非洲堇属 *Saintpaulia*	非洲堇 *S. ionantha*	多年生草本	紫红、白、蓝、粉红、双色等	1~4月	花、叶	林下地被、立体绿化
小岩桐属 *Gloxinia*	小岩桐 *G. sylvatica*	多年生草本	橙红色	12月至翌年3月	花、叶	林下地被、岩石地被
异裂苣苔属 *Pseudochirita*	粉绿异裂苣苔 *P. guangxiensis* var. *glauca*	多年生直立草本	黄绿色	8~9月	花、叶	林下地被
喜荫花属 *Episcia*	喜荫花 *E. cupreata*	多年生草本	红色	5~9月	叶	林下地被、立体绿化
鲸鱼花属 *Columnea*	鲸鱼花 *C. microcalyx*	多年生草本	橘黄色	4~11月	花、叶	岩石地被
盾叶苣苔属 *Metapetrocosmea*	盾叶苣苔 *M. peltata*	多年生草本	—	12月至翌年2月	花、叶	石上绿化
钩序苣苔属 *Microchirita*	钩序苣苔 *M. hamosa*	一年生草本	白色	7~10月	花、叶	石上、溪边绿化
艳斑苣苔属 *Kohleria*	满秋 *K.* ‘Manchou’	多年生直立草本	玫红，内具白色斑点	3~5月	花、叶	林下地被、岩石地被
	银纹桐 *K. bogotensis*	多年生直立草本	红色，内具黄色花纹	3~5月	花、叶	林下地被、岩石地被
吊石苣苔属 *Lysionotus*	吊石苣苔 *L. pauciflorus* var. *pauciflorus*	小灌木	白色、淡蓝紫色	6~12月	花、叶	岩石地被
	齿叶吊石苣苔 *L. serratus*	小灌木	白色，淡蓝色	—	花、叶	石上绿化
	纤细吊石苣苔 *L. gracilis*	附生小灌木	白色，淡紫色条纹	8月	花、叶	立体绿化
马铃苣苔属 *Oreocharis*	长瓣马铃苣苔 *O. auricula*	多年生草本	蓝紫色	6~7月	花、叶	溪边绿化
	大叶石上莲 *O. benthamii*	多年生草本	淡紫色	8月	花、叶	石上绿化
	浙皖粗筒苣苔 *O. chienii*	多年生草本	紫红色	9月	花、叶	石上绿化、林下地被
半蒴苣苔属 *Hemiboea*	半蒴苣苔 *H. subcapitata*	多年生直立草本	白色，内具紫斑	8~10月	花、叶、株型	林下地被
	贵州半蒴苣苔 *H. cavaleriei*	多年生直立草本	白色、淡黄色，散生紫斑	8~10月	花、叶、株型	林下地被

续表

植物属名	植物种名	生活型	花色	花期	观赏特性	应用形式
半蒴苣苔属 *Hemiboea*	疏脉半蒴苣苔 *H. cavaleriei* var. *paucinervis*	多年生直立草本	白色、淡黄色，散生紫斑	8~10 月	花、叶、株型	林下地被
	纤细半蒴苣苔 *H. gracilis*	多年生直立草本	粉红色或紫色，具有紫色斑点	8~10 月	花、叶、株型	林下地被
	披针叶半蒴苣苔 *H. angustifolia*	多年生直立草本	白色，散生紫斑	10~11 月	花、叶、株型	林下地被、岩石地被
	黄花半蒴苣苔 *H. lutea*	多年生直立草本	黄色	10~11 月	花、叶、株型	林下地被、岩石地被
	单座苣苔 *H. ovalifolia*	多年生直立草本	白色、黄绿色	9~10 月	花、叶、株型	林下地被、岩石地被
	粉花半蒴苣苔 *H. roseoalba*	多年生直立草本	粉红色带棕黄色，具有紫色斑点	9~10 月	花、叶、株型	林下地被、岩石地被
芒毛苣苔属 *Aeschynanthus*	毛萼芒毛苣苔 *A. lasiocalyx*	附生小灌木	红色	7~8 月	花	岩石地被、立体绿化
	长茎芒毛苣苔 *A. longicaulis*	附生小灌木	红色	7~8 月	花、叶	岩石地被、立体绿化
	口红花 *A. pulcher*	多年生藤本	红色至橙红色	12 月至翌年 2 月	花、叶	岩石地被、立体绿化
	细芒毛苣苔 *A. gracilis*	附生小亚灌木	红色	11 月	花、叶	岩石地被、立体绿化
	条叶芒毛苣苔 *A. linearifolius*	小灌木	红色	7 月	花、叶	岩石地被、立体绿化
	滇南芒毛苣苔 *A. micranthus*	攀缘小灌木	红色	10 月	花、叶	立体绿化
	披针芒毛苣苔 *A. lancilimbus*	小灌木	红色	10 月	花、叶	岩石地被、立体绿化
	腾冲芒毛苣苔 *A. tengchungensis*	小灌木	红色	5 月	花、叶	岩石地被、立体绿化
	狭叶芒毛苣苔 *A. angustissimus*	小灌木	红色	8 月	花、叶	岩石地被、立体绿化
	芒毛苣苔 *A. acuminatus*	附生小灌木	红色	10~12 月	花、叶	立体绿化
	小齿芒毛苣苔 *A. chiritoides*	附生小灌木	白色	2 月	花、叶	立体绿化
石蝴蝶属 *Petrocosmea*	石蝴蝶 *P. duclouxii*	多年生小草本	蓝紫色	5~6 月	花、叶	岩石地被、立体绿化
	蒙自石蝴蝶 *P. iodioides*	多年生草本	蓝紫色	5 月	花、叶	岩石地被、立体绿化
	丝毛石蝴蝶 *P. sericea*	多年生草本	蓝紫色	10 月	花、叶	岩石地被、立体绿化
	滇泰石蝴蝶 *P. kerrii*	多年生草本	白色	6 月	花、叶	岩石地被、立体绿化

续表

植物属名	植物种名	生活型	花色	花期	观赏特性	应用形式
石蝴蝶属 *Petrocosmea*	孟连石蝴蝶 *P. menglianensis*	多年生草本	白色	8月	花、叶	岩石地被、立体绿化
	显脉石蝴蝶 *P. nervosa*	多年生草本	蓝紫色	9月	花、叶	岩石地被、立体绿化
	小石蝴蝶 *P. minor*	多年生草本	紫色	10月	花、叶	岩石地被、立体绿化
	莲座石蝴蝶 *P. rosettifolia*	多年生草本	紫色	10月	花、叶	岩石地被、立体绿化
	四川石蝴蝶 *P. sichuanensis*	多年生小草本	紫蓝色	11月	花、叶	岩石地被、立体绿化
	兴义石蝴蝶 *P. xingyiensis*	多年生草本	蓝色	9~10月	花、叶	岩石地被、立体绿化
	黑眼石蝴蝶 *P. melanophthalma*	多年生草本	蓝色	6月	花、叶	岩石地被、立体绿化
	中华石蝴蝶 *P. sinensis*	多年生草本	蓝色或紫色	8~11月	花	立体绿化
	长蕊石蝴蝶 *P. longianthera*	多年生草本	蓝紫色	10~11月	花、叶	立体绿化
	旋涡石蝴蝶 *P. cryptica*	多年生草本	白色	9~12月	花、叶	立体绿化
	石蝴蝶杂交种 *P. hybrid*	多年生草本	白色	8~12月	花、叶	立体绿化
报春苣苔属 *Primulina*	肥牛草 *P. hedyotidea*	多年生草本	紫色	7~10月	花、叶	林下地被、花坛花境
	长毛报春苣苔 *P. villosissima*	多年生草本	紫白色	5~6月	花、叶	林下地被、花坛花境
	中华报春苣苔 *P. dryas*	多年生草本	紫色至白色	5月至翌年2月	花	林下地被、花坛花境
	黄斑报春苣苔 *P. flavimaculata*	多年生草本	蓝紫色	4~8月	花、叶	林下地被、花坛花境
	烟叶报春苣苔 *P. heterotricha*	多年生草本	淡紫色或白色	4~10月	花、叶	林下地被、花坛花境
	大根报春苣苔 *P. macrorhiza*	多年生草本	白色，裂片紫色	4~5月	花	林下地被
	桂中报春苣苔 *P. guizhongensis*	多年生草本	蓝紫色至浅紫色	9~10月	花	林下地被
	百寿报春苣苔 *P. baishouensis*	多年生草本	淡紫色，内具紫色斑纹	3~4月	花、叶、株型	林下地被
	菱叶报春苣苔 *P. subrhomboidea*	多年生草本	紫色	3~5月	花、叶	林下地被
	蚂蝗七 *P. fimbrisepala*	多年生草本	淡紫色或紫色	3~5月	花、叶	林下地被
	大齿报春苣苔 *P. juliae*	多年生草本	蓝色或紫色	7~10月	花、叶	林下地被

续表

植物属名	植物种名	生活型	花色	花期	观赏特性	应用形式
报春苣苔属 *Primulina*	钟冠报春苣苔 *P. swinglei*	多年生草本	淡紫色或紫色	5~9 月	花	林下地被
	牛耳朵 *P. eburnea*	多年生草本	淡紫色或紫色	4~9 月	花	林下地被
	黄花牛耳朵 *P. lutea*	多年生草本	黄色	5~8 月	花、株型	林下地被
	药用报春苣苔 *P. medica*	多年生草本	白色带粉红色	3~4 月	花	林下地被
	龙氏报春苣苔 *P. longii*	多年生无茎草本	淡蓝紫色	3~4 月	花	林下地被
	寿城报春苣苔 *P. shouchengensis*	多年生草本	淡紫色	5~6 月	花、叶	林下地被
	河池报春苣苔 *P. hochiensis*	多年生草本	紫色	8~10 月	花	岩石地被
	弄岗报春苣苔 *P. longgangensis*	多年生草本	白色至红紫色	8~10 月	花、叶、株型	岩石地被
	刺齿报春苣苔 *P. spinulosa*	多年生草本	蓝紫色	7~9 月	叶	岩石地被
	条叶报春苣苔 *P. ophiopogoides*	多年生草本	粉白色	4 月	叶	岩石地被
	线叶报春苣苔 *P. linearifolia*	多年生草本	白色	4 月	花、叶	岩石地被
	尖萼报春苣苔 *P. pungentisepala*	多年生草本	淡紫色	4~5 月	花、叶	岩石地被
	微斑报春苣苔 *P. minutimaculata*	多年生草本	紫色	4~5 月	花、叶	岩石地被
	永福报春苣苔 *P. yungfuensis*	多年生草本	淡紫色	5~6 月	花、叶	岩石地被
	阳春报春苣苔 *P. yangchunensis*	多年生草本	粉红色	9 月	花、叶	岩石地被
	三苞报春苣苔 *P. tribracteata*	多年生草本	蓝色	6 月	花、叶	林下地被、岩石地被
	天等报春苣苔 *P. tiandengensis*	多年生草本	黄绿色	4~5 月	花、叶	林下地被、岩石地被
	泰坦报春苣苔 *P. titan*	多年生草本	白色，内部红紫色条纹和斑点	4~6 月	花、叶	林下地被、岩石地被
	中越报春苣苔 *P. sinovietnamica*	多年生草本	淡紫色	9~10 月	花、叶	岩石地被
	四川报春苣苔 *P. sichuanensis*	多年生草本	紫色	5~6 月	花、叶	岩石地被
	融水报春苣苔 *P. rongshuiensis*	多年生草本	白色、淡紫色	6~7 月	花、叶	岩石地被
	覃塘报春苣苔 *P. qintangensis*	多年生草本	白色、淡紫色	2~4 月	花、叶	林下地被、岩石地被

续表

植物属名	植物种名	生活型	花色	花期	观赏特性	应用形式
报春苣苔属 *Primulina*	翅柄报春苣苔 *P. pteropoda*	多年生草本	白色、淡紫色	11月	花、叶	林下地被、岩石地被
	石蝴蝶状报春苣苔 *P. petrocosmeoides*	多年生草本	蓝紫色	11~12月	花、叶	岩石地被
	直蕊报春苣苔 *P. orthandra*	多年生草本	蓝紫色	5月	花、叶	林下地被、岩石地被
	宁明报春苣苔 *P. ningmingensis*	多年生草本	白色、粉色	8~9月	花、叶	岩石地被
	柳江报春苣苔 *P. liujiangensis*	多年生草本	蓝紫色	6月	花、叶	岩石地被

（二）喀斯特地貌景观营造方法

通过查阅文献和现场调研，多次考察并记录喀斯特地貌特征，通过咨询园林造景师，调研喀斯特地貌景观营造手法。

峰林峰丛地貌形态是喀斯特地貌发育与动态演化过程的结果，在喀斯特地貌景观营造景过程中，需注意突出地貌形态，将具有峰林的上水石叠加拼接，留出植物种植和水流空间，将苦苣苔科植物种植于上水石石壁上，与上水石、木材以及水体模拟出苦苣苔科植物原生环境，营造峰林峰丛+溪流+林下喀斯特地貌景观，这样不仅营造出具有观赏价值的景观，更能达到苦苣苔科植物多样性保护之目的。

三、苦苣苔科植物种苗繁育

（一）苦苣苔科植物种源获取

（1）野外引种驯化。野外大量引种以获得苦苣苔科植物基础材料。

（2）人工杂交。利用收集的苦苣苔科植物开展属内以及属间的杂交育种工作。通过杂交可以改良苦苣苔科植物的株型、花型、花期、适应性、耐受性等多方面的性状。

（3）诱变育种。用不同浓度的秋水仙素和IAA对苦苣苔的叶片和种子进行浸泡处理，以获取形态、花色、花期长短等宏观上可以直接观测的变异株系，最终筛选出适合的浓度和时间梯度以获取色彩丰富、花期较长的优质苦苣苔观赏品种。

（二）种苗繁育

（1）扦插繁育。报春苣苔属、石蝴蝶属、半蒴苣苔属等大部分种可以进行扦插繁殖。

（2）组培繁殖。将石蝴蝶属（5种）、报春苣苔属（10种）、半蒴苣苔属（2种）、吊石苣苔属（2种）、芒毛苣苔属（2种），通过一系列的组培实验，明确其所需的组培条件、培养基类型、激素浓度和培养周期等参数，建立苦苣苔科种苗快繁体系。

四、深圳市喀斯特地貌景观营造案例

利用组培或扦插扩繁出来的大批苦苣苔科植物苗木，在深圳市仙湖植物园内的苦苣苔园、保种展示温室、幽溪、阴生园等区域营造不同类型的喀斯特地貌景观，通过与上水石搭配组合模拟喀斯特地貌景观，与不同种类植物搭配，以立体园林配置、风化石立体配置、空间悬挂配置等形式造景，发挥出苦苣苔科植物较高的观赏价值。

（一）仙湖植物园苦苣苔园（喀斯特峰丛环绕，草木葳蕤丰茂）

苦苣苔园展示了仙湖植物园近十年来收集保育的苦苣苔科植物500余种（品种）。苦苣苔园由两大区域五个展示区组成，一是自然生境区域，包括喀斯特地貌展示区、溪边展示区、林下山地展示区；二是科普课堂区域，包括精品展示区和科普活动区。在自然生境区域的喀斯特地貌区，以堆山造石的手法将上水石堆叠出主景石，山体有溪流、瀑布，利用水体将主景石和山洞相结合，下方则形成水景池，池中小桥逶迤，雾气缭绕，有水随山转之妙境。四周零星散落上水石，打造峰丛林立，整个山体

铺设雾森系统，营造苦苣苔科植物生长的阴湿生境。同时，以自然式手法搭建山体骨架，配置仙湖植物园近十年来收集的众多苦苣苔科植物，通过色彩的碰撞、质感的对比，展现出缤纷绚丽、小而精美、特色鲜明的喀斯特地貌苦苣苔科植物景观。

（二）仙湖植物园苦苣苔喀斯特地貌应用示范区

苦苣苔科植物适宜生活在凉爽、荫蔽、湿度大的环境中，根据其生活习性及其对生长基质的要求，将其分成附生型、喜酸型、喜钙型。在保种中心展示温室，根据其野外的生长环境，以自然式手法用上水石搭建景观骨架，从中引入流水，微空间内挖掘水渠，地基采用火山石和陶粒等透气基质（模拟喀斯特地貌透水性），并配置12属100余种苦苣苔植物，营造出自然野趣、缤纷绚丽、特色鲜明的苦苣苔喀斯特地貌应用示范区，在展示区内配合所需的温度、水分、光照等条件，同时增设喷雾系统、散热

系统以及保温系统，以保持土壤和空气的湿润，温度维持在25~30℃。

（三）仙湖植物园阴生园

阴生园是仙湖植物园的精品专类园之一，近年来，仙湖植物园利用苦苣苔科、秋海棠科、食虫植物、苔藓植物等，在阴生园打造了一个个特色植物展示小区。在苦苣苔科植物展示小区内栽培有该科植物约75种，阴生园内喀斯特地貌展示区是根据苦苣苔科植物生长于石灰岩环境的特性，利用上水石模拟喀斯特地貌的峰林、峰丛景观。上水石上适宜栽种株型矮小的植株，如永福报春苣苔（*Primulina yungfuensis*）、河池报春苣苔（*P. hochiensis*）等，石头周边配置株型直立的黄斑报春苣苔（*P. flavimaculata*）、花朵硕大且数量众多的百寿报春苣苔（*P. baishouensis*）、大根报春苣苔（*P. macrorhiza*）等。部分区域利用株型较高的半蒴苣苔属（*Hemiboea*）植物作为背景，廊架则悬挂芒毛苣苔属（*Aeschynanthus*）植物，营造出喀斯特地貌的石林景观效果。

（四）仙湖植物园幽溪

幽溪位于园区中央，为南北走向的一条较为隐蔽的山溪，长度约300m。幽溪原为孢子植物区的一部分，大部分被茂密的次生林所覆盖，宁静幽深，仅隐约听见潺潺流水声和时断时续的鸟叫和蝉鸣。桫椤径曲折穿越小溪两侧，上百种植物生活其间，溪流、枯枝、落叶为其他各类生物提供多样的栖息空间，生机勃勃。苦苣苔植物主要分布于幽溪的林下和小潭边，用于模拟喀斯特地貌的林下景观，林下主要是耐阴的半蒴苣苔属的半蒴苣苔（*Hemiboea subcapitata*）与报春苣苔属的黄斑报春苣苔（*P. flavimaculata*）以及报春苣苔属的部分杂交种，这些植物直立生长，能与乔灌林搭配，形成自然植物群落景观。林荫下以及林缘的边缘点缀采用报春苣苔属的大根报春苣苔（*P.*

macrorhiza）、长毛报春苣苔（*P. villosissima*）、中华报春苣苔（*P. dryas*）以及小岩桐（*Gloxinia sylvatica*）等进行点缀，开花时花朵较多且花色鲜艳，起到点睛效果。小潭边则是小岩桐与蕨类苔藓等植物配合，枝条延伸至潭中，花与影相互映衬。

五、结论

本文根据喀斯特地貌景观特征，探讨如何利用苦苣苔科植物来模拟和营造喀斯特地貌景观，包括植物选择、植物配置和景观设计等内容。研究筛选出适宜深圳地区栽培、观赏价值高的苦苣苔科植物14属87种，其中原生种80种，栽培品种7种。通过利用苦苣苔科植物营造喀斯特地貌特色景观，为合理地开发和利用苦苣苔科植物资源，提供多彩绚丽、种类多样的观赏植物材料，丰富独特园林景观，提供技术支撑和参考范例。

苦苣苔科植物在喀斯特地貌景观应用中亦存在一定的局限性，喀斯特地貌景观主要以上水石为主题构建喀斯特峰丛、峰林等景观，素材来源单一，在实际应用受材料的限制较大，希望未来可以探索利用3D打印和砖结构等材料代替上水石[16-17]。在苦苣苔科植物的选择上也受光照及温度的影响极大，后续可设置实验探索其最适宜光照强度和温度，为苦苣苔科植物的应用提供更翔实资料。

参考文献

[1] 崔建武，刘文耀，李玉辉，等. 云南石林地区石灰岩山地种子植物区系成分的研究[J]. 广西植物，2005, 25(6): 517-525.
[2] 金志仁. 湘中喀斯特地形特征及地面塌陷防治方法研究[J]. 湖南城市学院学报：自然科学版，2007.
[3] 曹建华，袁道先，潘根兴. 岩溶生态系统中的土壤[J]. 地球科学进展，2003, 18(1): 37-44.
[4] 李阳兵，王世杰，李瑞玲. 岩溶生态系统的土壤[J]. 生态环境学报，2004, 13(3): 434-438.
[5] 俞筱押，李玉辉. 滇石林喀斯特植物群落不同演替阶段的溶痕生境中木本植物的更新特征[J]. 植物生态学报，2010, 34(8): 889-897.
[6] CLEMENTS RSODHI N S, SCHILTHUIZEN M, et al. Limestone karsts of Southeast Asia: Imperiled arks ofbiodiversity [J]. Bioscience, 2006, 56(9): 733-742.
[7] IUCN. Parks for life: Report of the IV th worldcongresson national parks and protected areas [M] Gland, TheWorld Conservation Union ,1993.
[8] MOHAMED H, YONG K T, DAMANHURI A, et al. Moss diversity of Langkawi Islands, Peninsular Malaysia [J]. Malayan Nature Journal, 2005, 57: 243-254.
[9] 温放，符龙飞，辛子兵，等. 中国苦苣苔科植物濒危现状与多样性保护[J/OL]. 广西植物，2022: 1-78.
[10] 韦毅刚. 华南苦苣苔科植物[M]. 南宁：广西科学技术出版社，2011.
[11] 俞筱押，李家美，任明迅. 中国南方苦苣苔科植物在喀斯特地貌和丹霞地貌上的适应分化[J]. 广西科学，2019, 26(1):132-140.
[12] 李振宇，王印政. 中国苦苣苔科植物[M]. 郑州：河南科学技术出版社，2004.
[13] 温放，黎舒，辛子兵，等. 新中文命名规则下的最新中国苦苣苔科植物名录[J]. 广西科学，2019, 26(1): 37-63.DOI: 10. 13656/j. cnki. gxkx. 20190225. 002.
[14] 王虹妍，谢锐星，邱志敬. 苦苣苔科植物在深圳市仙湖植物园的园林应用及展示[J]. 广东园林，2022, 44(2): 75-79.
[15] 王莉芳，盘波. 广西苦苣苔科植物及其在园林中的应用[J]. 中国园林，2008 (10): 53-59.
[16] 田洁. 3D打印在景观设计中的运用[J]. 建材与装饰，2018(46): 107.
[17] 黄浩伟，石庚辰，钟炜强，等. BIM+3D打印在城市景观建设中的应用[J]. 江西建材，2022(6): 291-293.

“职业化”导向的环卫工人技能提升与资格认证研究

赖宇翔，马振东，何川，高歌
（深圳市环境卫生管理处）

摘要：党的十八大以来，各类环保政策的出台，使得环境卫生服务质量成为评价地方城市生态治理能力与体系建设的重要指标。环卫工人的职业技能和作业水平直接关系到环境卫生服务质量，关系到城市的整洁和形象。然而，环卫服务行业环卫工人的技能水平参差不齐，存在环卫岗位职业标准不够清晰、环卫从业人员“职业化”程度偏低、部分环卫工作作业流程不甚规范等问题。有效构建环卫“职业化”岗位与职业技能体系，是推行环卫行业转型升级的重要内容。对此，深圳市环卫主管部门联合行业领军企业，以“职业活动为导向、职业技能为核心”为指导思想，开展环卫行业从业人员职业技能提升实践，从标准化资源建设、规范化培训考核、体系化考核认证等方面，先行先试环卫行业“职业化”。在“职业化”的路径上，应用工作场景、工作岗位、环卫车辆（设备）和人机协作模式等指标，对环卫工作进行梳理切片，穷举细分环卫工作流程，并基于流程组建工作环节，应用工作环节掌握考核职业技能，应用职业技能界定岗位素质，应用岗位素质推行“职业化”。在“职业化”的保障上，构建起多样化的课程资源体系、面向未来的职业标准体系、注重实操的职业证书考核体系，再依托高等职业院校与行业协会，最终构建起分层次、分门类和常态化的职业培训体系。借助本文的研究为环卫工人职业技能提升和资格认定提出对策建议，制作环卫工人职业技能提升全体系课程，建立科学合理的职业技能提升培训制度，建立分层次、分类别的职业资格认证制度，建立合理的薪酬激励机制，推广行业职业竞赛促进职业技能提升。

关键词：职业化；课程资源；培训体系；资格认证

Research on Skill Enhancement and Qualification Certification of Environmental Sanitation Workers Guided by “Professionalization”

Lai Yuxiang, Ma Zhendong, He Chuan, Gao Ge
(Shenzhen Environmental Sanitation Management Division)

Abstract: Since the 18th National Congress of the Communist Party of China, the introduction of various environmental protection policies has made the quality level of environmental sanitation services an important indicator for evaluating local urban ecological governance capabilities and system construction. The professional skills and work capacity of sanitation workers are directly related to the quality of environmental sanitation along with the cleanliness and image of the city. However, the skill level of sanitation workers in the industry is uneven. There are problems such as unclear professional standards for sanitation occupation, low-level “professionalization” of sanitation employees, and nonstandard operating procedures for some sanitation work. Effectively building a “professional” environmental sanitation position and vocational skills system is an important part of promoting the transformation and upgrading of the environmental sanitation industry. In this regard,

Shenzhen's environmental sanitation authorities have joined forces with industry leading enterprises to carry out professional skills improvement practices for employees based on the guiding ideology of "professional activities as the guide and professional skills as the core". From the aspects of standardized resource construction and training courses, and systematic assessment and certification, we will pilot the "professionalization" of the sanitation industry among China. On the path of "professionalization", indicators such as work scenarios, occupations, sanitation vehicles (equipment), and human-machine collaboration modes are used to sort out and slice sanitation work procedures. Exhaustively subdivide the sanitation work process, and establish work links based on the process. Therefore, work links could be applied to master and assess professional skills, and the professional skills could be applied to define job quality, and the job quality could be applied to promote "professionalization." To ensure "professionalization", we have built a diversified curriculum resource system, a future-oriented professional standard system, and a practical-focused professional certificate assessment system. Relying on higher vocational colleges and industry associations, a hierarchical, classified and normalized vocational training system could be finally established. With the research in this article, countermeasures and suggestions are put forward for the professional skills improvement and qualification certification of sanitation workers, that is, developing a full-system course for the professional skills improvement of sanitation workers, establishing a scientific and reasonable professional skills improvement training system, establishing a hierarchical and classified professional qualification certification system, establishing reasonable salary incentive mechanism, and promoting industry professional competitions and professional skills improvement.

Keywords: Professionalization; Course resources; Training system; Qualification certification

一、概述

（一）全国环卫行业建设政策方针和发展趋势

1. 相关政策方针

近年来国家对城乡环境卫生体系的建设高度重视，不断出台各项政策方针，推动环境卫生服务行业发展，并将环境卫生行业纳入可持续发展战略的重要内容。2020年年底，国家住房和城乡建设部（以下简称住建部）印发《城市市容市貌干净整洁有序安全标准（试行）》，加强对城市市容市貌管理工作的指导、监督以及评价；2021年9月，住建部研究出台《保洁员职业技能标准》《垃圾清运工职业技能标准》和《垃圾处理工职业技能标准》征求意见稿，以“职业活动为导向、职业技能为核心”为指导思想，全面规范环卫行业从业人员的职业技能要求，推进环卫行业职业培训制度的建立。

2. 发展趋势

（1）机械化。住建部《中国城乡建设统计年鉴》的统计数据显示，2022年，我国城市道路清扫保洁机械化率为80.13%，向全面环卫装备阶段目标迈进。机械化设备在环卫作业中的重要地位逐渐显现，为环卫装备企业进入环卫服务市场提供了良好的机会，行业内竞争日趋白热化。环卫机械化作业效率高、成本低等突出优势，在保障环卫作业的高质量完成的同时，能减少对人力资源的依赖，有利于降低政府和企业负担。未来，环卫作业机械化将成为国内环卫市场的主要发展方向，涵盖道路清扫、道路冲洗、垃圾收集转运等各个细分领域。

（2）智慧化。环卫行业具有劳动密集型特点，一线环卫工人人数众多但工作区域分散，遍布道路、城中村等场所，管理范围大，整体管理难度大。环卫企业均面临合理配置环卫资源、优化作业路线、提高监督考核效力等问题，引进信息技术建立智慧管理体系，实现人力作业和机械作业的协同配合，已成为行业的重要发展趋势。

“智慧环卫”是指依托计算机软硬件技术、物联网技术与移动互联网技术，对环境卫生管理所涉及的人、车、物、事进行全过程实时管理，合理规划设计环卫管理流程和模式，提升环卫作业效率和质量。利用环卫云平台对环卫运营全过程数据进行采集、传输、存储和管理，并通过移动互联网进行实时质量监督，可以实现及时分配任务，提高突发事件应急能力，进而提高环卫服务的作业质量和运营效率并有效降低管理成本。智慧环卫将环卫管理服务逐步升级为“智慧化”，使得环境卫生服务更加智能、高效。

（3）职业化。随着国内各城市的发展，不少城市近年来纷纷鼓励环卫工人提升职业技能，从单纯使用简单工具进行路面保洁转型为可使用或驾驶各类机械，参与更精细化的保洁工作，也鼓励有条件的环卫工人通过进修文化课获得更高的学位，转型为管理人员，职业化已经成为环卫行业的发展新趋势。

（二）深圳环卫行业发展现状

当前，深圳环卫工作紧紧围绕“打造全国最洁净城市、全面提升城市环境品质”任务目标，树立全周期管理意识，着力建立智慧化的环卫监管体系、现代化的环卫作业方式，最终实现城市“时时干净、处处干净”，保障城市高质量、可持续发展。

1. 环卫服务运作方式管干分离，高度市场化

为适应环卫事业发展的需要，实现“政（事）企分开，管干分离”，改革开放以来，深圳将原由环卫部门直接承担的环卫作业逐步推向市场，陆续放开了道路清扫保洁、垃圾清运等环卫服务内容，调动市场机制组织、引导企业参与竞争。目前，深圳市政清扫保洁和垃圾清运作业均通过政府购买服务的方式公开招标选择社会主体来承担，市场化程度100%。

2. 城市管理治理中植入新理念，积极试点“城市管家”模式

深圳市环卫服务项目一般“三年一招，一年一签”，但为实现规模化、一体化作业，减少推诿扯皮，提高管理效能，近年来各区和街道也在探索试点新的管理模式，引入“城市管家”模式，为一种市容环境综合运维的服务模式，将环卫（含清扫保洁、垃圾清运、公厕运维管理、转运站管理、垃圾分类）、绿化、灯光等市政业务集中，通过整体发包的方式，由一家企业负责“管理+服务+运营”全流程管理，可有效解决监管成本高、设备更新慢、协调效率低等一系列问题，实现城市管理专业化、精细化、智慧化。

3. 环卫装备水平不断提高，智能技术在环卫行业运用不断普及

作为中国特色社会主义先行示范区，深圳对环卫作业效率、作业质量及作业标准的要求日益提升，“推着垃圾车、拿着大扫把”的传统人工作业模式已无法满足城市现代化环卫工作要求。当前，深圳的环卫作业方式和工具装备较以往有了很大改善，现代化环卫机械作业设备不断投入应用，几乎告别了传统“一把扫帚扫遍大街小巷”人工作业时代；取而代之，机械化环卫车、新能源环卫车，甚至自动驾驶环卫车等智能化设备与技术正与环卫行业紧密结合，科技在解放劳动力提高作业效率的同时，也助推了深圳环卫作业机械化水平提高。

二、深圳环卫工人职业现状及发展趋势

近年来，为打造洁净、文明的城市环境，深圳市环卫管理标准逐渐提高，新型环卫作业模式不断涌现，现代化环卫机械作业设备的投用，对环卫工人的职业技能水平也提出了更高要求。但是，环卫行业仍然存在明显薄弱环节，如环卫工人老龄化现象严重、文化水平普遍偏低等，最终导致作业不规范、不文明、质量不达标等现象时有发生，提升环卫工人整体素质迫在眉睫。

（一）环卫工人年龄、学历、收入基本情况

通过深圳市环卫全周期运管服信息化平台，

研究收集了深圳环卫工人群体数据，结合2023年1~4月对1 091名环卫工人的走访调研，统计分析了环卫工人年龄、学历、收入水平情况（全市环卫工人指清扫保洁人员、垃圾收运人员、司机、跟车辅工、转运站作业人员等，不含文员等管理人员）。

1. 年龄分布

表1 深圳市环卫工人年龄比例表

年龄（岁）	比例（%）
30及以下	2
31~40	6
41~50	14
51~60	55
61及以上	23

由表1可以看出，深圳市环卫工人老龄化严重，其中61岁及以上人群占比高达23%，40岁及以下人群占比仅8%。根据《深圳市第七次全国人口普查公报（第4号）》，全市常住人口中，0~14岁人口占15%，15~59岁人口占80%；60岁及以上人口占5%；说明一线环卫行业高龄人口占比较大，环卫工人群体出现年龄老化的现象。

2. 学历分布

表2 深圳市环卫工人学历比例表

学历	比例（%）
小学及以下	64
初中	30
高中、中专	5
本科、大专	1
研究生	小于0.1

由表2可以看出，目前深圳市环卫工人普遍文化程度较低，其中小学及以下文化程度占绝大部分，达到64%，高中及以上文化程度的占比很小，仅占6%。

3. 收入分布

表3 深圳市环卫工人收入比例表

平均收入（元/月）	比例（%）
4 500以上	11
4 000~4 500	75
4 000以下	14

由表3可以看出，深圳市环卫工人普遍收入较低，其中月收入在4 500元以下的占比高达89%。根据深圳市人力资源和社会保障局发布的《深圳市2020年人力资源市场工资指导价位》，全市全行业平均工资指导价位为月均7 825元。环卫工人收入远低于全市平均水平。

（二）环卫工人职业发展趋势

1. 劳动密集型转向技术密集型

传统环卫行业细分领域多属于劳动密集型行业，且业务形态较为低端。我国环卫工作普遍具有高工作时长、低薪资水平、高劳动强度、低技术含量、低工作门槛等特点，同时环卫行业老龄化和环卫用人缺口问题普遍存在。根据住建部《中国城乡建设统计年鉴》的统计数据显示，全国道路清扫保洁面积为108.18亿m^2，道路机械化清扫率已高达80.13%，仍有21.49亿m^2需要通过人工清洁，且目前的机械化作业仍离不开人工的辅助。目前，多地通过购置环卫机械设备，提高环卫机械化率，形成以机械作业为主、人工作业为辅的作业模式，大幅提升了环卫作业效率，减轻环卫工人工作负担，纾解人口老龄化对环卫行业的冲击与影响。但是机械化设备的使用仍未摆脱人力依赖，对环卫工人的机械设备的使用技能要求也有所提升。

2. 粗放式作业转向专业化作业

在环卫行业转向以运营品质、成本控制、科技赋能为服务核心的背景下，各环卫企业不断改善传统的作业模式。除在一线工作中，队伍管理、终端处理技术、规范化操作监管等层面均需要配置环卫行业专业型人才，因此，需要充分调动环卫工人学习技术、钻研业务的积极性。这样不仅能够助力城市高质量发展，提升一线环卫工人的专业技能水平、安全操作规范和风险防范意识，同时也以“绣花功夫”提升环境卫生水平，推动城市环卫工作标准化、现代化和创新发展。

3. 单一技能转向多种技能

当前，随着我国城市管理体制的改革，“城市管家”概念不断提出，一体化服务是发展趋势。一体化服务包括服务内容、服务范围、产业链等。除了环卫项目外，绿化养护、路灯维护等服务内容也被纳入一体化管理项目，产业链进一步延伸，不仅是前端清扫保洁，还覆盖环卫整个链条，打通前端垃圾分类、中部垃圾收集转运到后端处置多个环节服务需求趋向专业化、综合化、长效化。一线环卫工人需适应新的工作方式和作业内容，扩宽业务知识广度，真正以技立身、以技修身，真正实现作业效率和服务水平的提升，树立环卫工人职业认同感、增强职业自信。

三、环卫工人职业体系存在问题分析

（一）缺乏适应新工种、新需求的职业技能提升课程

随着“城市管家”市容环境综合运维服务模式的全面推广，服务内容从单纯的市政道路清扫保洁、垃圾清运、公厕运维、转运站管理，延伸至园林绿化、灯光照明、市容巡查等综合性服务，对复合型、管理型环卫工人的需求不断增加。同时，环卫作业机械化、智慧化发展也催生了很多新工种，如小型机械操作工、人机协同作业工等。然而，环卫服务企业对行业发展的宏观政策和发展趋势等方面把握不到位，现有职业技能培训多聚焦于企业自身业务范围，培训课程难以适应新出现的环卫作业工种，课程内容仍以传统人工作业内容为主，难以适应目前，深圳全力推进环卫作业现代化的趋势。此外，新兴工种和作业模式的不断涌现可能导致职业技能提升课程内容频繁更新，需要建立灵活的机制来保持内容时效性。

（二）缺乏与环卫现代化转型升级相适应的技能提升制度

长期以来，环卫行业从业人员职业技能提升由各环卫服务企业自行负责开展，方法上以自有标准化作业手册宣贯和“传帮带”为主。企业培训能力参差不齐，员工入职培训缺乏系统性、针对性，普遍存在边干边学的情况。不同岗位技能提升的目标、周期、模式、要求、流程、考核办法、评价与奖励机制等制度不尽完善，且缺乏明确指引，阻碍了环卫行业从业人员特别是环卫新工种职业技能的长效提升。

（三）一线环卫工人培训难度较大

一线环卫工人作为环卫行业从业人员中的主要构成人员和中坚力量，由于普遍年龄较大、文化水平偏低，难以通过教材自学。传统面对面授课方式不够新颖，教学时间、空间、单次受训人数存在限制。车辆设备实操上手困难，师资良莠不齐，导致培训难度较大、培训效果不佳。同时，除政府和社会资本合作（Public-Private-Partnership，PPP）项目外，环卫服务项目周期一般为1~3年，环卫工人大多为外来务工人员，流动性较强，一名环卫工人平均在岗时间约3年，一旦离职便会导致培训成本倍增。

（四）职业技能资格认证目前处于空白阶段

社会上普遍认为环卫工人不属于技术密集型岗位，开展职业技能培训需求性不强。大部分环卫企业简单地以工人学历、证书、工作经验等进行职业技能认定效益评估，面对层出不

穷的环卫新设备、新技术、新工种，未建立统一、规范、行业互认的职业技能资格认证体系，环卫工人难以根据不同工作属性，通过申报、考核等程序获得环卫职业技能等级评定，这阻碍了环卫行业人才培养及就业公平。

（五）缺乏环卫工人职业晋升和激励机制

环卫工人的工作量、对城市的贡献程度与其收入待遇严重不匹配，直接削弱了其工作的积极性、稳定度及职业认同感。当前“城市管家”综合运维服务模式仍处于探索阶段，虽衍生出一大批新兴的技术岗和管理岗，但与之配套的职业发展路径、晋升通道和薪酬体系仍不健全。亟须构建科学合理、系统、完善的职业晋升和激励机制，让环卫工作者的辛勤付出与收获成正比，打破环卫工人群体工资收入低、准入门槛低、社会地位不高的刻板印象，提高环卫工人的职业荣誉感和幸福感。

四、环卫工人职业类别的思考

（一）环卫工人工种的岗位和技能要求

通过对国家与地方最新的环卫工作规范与标准解读、企业标准化手册分析、重点环卫标段等进行调研与分析，将环卫职业类别划分出10个工作环节的16个环卫作业岗位，梳理出各环卫工人工种的工作环节、岗位名称、使用车（机）具、技能需求，避免环卫工人职业体系交叉重复，便于不同工种环卫工人全面、综合、高效地掌握所需知识技能。依此分析整理出不同的环卫工作模块，确定不同工种应掌握的工作技巧，开发不同岗位和级别环卫职业技能资格证书考核内容（表4）。

表4 环卫作业工种及岗位技能需求表

工作环节	岗位名称	车、机具	技能需求
清扫保洁	清扫车司机（驾驶员、设备操作员）	大型扫路车（干式和湿式，以湿式为主）	大型扫路车操作
		小型扫路车（不同型号）	小型扫路车操作
		道路污染清除车	道路污染清除车操作
	人工清扫保洁员	扫把、风筒、（高温蒸汽）除污机、手推式清扫设备、手持式打磨工具、工具包等手持设备	手持设备操作
		电动四轮保洁车（带吸带吹）	电动四轮保洁车操作
人工智能设备操作	人工智能设备操作员	人工智能清扫机	人工智能设备操作
冲洗	冲洗车司机（设备操作员、驾驶员）	大型冲洗车（高、低压）	大型冲洗车操作
		小型冲洗车	小型冲洗车操作
		护栏清洗车	护栏清洗车操作
	人工冲洗员	人工冲洗	人工冲洗操作
公厕管养	公厕保洁员	人工保洁	人工保洁操作
生活垃圾清运	生活垃圾收运工(设备操作员、驾驶员）	自装卸式垃圾车	自装卸式垃圾车操作
		桶装垃圾运输车	桶装垃圾运输车操作
	生活垃圾转运工(设备操作员、驾驶员）	压缩式对接垃圾车	压缩式对接垃圾车操作
		车厢可卸式垃圾车	车厢可卸式垃圾车操作

续表

工作环节	岗位名称	车、机具	技能需求
厨余垃圾清运	厨余垃圾清运工	餐厨垃圾车	餐厨垃圾车操作
转运站运维	转运站操作工	垃圾转运站运维	垃圾接收操作
		日常设备运维	设备运维
生活垃圾处理	生活垃圾焚烧工	垃圾焚烧设备	垃圾焚烧操作
	生活垃圾填埋工	垃圾填埋设备	垃圾填埋操作
厨余垃圾处理	厨余垃圾处理工	厨余垃圾处理设备	厨余垃圾处理操作
特殊作业	防撞车驾驶员	防撞车	防撞车操作
	墙面清洗车驾驶员	墙面冲洗车	墙面冲洗操作
	抑尘车驾驶员	抑尘车	抑尘车操作

（二）设计与工种技能要求相匹配的培训课程

结合新作业模式、新兴工种的需求、环卫工作实际的难点痛点，明确环卫工人的专业知识和操作技能要求，制作教材讲义、配套题库、教学视频及教学动画等，包含环卫管理类（环卫行业法律法规、政策制度等）、作业规范类（环卫作业操作要求、环卫清扫保洁标准、生活垃圾收运处理标准等）、安全生产类（各层级安全生产法律法规、环卫安全操作规程等）和权益保障类（劳动保障相关法律法规）四大类内容。明确环卫管理人员和一线环卫工人的专业知识和操作技能要求，侧重于小型机械操作工、人机协同作业工等岗位的实操类教学，培养"城市美容师""城市管家"等一专多能的环卫技能岗位人员。

（三）聚焦环卫行业基础岗位技能特征

目前，深圳有超过八成环卫工人从事着清扫保洁员、冲洗员等基础工作岗位，作业方式以人工清扫保洁和人工道路冲洗为主，随着深圳环卫行业不断加大小型环卫机械设备、人工智能环卫设备等先进设备的投入，基础工作岗位也正逐步从劳动密集型向技术密集型转型，能熟练使用小型机械设备、人工智能环卫设备，根据不同场景开展全域机械化作业、人机协同作业、无人智能清扫作业等高效作业模式将会是今后环卫工作的主流方向。因此，需有针对性地结合目前环卫行业基础岗位升级转型所面临的迫切需求与难点痛点，重点制定基础工作岗位更高标准、更专业、更优质的技能提升培训课程，使环卫工人能较快适应环卫行业转型升级发展的各项技能需求（表5）。

表5 清扫保洁员和冲洗员专项技能培训表

模块	培训内容
环卫机械设备操作	①常用小型清扫保洁、清洗机动车和机械设备操作（应具备相应机动车驾驶员资质与技能） ②人工智能设备操作（应具备熟练操作和维护智能设备技能）
清扫保洁作业	①操作小型清扫车进行路面清扫 ②操作小型清洗车进行路面冲洗 ③小型清扫、清洗机械设备的应急路面污染清理作业，填写应急作业记录 ④编制保洁作业方案，合理进行人、机作业组合 ⑤根据应急预案，协调班组人、机进行应急处理 ⑥根据现场状况，合理调整清扫垃圾和果皮箱垃圾收集时间与频次，填写作业调整记录单
作业质量检查	①对作业过程检查和协调，完成检查记录 ②对班组作业质量检查、评价和分析总结

续表

模块	培训内容
工具使用	专用维修工具和仪表的使用
机具设备维护	①小型清扫、清洗、保洁车和机械设备保养维护和使用 ②常用小型环卫作业机械较复杂故障判断，填报维修申请单，报告故障排查情况提出维修建议

（四）开展分层次分类别岗位技能培训

鉴于环卫作业实操性较强，课程内容应着重于实操内容，采用多元化的教学方法，结合深圳环卫行业现状与现代化转型的发展新趋势，制作教材讲义、配套题库、教学视频及教学动画，内容以理论学习、案例分析和实际操作相结合，教学方式以现场演示为主。培训工作将按岗位划分为不同层次和分类别，更加精准地培养从业人员在各工种的核心技能和专业素养，以职业技能升级来协调推动变革。通过从环卫企业遴选出优秀员工（班组长），应用所构建的课程体系进行系统化培训，使其成为环卫培训师并到企业进行员工内部培训。根据工作开展情况、汇总学员反馈意见，进一步对培训目标、周期、模式、要求、流程、考核办法、评价与奖励机制进行修改完善，优化提升培训效果。对参与培训且表现出色的学员给予表彰，以激励环卫工人自我提升，为环卫行业现代化转型升级做好人才储备。

（五）建立环卫职业技能资格证书体系

编制职业技能提升指引、职业技能提升培训细则和职业技能提升考核办法等，为开展职业技能提升工作提供宏观政策指导。建立全市范围内的环卫行业从业人员职业技能证书考核、鉴定和应用体系，探索环卫职业技能水平与岗位、薪酬、待遇挂钩的激励机制，考虑到目前环卫工人从业人员年龄、文化程度水平，在职业技能培训方面应简明易懂，注重实践操作，方便环卫工人掌握和应用。证书考核方面应灵活多样，可通过常规理论考试，也应允许通过实际操作考试评估工人是否掌握相关技能。注重保障体力劳动工种和技术工种同工同酬，不应以学历区分工人工资待遇，保障环卫行业和谐稳定发展。实现为环卫企业筛选和输送具备专业技能的从业人员，建立良好的行业职业技能标杆，提高环卫工作的吸引力，吸引更多有意愿和潜力的年轻人才加入环卫行业中，增加环卫从业人员的工作积极性。

五、环卫工人职业技能提升和资格认定的建议

（一）制作环卫工人职业技能提升全体系课程

课程的学习目标应与环卫工人的实际工作任务和行业需求紧密对接，确保课程内容具有实际应用性。应基于国家标准与规范、环卫龙头企业的标准化作业手册及调研反馈等内容，编写小型环卫清扫车辆实操、大型环卫清扫车辆实操等课程内容。在制定课程形式时，应特别关注实践操作，全面涵盖环卫作业领域。在教学过程中，应从基础知识到高级技能分阶段进行，以帮助环卫工人逐步提升能力。基础课程可以包括清扫保洁、垃圾收运作业等内容，而高级课程可以涉及“城市管家”综合运维、人机协同作业、人工智能设备操作等更专业的技能。同时，课程还应注重培养环卫工人的职业素养，如个人形象、沟通技巧和职业道德等方面的提升。

（二）建立科学合理的职业技能提升培训制度

组织不少于500人次的职业技能提升试点，

检验、完善技能提升体系，并依托环卫全周期运管服信息化平台，创设线上学习通道。培训可采用多样化的教学方法，如面对面授课、实际操作训练、在线学习等，以满足不同学员的学习需求。其中，实际操作培训可以更好地帮助环卫工人掌握技能，将其应用于实际工作中。课程可以包括模拟设备操作等环节，以提高环卫工人的实操能力。同时，应定期评估环卫工人的学习成果，收集培训制度的反馈意见，邀请行业专家和技术人员提供技能培训和指导，以便不断优化课程内容和教学方法，确保培训制度始终保持前沿性和实用性。

（三）建立分层次分类别的职业资格认证制度

以环卫作业现代化催生的新模式和新工种为导向，建立全市范围内的环卫行业从业人员职业技能提升鉴定体系。为更好地适应不同环卫工人的职业需求和技能水平，为环卫行业从业人员提供灵活的认证途径，根据工作特点和技能要求，将环卫行业分为劳动密集型和技术密集型两个层次的岗位。劳动密集型岗位的资格认证应注重基本工作技能的掌握，在满足工作基础需求的前提下，可以简化认证程序，以便更多的环卫工人能够获得资格认证。通过考核，合格者可以获得相应的劳动密集型环卫工人职业资格证书。而技术密集型岗位，资格认证应侧重专业技能的要求。这类岗位可能涉及高级清洁技术、设备操作、设备维护等方面的专业知识和操作技能。环卫工人需要参加更为深入的培训，并在严格的考核中展示其在专业技能方面的能力。认证标准可以根据具体技能要求进行制定，确保持证工人拥有高水平的技术能力。此外，无论是劳动密集型还是技术密集型的环卫工人，在获得资格认证后，都应参与定期的培训和学习活动，以适应不断变化的环卫行业需求，保持和提升其职业技能。

（四）建立合理的薪酬激励机制

首先，探索职业技能水平与岗位、薪酬待遇挂钩的激励机制。参考工作年限与贡献程度，建立逐年递增的工龄薪资调整机制，鼓励环卫工人不断提升工作技能和经验，增强岗位人员稳定性。其次，环卫工作涵盖了多种不同的工种，其技能要求和工作强度各有不同，应根据工种的难度和重要性，设定不同的薪资水平。此外，薪酬激励机制应该与绩效考核相结合，通过建立明确的绩效指标和考核体系，根据工人的工作表现和贡献，给予相应的薪资奖励。同时，环卫工人通常需要在高温、污染性等特殊环境条件下开展工作，可以考虑设立额外的津贴或奖励作为薪酬激励。

（五）推广行业职业竞赛促进职业技能提升

依托深圳市环卫行业协会、工会等组织开展行业职业竞赛活动，设计多种不同类型的竞赛项目，包括技能操作、知识问答、案例分析等，以全面评估环卫工人的综合能力。竞赛项目应紧密联系环卫工作的实际需求，涵盖从清扫、清运到垃圾处理等各个方面的技能要求。此外，还可以考虑将新兴工种和机械设备操作纳入竞赛范围，以推动环卫工人适应行业发展的新趋势。在竞赛过程中可邀请行业专家和技术人员提供技能培训和指导，强化专业性指导，并为竞赛增加权威性。同时，可设置丰富的奖励体系，包括奖金、荣誉称号、技能证书等，以鼓励更多的环卫工人参与竞赛。最后，建立持续的竞赛机制和评估体系。定期举办竞赛活动，并根据每次竞赛的表现进行评估，以便不断优化竞赛项目和标准，确保竞赛活动始终紧密符合行业的发展需求。

参考文献

[1] 2022年城乡建设统计年鉴[EB/OL]. https://www.mohurd.gov.cn/gongkai/fdzdgknr/sjfb/tjxx/jstjnj/index.html.
[2] 邹斌. 如何做好环卫工人的入职培训[J]. 人力资源, 2021(12): 54-55.
[3] 李淑磊. 深圳: 智慧环卫新模式[J]. 中国测绘, 2020(7): 66-68.
[4] 刘琼玲. 环卫工人道路清扫技能培训[J]. 中外企业家, 2016(5Z): 128.
[5] 段妍婷, 胡斌, 余良, 等. 物联网环境下环卫组织变革研究——以深圳智慧环卫建设为例[J]. 管理世界, 2021, 37(8): 207-225.
[6] 许会来. 环卫工人职业化可行性研究[J]. 民营科技, 2014(8): 117.
[7] 刘汉迪, 董文, 等. 环卫工人职业化可行性研究——以浑南和沈北为例[J]价值工程, 2013, 32(34): 193-195.
[8] 张立静. 完善行业培训体系促进环卫可持续发展[J]. 环境卫生工程, 2010, 18(2): 41-44.
[9] 沙吾列西. 浅谈如何做好环卫工作[J]. 石河子科技, 2010(2): 61-62.

浅析数字孪生技术在厨余垃圾处理项目全生命周期建设中的应用

赖宇翔[1]，陈吉艺[2]，赖裕轩[2]，彭天驰[3]，翟晓卉[3]
［1.深圳市环境卫生管理处；2.深圳光明深高速环境科技有限公司；3.上海市政工程设计研究总院（集团）有限公司］

摘要：本文围绕厨余垃圾处理项目特点，借助数字孪生、建筑信息模型（BIM）、人工智能（AI）、物联网、云计算、大数据等技术，研究数字孪生技术在厨余垃圾处理项目全生命周期中的应用。本文依托深圳市光明环境园厨余垃圾处理项目，通过数字孪生底座的构建与应用、数字化平台的建设与数据采集、大数据集成分析以及人工智能工艺优化，建立映射现实世界的数字孪生园区。通过对数据采集、清洗、集成、治理、分析的全流程处理与应用，实现对厨余垃圾处理项目全过程的"可知、可测、可控、可服务"。本研究是深圳市垃圾分类与资源化利用领域数字化应用的重要实践，旨在建立科技创新示范，打造环境板块新时代智慧厂站示范工程。

关键词：数字孪生；BIM；厨余垃圾；数字化；AI

Analysis on the Application of Digital Twin Technology in the Whole Life Cycle Construction of Kitchen Waste Disposal Project

Lai Yuxiang[1], Chen Jiyi [2], Lai Yuxuan[2], Peng Tianchi[3], Zhai Xiaohui[3]
[1. Shenzhen Environmental Sanitation Management Division; 2. Shenzhen Guangming Shenzhen Expressway Environmental Technology CO.,LTD.; 3. Shanghai Municipal Engineering Design Institute (Group) Co., LTD.]

Abstract: This paper focuses on the characteristics of kitchen waste disposal projects, and studies the application of digital twins in the whole life cycle of kitchen waste disposal projects with the help of digital twins, BIM, artificial intelligence (AI), Internet of Things, cloud computing, big data and other technologies. Based on the kitchen waste disposal project of Shenzhen Guangming Environment Park, this paper establishes a digital twin park that maps the real world through the construction and application of digital twin base, the construction and data collection of digital platform, big data analysis and process optimization by AI technology. Through the whole process processing and application of data collection, cleaning, integration, management and analysis, the whole process of kitchen waste disposal project can be "knowable, measurable, controllable and serviceable". The research of this paper is an important practice of digital application in the field of garbage classification and resource utilization in Shenzhen, aiming to establish a demonstration of scientific and technological innovation and build a demonstration project of smart plant station in the new era of environmental sector.

Keywords: Digital twins; Building information modeling(BIM); Kitchen waste; Digitization; Artificial intelligence (AI)

引言

“十四五”经济社会发展主要目标中指出，要加快环境行业数字化发展，加快生态文明体制改革、推进绿色发展、建设美丽中国的战略部署。《国务院办公厅转发国家发展改革委等部门关于加快推进城镇环境基础设施建设指导意见的通知》强调，以数字化助推运营和监管模式创新，将污水、垃圾、固体废物、危险废物、医疗废物处理处置纳入统一监管，逐步建立完善环境基础设施智能管理体系。

深圳作为全国首批“无废城市”建设试点城市，顺利完成既定建设任务，全面提升固体废物利用处置能力，生活垃圾回收利用率、工业固体废物产生强度等指标和固体废物安全处置体系领先国内城市，初步达到国际先进水平。为了继续深化“无废城市”建设，深圳提出到2025年，生活垃圾产生强度“趋零增长”，减污降碳协同增效作用充分发挥，“无废城市”建设主要指标达到国际先进水平，初步建成超大城市“无废城市”典范。

在这样的大背景下，光明环境园厨余垃圾处理项目（以下简称“光明环境园项目”）以打造“四位一体”（垃圾处理、科普教育、休闲娱乐、工业旅游）全市垃圾分类示范基地为目标，建设国际一流、国内领先的深圳市最大餐厨（厨余）垃圾处理厂，并响应国家数字化助推运营模式创新，积极探索数字孪生技术在厨余垃圾处理项目全生命周期中的应用。

数字孪生[1]以数字化方式创建映射物理实体的虚拟模型，通过虚实交互反馈、数据融合分析、决策迭代优化等手段，实现对物理实体的赋能。数字孪生包含五维概念模型，分别是物理实体、虚拟模型、服务系统、孪生数据和连接。针对五维概念模型应用的成熟度，可将数字孪生分为6个阶段[2]。

（1）零级（L0）。以虚仿实，数字孪生模型从几何、物理、行为和规则某个或多个维度对物理实体单方面或多方面的属性和特征进行描述。

（2）一级（L1）。以虚映实，数字孪生模型由真实实时的数据驱动运行，呈现与物理实体相同的运行状态和过程。

（3）二级（L2）。以虚控实，数字孪生模型具有相对完整的运动和控制逻辑，能够接受输入指令在信息空间中实现较为复杂的运行过程。

（4）三级（L3）。以虚预实，数字孪生模型可实现对物理实体未来运行过程的在线预言和对运行结果的推测。

（5）四级（L4）。以虚优实，数字孪生模型可利用策略、算法和前期积累，实现具有时效性的智能决策和优化。

（6）五级（L5）。虚实共生，数字孪生模型和物理实体能够基于双向交互实时感知和认知对方的更新内容，并基于两者间的差异自主动态重构。

本文以光明环境园项目为项目基础，研究该项目的数字孪生底座构建与应用、数字化平台建设与数据采集、数字孪生大屏建设与大数据集成分析应用、工艺调优人工智能应用场景探索。本文对上述研究的应用深度进行分析，最终指出该项目应用数字孪生技术的成熟度。

一、数字孪生技术底座构建与应用

厨余垃圾处理项目作为城市环境卫生基础设施建设的重要组成部分，建设定位、设计要求与项目创新性要求日益提高。工程涉及有机废弃物预处理系统、厌氧消化系统、污水处理系统及资源化产物处理系统等多个专业及工艺设计领域，存在工艺设计复杂、工作界面繁多、多方协同效率低、设计表达难度大等工程难点。利用建筑信息模型（building information modeling,

BIM）技术可视化、参数化、集成化的优势[3]，一方面为项目建立三维可视化表达，发挥基于BIM模型的应用价值，提高设计质量；另一方面建立映射物理世界的虚拟实体，连接数据与模型，为数字孪生技术应用提供底座支撑。

（一）模型创建

厨余垃圾处理项目的数字孪生底座的构建与表达是在厂站建设各阶段通过建立对应标准的BIM模型，按照对应阶段应用要求和统一标准进行模型信息和分类编码的完善，辅助解决各阶段重难点问题。厨余垃圾处理项目通常涉及多个工艺系统的复杂管道和设备，整厂布局集约化要求高，各工艺系统的设备与土建紧密衔接，跨系统和跨专业的BIM协同必不可少。为使土建与设备在统一建模框架、统一数据格式下开展BIM模型创建工作，在土建模型基础上，利用标准设备BIM族库资源，以Autodesk Revit系列软件为基本平台，开展厨余垃圾处理项目BIM工作，或成为目前较优技术路线。

以光明环境园项目为例，该项目基于Autodesk Revit系列软件创建并整合包括预处理系统、除臭系统、沼液处理系统、沼气净化系统、沼气发电系统等多个工艺段的设备及管道，以及结构专业、建筑专业、暖通专业、给排水专业、电气专业等多专业BIM模型，同时集成涂装设计方案，形成光明园综合BIM模型。各专业工艺系统设备及管线BIM模型如图1所示，基于BIM的全专业模型整合如图2所示。

1. 设计阶段

设计阶段BIM 模型的创建、命名和编码

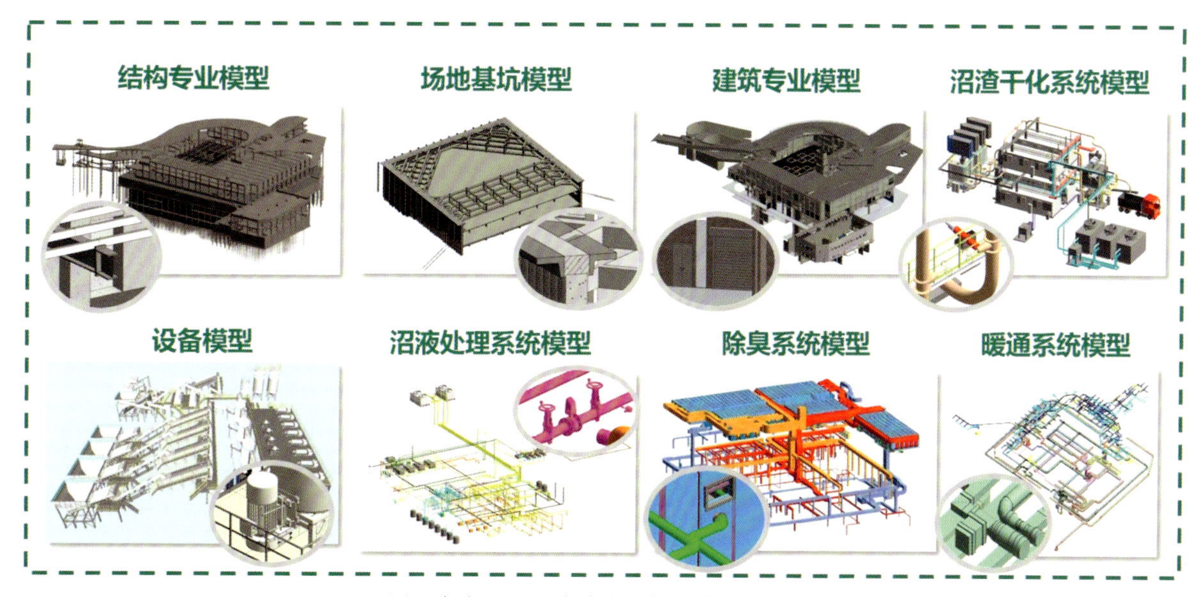

图1 各专业及工艺系统设备及管线BIM模型

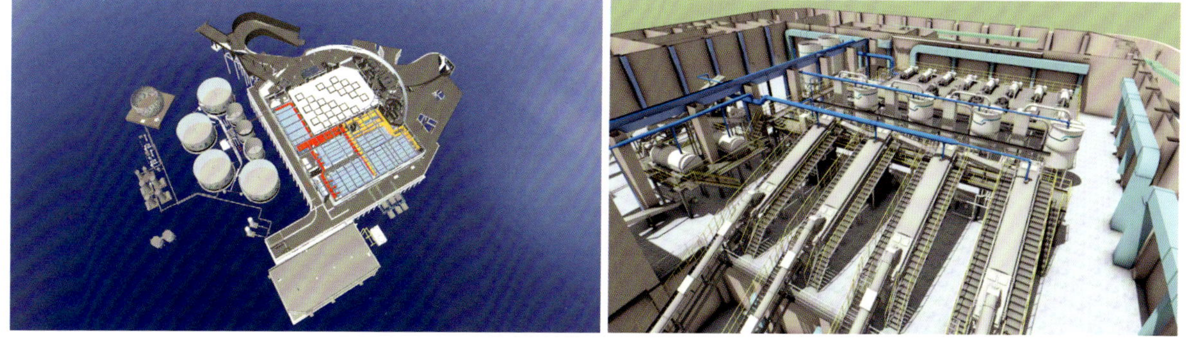

图2 基于BIM的全专业模型整合及轻量化

应符合国家、省市及行业BIM相关标准规范对BIM模型规定，随设计阶段的逐步深入，BIM模型所包含的最小模型单元应从功能级逐步深化至构件级。设计阶段BIM模型的创建划分为方案设计阶段、初步设计阶段和施工图设计阶段，阶段通常更关注BIM几何信息表达，即几何尺寸、位置关系、空间关系等，因此在设计BIM模型中应相应地进行重点表达[4]（表1）。

厨余垃圾处理项目中通常涉及多条工艺流线，各个工艺系统内的设备及管线布置、系统间的管段衔接与是重点关注内容。在厨余垃圾处理工程设计阶段，设备模型通常只要求达到构件级精度，即设施设备、管段、阀门阀件等外形尺寸与接口位置准确。各个系统及专业子模型通过链接的方式进行整合与协同，将土建与工艺管线及设备融合于统一建模体系，提高多专业BIM协同设计效率。

表1 设计阶段模型细度等级划分

名称	等级代号	形成阶段
方案设计模型	LOD100	方案设计阶段
初步设计模型	LOD200	初步设计阶段
施工图设计模型	LOD300	施工图设计阶段

2. 施工阶段

施工阶段BIM模型的创建、命名和编码除满足设计阶段相关标准规范以外，还应符合施工的质量分部、分项划分相关规范，保证模型满足施工阶段深化应用要求。随着施工阶段的不断推进，BIM模型根据项目分部分项工程及施工组织设计对施工图设计模型进行施工深化，在工程竣工时进行建立竣工BIM模型，保证实模一致性。

施工阶段BIM模型的创建划分为深化设计阶段、施工过程阶段和竣工验收阶段，该阶段通常会重点关注各个构件的分部分项拆分[5]，确保BIM模型的划分深度符合施工的计量要求、质量评定要求、资料验收要求，为施工BIM的精细化管理（表2）奠定基础。例如，对于土建模型，通常会结合二次开发的插件工具，根据检验批或施工工序将设计BIM模型深化拆分；对于设备模型，通过会结合安装工序需要，同时考虑运维阶段设备管理颗粒度，将挤压脱水机、破碎制浆一体机、螺旋输送机、风机、泵等设备进行深化，表达内部结构及配套检修梯、钢平台、安装支架等附属设备设施，为运维阶段中设备的维修保养、资产管理、运行状态监控等功能奠定基础。

表2 施工阶段模型细度等级划分

名称	等级代号	形成阶段
深化设计模型	LOD350	深化设计阶段
施工过程模型	LOD400	施工过程阶段
竣工验收模型	LOD500	竣工验收阶段

3. 运维阶段

厨余垃圾处理厂运维阶段BIM模型的创建、命名满足设计阶段相关标准规范，编码参照《GBT 50549—2020电厂标识系统编码标准》和公司固定资产相关规定。厨余垃圾处理厂运维阶段BIM模型需要满足厂站数字孪生运维平台应用的要求，工艺专业的设备BIM模型需细化到零件级，各工艺系统模型交接界面需二次复核，并根据现场实际情况进行复核，工艺设备、阀门、仪表需添加位号信息，用于设备管理模块，管道模型需统一按照系统命名规范进行管道编号信息添加，资产基本信息包括设备型号、设备参数、供应商信息等通过位号与模型进行关联，用于运维阶段进行设备管理，维护计划指定和故障处理。

运维阶段BIM模型的创建划分为竣工验收阶段、运营维护阶段，为满足数字孪生数字底座的搭建与应用需要，模型细度宜符合《广东省建筑信息模型应用统一标准》，各工艺系统模型细度应达到LOD600等级，土建与机电等专业模型应达到竣工模型细度等级，即LOD500（表3）。

表3 模型细度等级划分

名称	等级代号	形成阶段
竣工验收模型	LOD500	竣工验收阶段
运营维护模型	LOD600	运营维护阶段

厨余垃圾处理厂运维阶段BIM模型是数字孪生场景搭建的基础，是运维平台的核心之一，需满足实模一致性。根据厂站运维阶段管理需求。根据设备涂装方案，进行贴图制作，根据建筑景观设计，进行土建模型材质修改，厂站外的景观小品创建，达到厨余垃圾处理厂运维BIM模型的实模一致性要求。通过运维模型的创建，与数字孪生底座的搭建，最终在孪生场景中，实现运维阶段的设备巡检、设备总览，楼层导览等功能。

（二）模型应用

1. 设计阶段

基于设计BIM模型基础上，该项目在设计阶段充分发挥BIM+协同设计优势，为集约化园区提供了精细化设计手段[6]，主要开展以下设计BIM应用。

（1）设计方案比选。光明环境园建筑采用去工业化设计，建筑造型复杂。在方案设计阶段，开展基于BIM的方案设计比选。如图3所示，相比传统二维效果图，基于BIM的可视化表达能更生动展示“凤凰翎羽”设计理念，结合BIM虚拟漫游，直观表达建筑功能空间布局、园林景观设计、设备设施体量空间关系，提升群众接受度和满意度。发挥BIM三维可视优势，直观表达设计理念，辅助多方案比选优化。

（2）复杂节点优化。光明环境园项目坚持使用BIM正向设计，将设计视角从二维升级到三维，实现设计直观表达，多方高效协同。如图4所示，针对多系统交界复杂节点，从专业碰撞、空间布局、管线综合、视觉美化等方面，通过会前模型复核、会中碰撞展示、会后纪要落实，解决了设备和管道的干涉问题，同时提高了设备布置的实用性和工整度，提升项目设计质量。

（3）空间集约设计。光明园项目利用BIM技术实现三维空间表达，在山地不规则用地约束，项目占地面积仅有逾4万m^2的现状条件下，直观展示主生产区、厌氧罐区、沼气净化区、

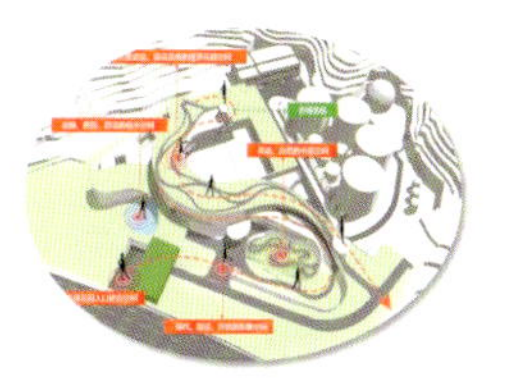

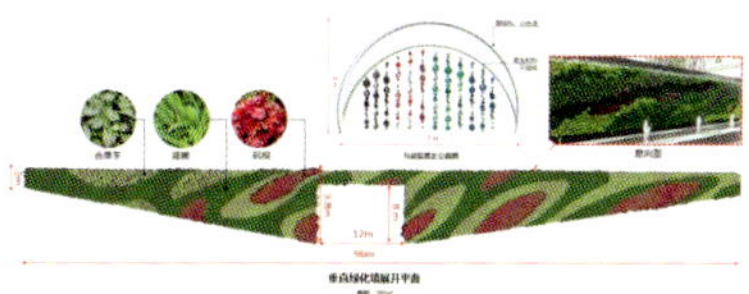

图3 基于BIM的建筑方案设计比选

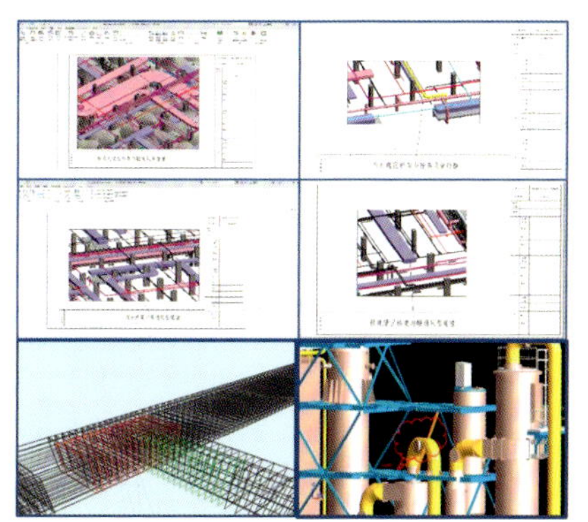

图4 基于BIM的多专业协同设计优化

垃圾处理车间以及管理区五大功能区的规划布局，解决有限空间的科学规划和集约设计难题，实现有限空间的最大化利用。基于BIM的集约化设计表达如图5所示。

（4）设计模拟仿真。如图6所示，光明园项目基于BIM模型完成结构受力分析、流线方案比选、臭气流速仿真等性能分析。以更直观、更清晰、更高效的BIM三维空间表达，增加技术交底的信息量，保障后续园区生产运行。

2. 施工阶段

针对光明环境园政府与社会资本合作（Public-Private Partnership, PPP）项目参建单位多，建设管理难度大；施工现场复杂，管理数据不直观；工程规模大，过程作业面复杂三大工程难点，主要开展以下施工BIM应用。

（1）施工深化。根据施工管理需求提高BIM模型精细度，深化混凝土支撑梁及其内部钢筋等表达深度，深化构件层级。通过施工深化插件，根据施工组织计划和分部分项对设计模型进行施工深化，形成施工BIM模型，为施工BIM应用奠定基础。钢筋模型及构件层级树如图7所示。

（2）场地布置分析。基于无人机航+规划数据+BIM的场地布置设计。通过在建设过程中创建场地布置模型，对围挡、施工区域、办公区域、生活区域、材料堆场、临时道路等进行场地布置优化（图8）。

（3）基于BIM的施工进度模拟。光明环境园项目车间最低位于地下26m，基坑深度大，涉及三道支撑施工，地下结构施工复杂，基于BIM直观地对施工工序及进度进行总体模拟（图

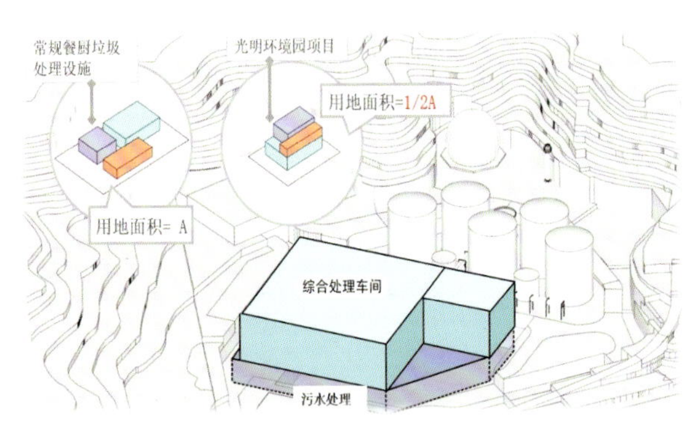

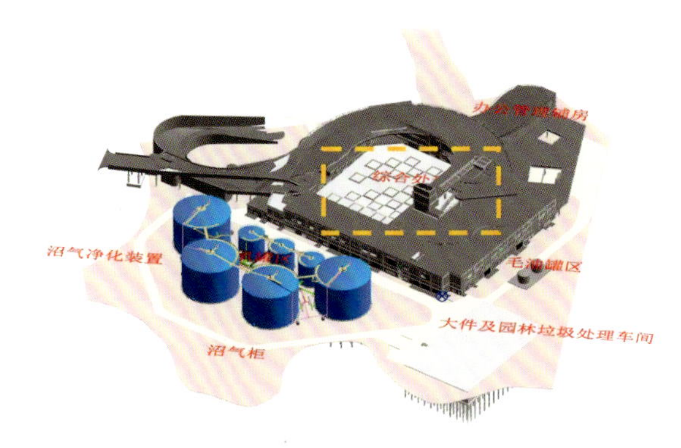

图5 基于BIM的空间集约化设计

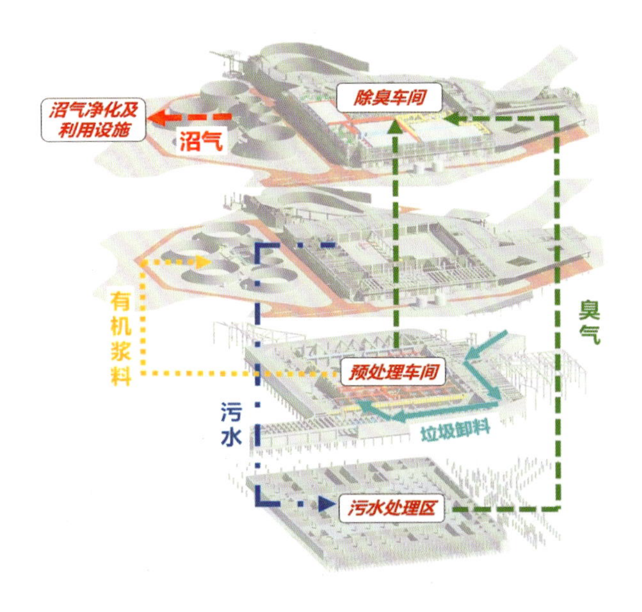

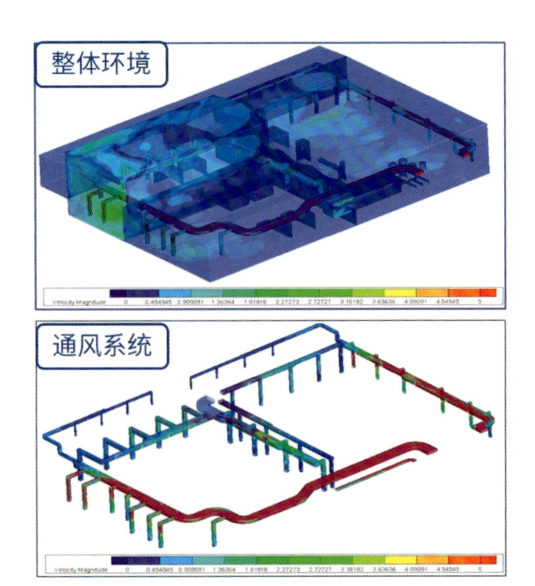

图6 基于BIM的深度应用（左侧：多系统物料流线设计；右侧：预处理车间空气流速仿真）

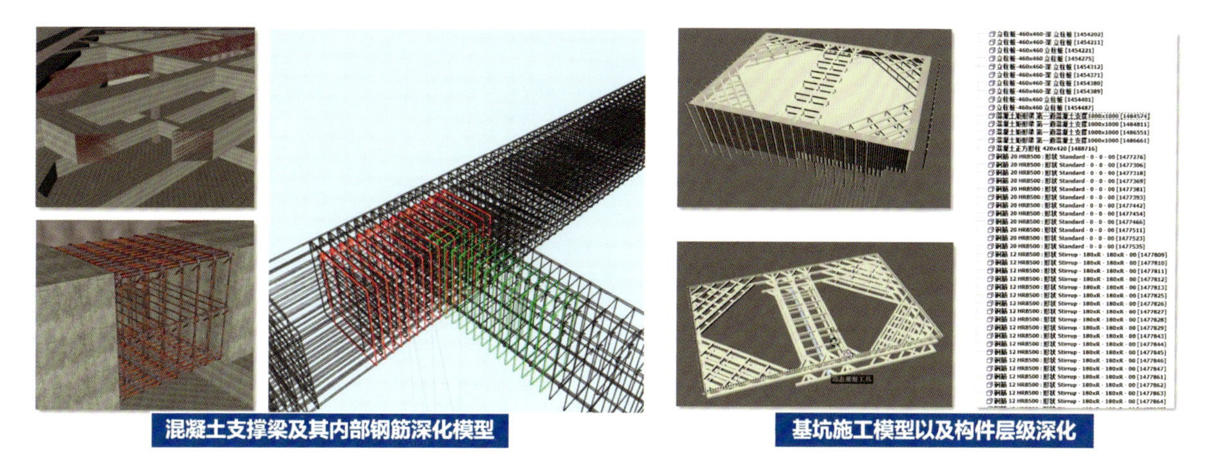

图7 BIM模型施工深化

图8 基于BIM的场地布置分析及优化

9），可更好地指导施工。

（4）基于BIM的工程量统计与复核。基于BIM图元属性信息、Revit明细表功能，辅以Excel数据整理统计功能，对主体结构、工艺系统构件等进行BIM算量（图10）。相比原有传统方式算量，BIM模型算量更为准确，可作为有效手段辅助现场工程量复核。

3. 运维阶段

运维阶段BIM模型以搭建数字孪生底座应用为目标，具备基础底座功能，如行人漫游、行车漫游、虚拟现实（virtual reality, VR）交互、模型快照、模型标签、模型测量、树木添加、光源管理等，为园区智慧运维管理提供功能支撑，主要开展以下运维BIM应用。

（1）行人漫游。基于运维阶段BIM模型（图11），支持用户在虚拟园区场景中进行行人或者车辆漫游，帮助用户在三维场景中模拟出人、车辆在真实环境中的情形，还原真实的场景。

（2）数字孪生底座构建。针对光明园全厂布局集约化、设备与土建紧密衔接、外观表达元素多以及工艺管线布置复杂的特点，在光明园环境园智慧运维项目中，通过自主研发引擎VDBIM进行多源模型数据的整合，按照工作流程完成数字孪生底座构建与表达。

VDBIM是一个基于Unity开发二次开发的交互式BIM展示系统[7]，包含以下关键技术：

①采用数模分离技术。通过建模软件完成的几何信息与通过信息管理系统完成的属性信息相互分离，支持同步进行场景漫游与模型详细信息的查看，支持多种信息数据来源与数据类型，能够满足运维系统设备管理、EHS（环境Environment、健康Health、安全Safety的缩写）管理等的需求。

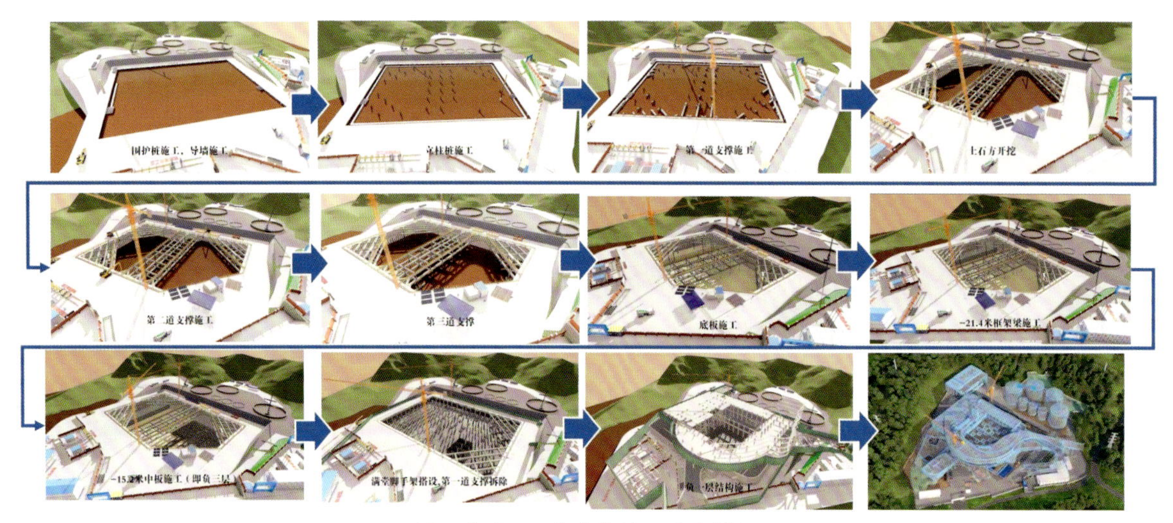

图9 基于BIM的基坑施工进度模拟

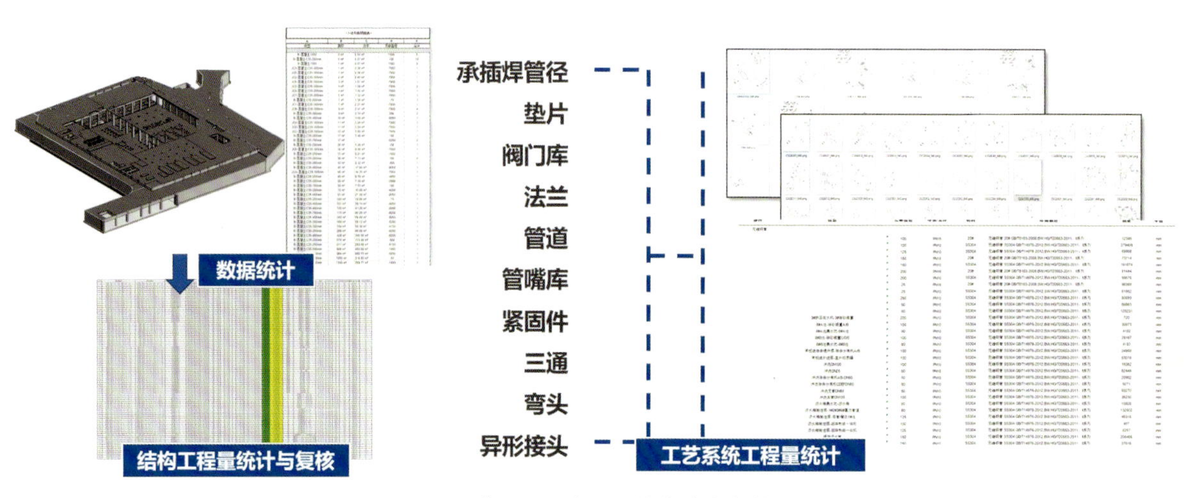

图10 基于BIM的工程量统计与复核

图11 基于BIM的行人漫游与行车漫游

②兼容多种主流BIM模型格式，包括有rvt、nwd、skp、3ds、fbx、stp等常见文件格式。光明环境园项目模型具有多源异构、精细度高、复杂、管线体量大的特点，VDBIM引擎强大的格式兼容能力能够将建设过程中的多源模型都充分运用，搭建内容完整、数据完善的数字孪生底座。

③浏览操作方式人性化。系统提供“游戏

式”操作，符合绝大多数人的操作习惯，支持自由模式、第一人称模式、第三人称模式进行浏览，同时支持车辆、行人等漫游方式，支持定点、剖面、沿线漫游方式。

④紧贴厨余垃圾处理工程项目特定需求。光明环境园项目布局集约化程度高，工艺处理系统多，设备布置复杂，传统的图形引擎较难支持，VDBIM引擎提供强大的二次开发接口，可以根据运维平台管理需求进行定制化开发。

（3）数字孪生底座应用。建立光明环境园数字孪生底座，按照建成后园区真实效果对BIM模型进行美化与渲染，实现与真实世界1∶1还原的数字孪生运维平台，通过可视化运维平台，能够实现厂站总览、工艺系统总览、各工艺系统设备情况迅速查看以及空间快速定位（图12至图15）。

图12 光明环境园数字孪生底座项目总览

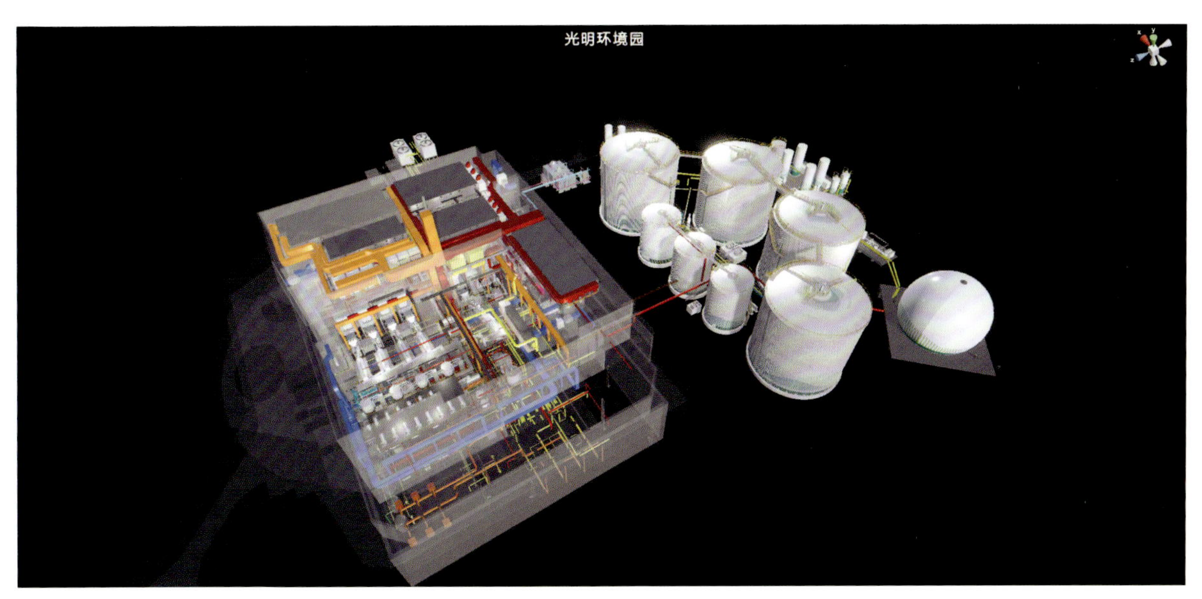

图13 光明环境园数字孪生底座设备总览

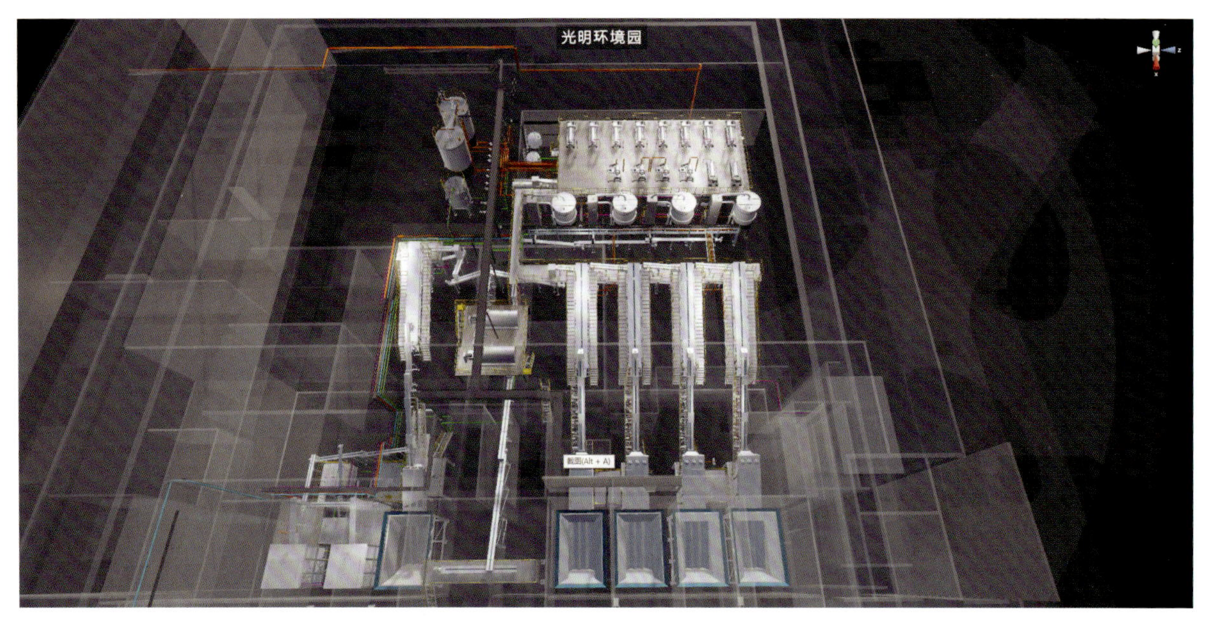

图14 光明环境园数字孪生底座预处理系统

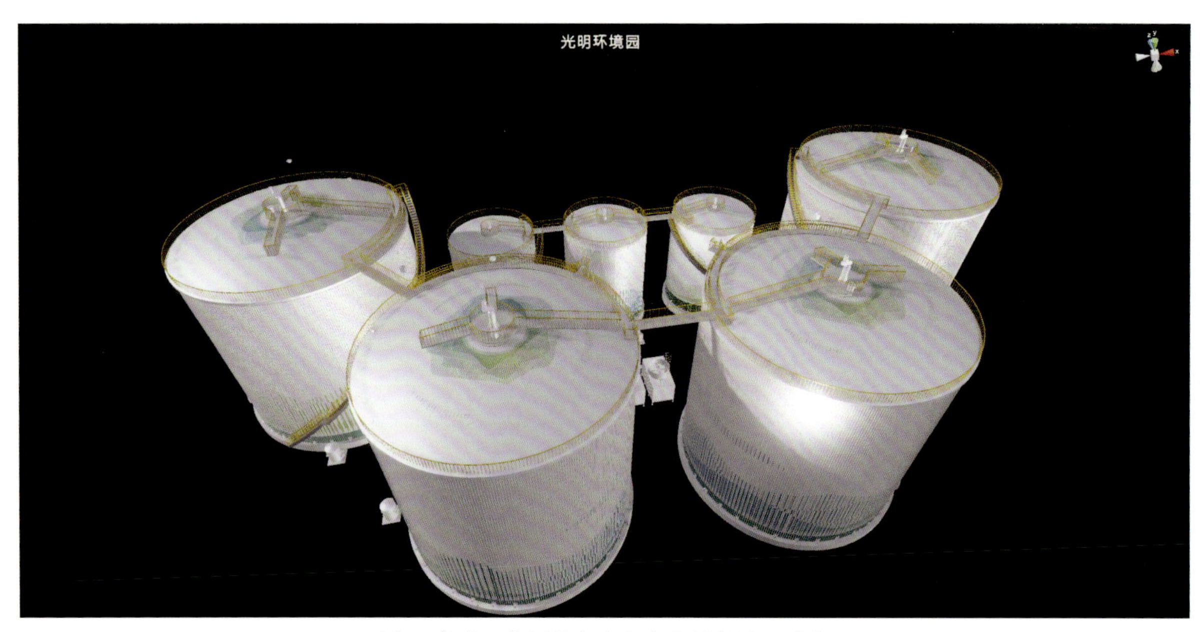

图15 光明环境园数字孪生底座厌氧处理系统

二、数字化平台建设与数据采集

作为信息交流的载体，BIM模型的深化应用，是发挥BIM技术价值的重要途径。BIM技术的价值，很大程度上是由BIM模型应用能解决的工程实际问题决定的[8]。厨余垃圾处理项目在设计、建造、竣工交付、运营的过程中，将产生海量的业务数据；同时通过传感器、物联网（Internet of things，IoT）设备在项目上的应用，将产生实时监测数据。对这些数据进行采集、集中管理，促进各阶段、各方信息的互联互通，实现数据共享、资源整合、效率提升；同时依托BIM三维数字化的技术优势，达到全面过程、全部信息的无缝集成，创新工程设计、施工、运维的可视化管理模式，需要充分发挥数字化平台的作用。

（一）建设期数字化平台建设与数据采集

1. 业务功能建设

建设期数字化管理平台应从“安全保障、投资节约、进度可控、质量可靠”等方面紧扣工程管理核心业务的动态管理，以信息数据驱动业务的发展，以业务逻辑串联工程管理信息，实现从数据生产、数据业务加载到数据消费的全过程联动，驱动工程建设管理的提质增效。

（1）安全保障。通过建设数字化管理平台，借助物联网设备、通信技术与各工区物联感知系统深度融合，对工程项目中的风险源实施动态、实时监控管理；对安全问题产生、整改、验收、复核的全过程跟踪管控，确保工程建设期间不发生较大及以上安全生产责任事故；整体上实现安全管理信息的动态获取、信息分析与过程管控，达到安全管理的动态把控目标。

（2）投资节约。对投资管理业务、合同管理业务进行分析与提炼，对工程建设中合同变更、结算支付等行为进行全过程管控，对投资计划、投资进度进行实时监控，基于三维BIM施工模型，展示投资管理数据的统计、对比和分析成果。最终实现“科学优化、投资节约”的投资管理的具体目标。

（3）进度可控。引入标准化进度管理与偏差管理手段，通过建设数字化管理平台，以工程分解结构（Engineering Breakdown Structure，EBS）项目进度计划为控制核心，达到计划层级的逐层分解及自下而上的进度范围，从而达到进度计划的精细化管理。主要包括进度计划管理、形象进度管理、进度偏差分析及预警等功能。

（4）质量可靠。通过建设数字化管理平台，在平台上设置项目质量管理标准化操作内容，实现质量验评规范有序、质量资料实时留存、质量问题闭环处理，从管理流程的规范化方面保障工程质量。同时接入检验检测、特种设备、生产管控等各环节的质量控制自动化采集数据，并根据实时动态数据掌握、分析工程质量问题，从管控手段的有效性方面保障施工质量。

2. 数据采集与智慧化管控

对于数据要素的采集，分为两种方式：一是根据业务需求，搭建符合业务目标和管控流程的功能模块，通过各参建方协同工作的模式，获取与时序关联性较小的结构化数据和非结构化数据；二是根据现场施工环境及时序采集要求，利用物联网物联设备，对施工人员自动化采集实名制考勤、关键人员定位等数据；对气象、有毒有害气体、水污染等施工环境采集在线监测数据；对高边坡、深基坑、危化品等施工作业采集安全监控数据；对机械设备操作、作业人员身份采集违规作业判断数据。通过两种方式结合的数据采集，围绕人、机、料、法、环、测六大关键要素，实现工程现场的远程监管[9]，提升施工现场精细化管理水平（图16）。

3. 基于BIM模型的数据集成

围绕光明环境园项目建设期数字孪生底座的构件编码体系，建立BIM模型与建设期数据要素的关联关系。通过构建工程数字孪生底座，将建设期数字化平台采集数据与BIM模型深度融合，以模型体现数据，以数据驱动模型，为各类业务提供数据支撑，实现虚拟化设计、可视化决策、协同化建造、透明化管理（图17）。

（二）运维期数字化平台建设与数据采集

1. 业务功能建设

通过建设一个一体化智慧运营平台，综合服务于餐厨厂运营全过程的标准化、智能化管理，实现厂区运营降本增效、提升质量、控制风险、保障安全。具体内容包括：

运用建筑信息模型、物联网、移动应用等技术，实现运营数据全面收集、实时感知、及时传递，达到基于物理实体与数字孪生体间的业务映射，保证园区运营状况的全面掌控、运营数据的真实实时记录、运营资产的全面积累；

搭建一体化业务管理系统，全面集成收运管

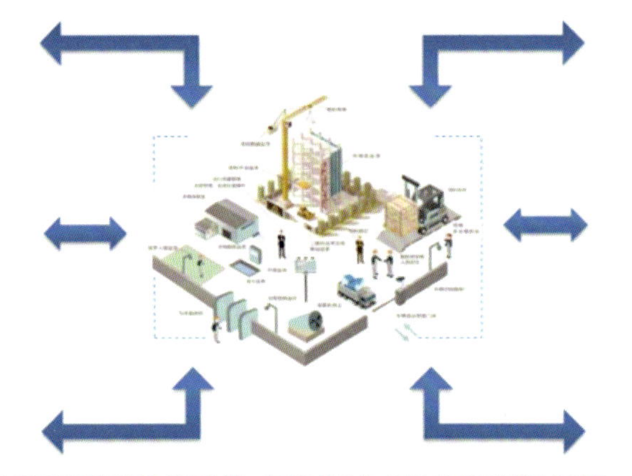

图16 施工现场智慧化监管

图17 基于BIM模型的建设期数据集成

理、设备管理、EHS管理、化验管理、生产管理等多种应用场景，覆盖园区各类管理要素，满足各个管理部门、各级工作人员的不同业务场景需求，实现运营流程标准化管理，提升管理效率。

（1）收运管理。提供数据接口与收运车辆车载智能终端对接，通过蜂窝网络/无线等方式实现数据通信，完成业务管理相关的数据采集和信息指令的发送。通过利用大数据、射频识别（Radio Frequency Identification, RFID）、地理信息系统（Geographic Information System, GIS）等先进技术，结合产废单位信息、收运车辆车载智能终端、垃圾桶等智能设备，对垃圾产生、收运过程实现全流程的“智能化、信息化、精细化”一体化管理。

（2）设备管理。通过建立统一的设备台账和设备信息编码，规范工厂的设备资产管理，记录设备各项参数和属性，记录附属设备、备品备件、保养维护记录、维修记录等信息，使设备资产达到账、物、卡相符。根据设备的各项参数指标，形成科学有效的运行状况评价机制，并生成统计报表，指导设备健康运行。

（3）EHS管理。利用信息化手段进行EHS教育培训，通过在线监测、隐患排查治理、车辆监控等方式，结合手机软件端应用对安全行为、职业健康、生产环境进行实时监管，减少了线下运维的工作量，提升EHS管理效率。通过增强管理加以过程控制，实现EHS管理的流程化、标准化、远程化，提升EHS管理效能，为企业安全生产提供保障。

（4）生产管理。对生产运营进行全过程管理，支持多级生产计划的编制，根据生产运行监测与实际报送数据对计划执行情况进行跟踪监控、调整更新。结合物联网技术，对各产线、设备的运行状态、能耗情况进行在线监测，实现人、机、料、法、环的统筹管理。多功能报表引擎，实现对生产数据的多维、立体化分析，达到生产数据透视，深入挖掘数据价值，赋能生产决策。

（5）化验管理。化验管理模块为各部门提供了一个具有流程监控、信息共享、协同作业等功能的安全高效的智慧管理平台，有助于实现化验工作的标准化精细化管控，提高产出，降低企业成本和风险。通过结合餐厨垃圾处理工艺和生产运营需求，完成包括预处理、厌氧消化、污水处理等工艺段的固相、液相（浆液、水等）、油相、气相相关的物质成分化验，建立标准化的化验工作流程，将传统的化验数据处理方式转换为自动化和数字化的处理方式，保证了化验结果的准确性和可靠性。化验作为各个工艺段工艺过程指标参数采集补充手段，确保各系统运行状态和效果有效监控。

2. 数据采集与数据融合

光明环境园项目数据采集系统为项目各工艺系统及设备提供各类监视及控制信息，以保证全厂安全、可靠和经济地运行。通过数据采集与监视控制系统（Supervisory Control and Data Acquisition, SCADA）系统及智能终端的仪表设备数据采集，实时记录设备运行状态、生产状态、质量监控、园区监测等数据，形成工艺域、收运域、设备域、生产域、EHS域、化验域、告警域七域数型（图18）。以全域数据融合平台为工具，构建全面感知、统一高效、安全可靠、按需服务的项目级数据中心，通过数据汇集、数据融合、数据服务和数据开放等功能，实现项目感知数据、生产数据、业务数据的全面汇聚与融合，形成数据的全过程追溯能力，有效支撑各模块数据流通与数据应用。

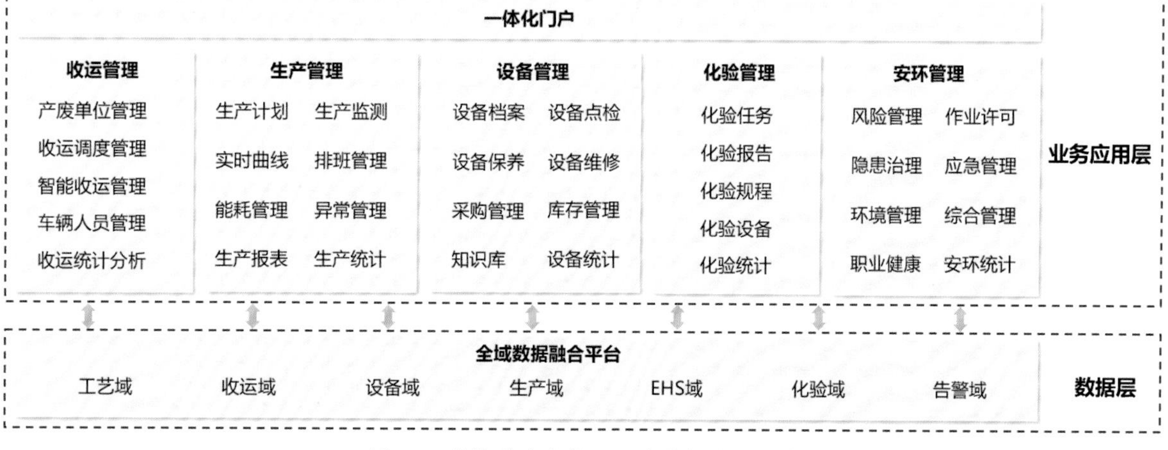

图18　运维期数字化管理平台数据融合体系

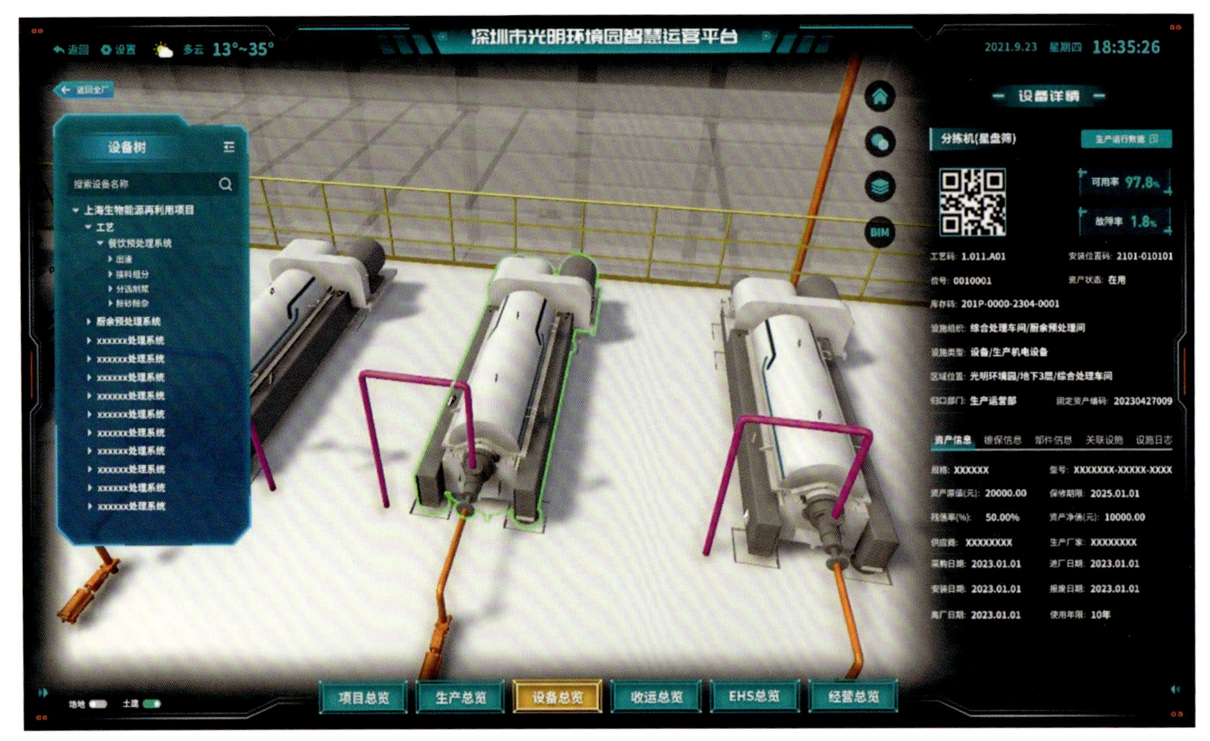

图19 基于BIM模型的运维期数据集成

3. 基于BIM模型的数据集成

围绕光明环境园项目运维期数字孪生底座的构件编码体系，有效承接建设期BIM数字资产，将数据、文档、模拟、应用、运营资料等系统化梳理并分类存储，统一集成BIM竣工数字化成果，实现建设期向运维期的数据高效传递。

在集成竣工数据的基础上，以数字孪生底座为载体，以统一运维编码为核心，建立BIM模型与运维期数据要素的关联关系，实现对收运数据、生产数据、EHS数据、设备数据、化验数据的集成，汇总各个应用系统关键信息，全方位支撑项目运维管理决策（图19）。

三、数字孪生大屏建设与大数据集成分析应用

数字孪生底座的搭建形成了工厂运维框架的基本“骨骼”，信息化制造执行系统（Manufacturing Execution System, MES）的构建使得大量运维数据得以按照规范标准的流程进行采集，形成了工厂运维框架的“血肉”。而后需要解决的是，如何基于收集的大量生产运维数据，进行汇聚、存储、处理和分析，实现对海量历史和实时信息的快速查询、交换共享，分析数据变化规律，达到对管理的风险预判和辅助决策，并通过数字孪生底座进行合理有序的可视化呈现，从而形成有序化的“系统”和“皮肤”。

智能化运维利用工业物联网实现全厂生产、设施、安全等各项状态综合感知，提供数字化采集、管理、应用、分析和预警等服务。除了实时监测数据外，还会涉及设计数据、资产数据、人员数据、物料数据、运维业务记录、环境数据等，涵盖了视频、图片、文本、关系数据库等多种结构化和非结构化数据组织形态。随着项目运维业务范围不断扩大、运维时间的数年累积，数据量将呈现指数型增长。

因此本项目尝试使用物联网、云计算和大数据分析等技术，对工厂生产运行全过程实现在线

监控和管理，对海量生产运行数据和管理数据进行挖掘分析，并结合数字底座实现全厂运营数据可视化，及时发现异常问题并预警，从而有效消除故障，提升管理效率，实现精益管理。

（一）全域数据融合平台的设计与搭建

通过建设项目全域数据融合平台，建立湿垃圾智慧运营项目完整的数据治理体系，积累运营数据资产，实现数据驱动下的园区精细化、智能化管理。通过对光明环境园生产运营、工艺过程的元数据进行归集、清洗治理、建模分析，建立智慧运营项目完整的数据治理体系（图20）；打通各业务模块间的数据壁垒，促进数据层面的系统集成，实现园区空间数据、运行数据、业务数据的融合和共享；通过数据规划、数据融合和数据治理，积累标准化、高质量的数据资产，实现数据驱动决策、数据赋能管理，为逐步实现智慧化运营管理提供数据支撑。

1. 数据域设计

数据域按由粗到细的粒度可划为业务分类、主题域、业务过程三个层级，在设计阶段可以根据业务所属的业务系统，来划分数据的业务分类，在同一系统中，一般情况下会把业务模块划分主题域，而业务过程，则是业务模块下

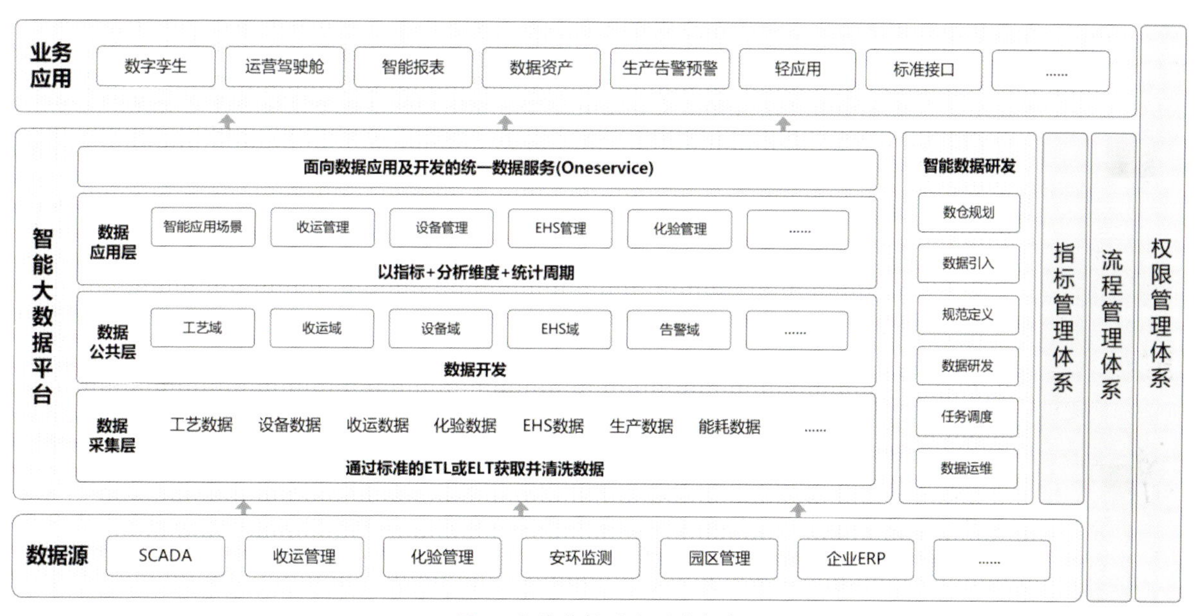

图20 全域数据融合平台框架

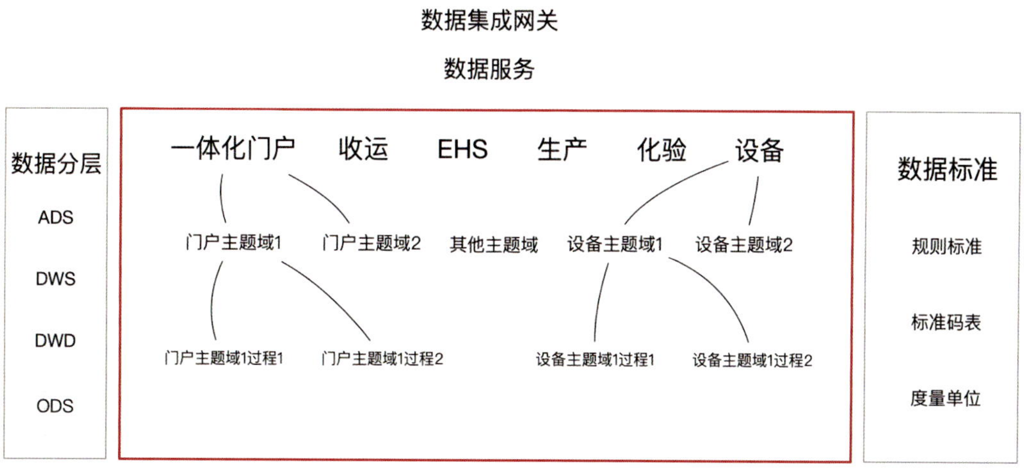

数据集成网关

数据服务

数据分层

ADS

DWS

DWD

ODS

一体化门户 收运 EHS 生产 化验 设备

门户主题域1 门户主题域2 其他主题域 设备主题域1 设备主题域2

门户主题域1过程1 门户主题域1过程2 设备主题域1过程1 设备主题域1过程2

数据标准

规则标准

标准码表

度量单位

图21 数据域设计逻辑

的具体功能。根据此原则，项目按照实际需求和系统模块设定，将所有数据划分为工艺域、收运域、设备域、EHS域、化验域、生产域、告警域等众多数据主题域，每个主题域下细分业务过程（图21）。

2. 数据分层设计

应用数据分为三层（图22），数据经过操作数据层（ODS）同步与清洗后，在公共维度模型层（CDM）中进行统一建模，最终结合业务需求将结果输出在应用数据层（ADS）中。

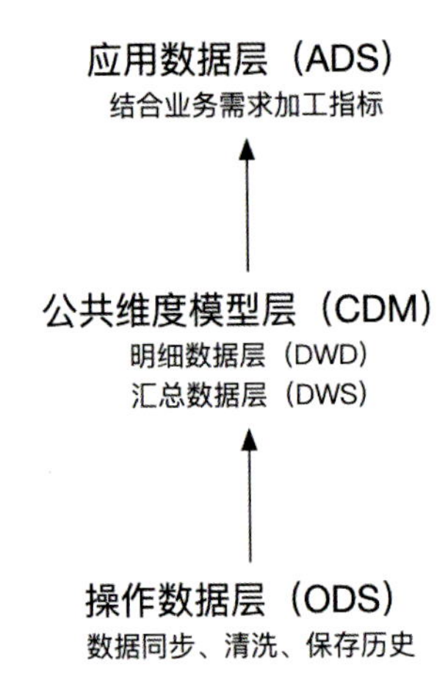

图22 数据分层架构

3. 数据指标设计

业务指标设计需要拆解业务目标，使之结构化，梳理业务流程，将业务目标、业务流程快速耦合在一起。最后通过场景化模块，推动指标体系落地。指标一般可分为原子指标和派生指标两种，原子指标是基于某一业务事件行为下的最细粒度指标度量，如设备数量。派生指标由原子指标+多个修饰词（维度）生成，是原子指标业务统计范围的圈定（表4）。例如业务系统维度、工艺单元维度、工艺系统维度、时间维度、设备类型维度等。

表4 指标及建表名称规范

指标类型	命名规则	表名规则
原子指标	英文名：动作+度量 中文名：动作+度量	{数据分层}_{业务分类}_{主题域}_{原子指标含义}
派生指标	英文名：原子指标英文名+时间周期修饰词（3位，例如_1d）+序号（4位，例如_001） 中文名：时间周期修饰词+［其他修饰词］+原子指标	{数据分层}_{业务分类}_{主题域}_{原子指标含义}_{时间周期}_{序号}

4. 数据服务搭建

应用系统通过数据集成网关调用数据服务层根据维度归类的OpenAPI接口，接口参数由数据引擎解析，最终从计算层获取所需。通过数据服务的搭建，形成统一规范的数据调用模式，具备可拓展性，可供上层各业务系统进行数据共享，并支撑项目数字化运营驾驶舱的统一调度展示（图23）。

（二）基于数字孪生的数据可视化展示

数字孪生全景驾驶舱（图24）基于BIM模型集成基础静态数据、空间数据、动态物联数据、流媒体数据、业务数据的可视化仿真模型，在虚拟空间完成对物理实体、实时数据、数学模型的映射，从而全面综合反映厂区实际运行状况，进一步实现精细化管理和区域化管理的高效融合，形成面向不同管理层级的多维度管理方法和管理规范。

以全厂全景BIM模型为基底，生产、设备、收运、安环等多个应用场景为切入点，在统一的管理场景中，借助BIM模型的集成手段，可以实现更快速的信息汇聚、更立体的信息呈现、更清晰的意图表达，缩短沟通时间，降低交流成本，提高管理容错率，增加现场掌控力。

图23 数据服务技术架构

图24 数字全景驾驶舱

1. BIM数据集成

以BIM模型为核心载体，通过模型编码、资产编码、管理编码之间的统一和映射，集成静态属性信息、动态监控数据和业务数据。将已有BIM成果统一集成，并加以补充完善，形成全厂区全专业BIM模型，作为后续厂区各类生产运行数据和设备信息的载体。通过BIM模型集成园区管理要素的属性和资产信息，方便快捷的查询指定对象的资产数据，形成可视化的模型资产数据库。

2. 三维可视化应用

数字全景视角下进行厂区及周边环境的全景BIM模型展示，可设置自动展示或自由浏览。基于BIM模型的综合展示，管理人员可总览全厂整体运行态势，并结合数字模型查看各区域实时运行状态。指挥中心大屏全面与各系统告警报警数据进行打通，如发生设备故障、有毒有害气体超标等异常情况，将在三维场景中立即推送并显示报警位置，便于厂内人员对紧急情况做出快速响应和综合调度指挥。

基于大屏展示园区介绍，定位展示园区360°街景，同时支持沉浸式在线漫游。定制科普教育路线，在三维场景中根据路线逐点展示园区总体规划、工艺科普讲解、安全应急教育等内容，提升科技互动性，充分体现园区“四位一体”与“去工业化”的核心理念。

3. 分析数据可视化

（1）收运数据分析。结合BIM模型和监控数据，展示收运车辆进出场路线和实时收运量，对接并展示卸料车间视频监控，实时反映异常事件。展示收运管理相关的多维度过程管理指标，包括收运区域统计、产废单位统计、收运路线统计、收运量统计、收运车辆统计、收运绩效统计等，以标准架构中审核后的真实数据进行真实展示。

（2）设备数据分析。结合BIM模型展示设备资产信息、运行统计信息、历史生产信息、维保工单等数据信息，集成设备保养、故障、维修的全部业务数据，实现以设备为核心的全生命周期数据可视化，能同时展示单设备运行统计数据和厂区设备总体运行情况。

（3）生产数据分析。在三维场景中展示厂区整体工艺流程，对接SCADA实时数据，可快速查看全厂或工艺系统的运行关键绩效指标、设备运行信息、异常报警、历史曲线等。展示全厂整体到工艺段等多层面、多维度的生产过程管理指标，重要指标包括进料量、预处理量、毛油产量、沼气产量、发电量、产用气量、出渣量/率、污水外排量、污水检测指标、除臭排气检测指标等。根据不同时间段、不同工艺段等维度进行核心数据展示和变化趋势统计。

（4）能耗数据分析。展示园区能耗指标，包括生产成本相关的能耗、物耗数据，包括能耗构成分析、能耗趋势变化分析、能耗同环比分析等。通过工艺段的各类统计报表、各种同比和环比数据来统计分析能耗成本情况，并且分析得出节能降耗情况，对电耗、气耗、药耗等生产运行成本进行全面分析展示。

（5）EHS数据分析。结合BIM模型展示全厂安环监测数据、安环报警、危险源和危险区域等。对安环报警数据做到实时响应跟踪，并展示响应的处理预案，供中控决策。可视化展示厂内的风险地图和风险区域，支持查询相关的信息。支持在三维场景中显示当前发生安全作业的区域、作业情况，定点查看区域监控视频，联动物联网监测点展示周边环境安全状况。展示园区EHS相关过程管理指标，重点工艺环节和区域安全状态，外排达标情况、报警情况、风险源信息以及环保指标监测曲线等信息。

四、工艺调优人工智能应用场景探索

基于上述分析研究，光明环境园项目数字孪生技术可实现数据实时传递与大数据集成分析应用。在此基础上，光明环境园项目积极探索数字孪生“以虚优实”阶段，建立工艺调优人工智能应用场景。

基于人工智能应用场景平台通过大规模的数据收集处理，与处理工艺设计深度结合，通过计算、分析、统计、优化等数据挖掘手段，结合机器学习算法、时序预测算法等多种智能算法择优，实现工艺优化创新。

人工智能应用场景平台聚焦预处理油脂提取系统、厌氧消化系统、沼气净化系统以及污水处理系统四个关键场景，通过应用RSM、ADM[12]、ASM[13]等算法模型，实现餐厨垃圾自动优化策略，利用大数据分析、人工智能等技术实现数据辅助决策，实现常去运营降本增效、提升质量、控制风险、保障安全。

（一）整体设计思路

基于智能应用场景平台的需求，设计智能应用场景平台分为6层架构（图25）：

（1）边缘端。边缘端主要功能为终端数据采集、第三方数据接入，另外，参数调优和下发也在边缘端完成。

（2）数据层。终端数据采集后，导入物联网平台，物联网完成数据过滤清洗后，提供给全域数据融合平台。

（3）基础组件层。基础组件包含了数据接入后数值计算、算法的周期调度、访问权限控制和平台日志管理。

（4）算法层。通过历史数据分析，建立工艺数学模型，通过数据分析算法，生成优化模型，通过边缘端下发给设备进行调优。

（5）应用层。针对光明环境园应用场景，

图25 人工智能应用场景平台技术架构

设计了预处理油脂提取率厌氧消化系统工艺、沼气优化效果、污水出水水质等处理工艺的优化流程。

（6）分析展示层。通过展示层可以查看工艺优化效果，实时数据展示，进行流程编排工作等。

（二）人工智能工艺优化场景

1. 提升预处理油脂提取率

（1）工艺过程。粗油脂提取是预处理工艺中的重要环节，本项目采用通用的“预加热+三相离心”工艺。

油脂提取单元主要包括混合加热器、加热缓存罐、三相离心机、油脂暂存罐、室外油罐等，通过“离心分离”工艺将有机浆液中的油脂分离出来，实现油脂的回收。浆液暂存池中的浆液（包括浆料和沥水）通过加热器进料泵进入混合加热器，经过混合加热器加热后的浆液进入加热缓冲罐。加热缓冲罐内附盘管加热器，用于混合加热器加热不足情况下的辅助加热。地沟油缓冲箱中的地沟油通过加热器进料泵进入地沟油加热器（前后TT），经过加热的地沟油进入地沟油加热缓冲罐（TT、LT）。加热缓冲罐内附盘管加热器，用于混合加热器加热不足情况下的辅助加热。加热后的浆液和地沟油通过离心机进料泵（出口FT）送入三相离心机（2个TT，1个SQ），在离心机内浆液被分成三部分，油脂、废渣和废水。分离后的油箱在室内油罐暂存后泵入室外油罐存放。现状工艺可实现温度的在线控制，提油效果需要手动调整。

（2）优化路径。预处理油脂提取率提升的优化目标是提高油脂提取率，将从以下方面进行工艺调优探索（图26）。

衡量提油效果的指标，包括液相中油脂含量、固相中油脂含量、油相中水含量。

通过调整进料量和蒸汽量，控制混合加热器的加热效果，即油料分离效果。

通过调节三相离心机进料量、转鼓转速、

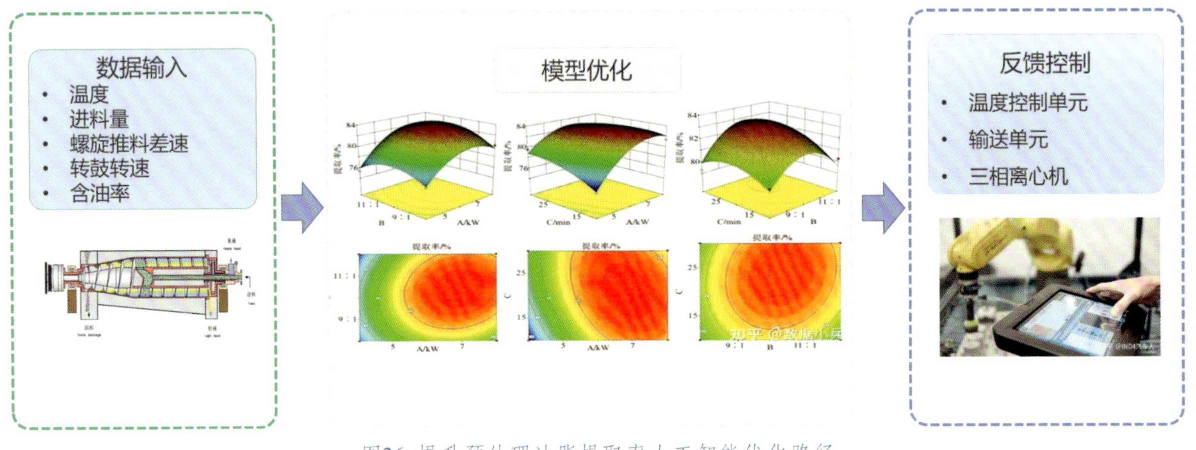

图26 提升预处理油脂提取率人工智能优化路径

螺旋推料差速、溢流板高度，控制油脂分离效果。

利用人工智能算法寻找加热温度、进料量、转鼓转速、螺旋推料差速与液相含油率之间关系模型，控制上述参数实现最佳提油效果。

2. 厌氧消化系统运行评价

（1）工艺过程。本项目厌氧消化系统采用的是单相、湿式、中温、连续厌氧消化技术。具体流程是前序工艺（预处理标）预处理后的餐厨/厨余浆料送至均质罐内，在均质罐中完成混合、调配、缓存以及初步的水解酸化，以保证进入厌氧消化罐的浆液含固率和温度的均一性。因浆料温度较高，在厌氧罐进料管路上设置浆料/水换热器，先将浆料温度降低一定幅度后进入厌氧消化罐内进行厌氧消化完成有机物的降解，产生的沼气去往后续沼气净化及暂存系统。厌氧系统通过泥水热交换器及配套附属设备来实现稳定的温度调控功能。为了保证厌氧系统能长期稳定运行，在厌氧消化罐内设计了顶部排浮渣和底部排沉渣装置。厌氧消化之后的消化液由反应器顶部溢流至消化液储罐，缓存后送至脱水单元。

（2）优化路径。厌氧消化系统运行评价的优化目标是明确厨余垃圾中温厌氧消化高效稳定运行的控制条件，实现该工艺过程的稳定、自动控制，并建立以容积产气率与甲烷含量为主要效益评价指标的工艺控制优化体系，可通过以厌氧消化系统为数据采集对象，数据由在线监测仪表及人工实验分析获得。通过反应器运行状态数据规模样本采集，分析厌氧消化过程平衡及失稳趋势阶段各项指标（挥发性脂肪酸、总碱度、总氮、氨氮浓度等）参数变化情况，建立以酸碱比（VFAs/TAC）、容积产气率、气体甲烷含量等成熟指标与进料有机负荷/出料的连锁控制逻辑，同时在成熟判断指标的基础上，通过样本数据多维度、深度分析，挖掘具有潜在判断价值的生化指标，充分判断条件，提高决策指令置信度，减小容错空间，通过多指标综合判定，建立适用于本项目的反应器状态分析方法与评价体系，量化反应器状态。根据主要参数指标的相对变化与进阶分析（尤其是负荷提升阶段与高负荷阶段），设立阈值及指标变化区间，根据指标变化趋势及进阶分析结果判别反应器是否发生质变，构建本系统预警指标体系，提供预测预警，反馈预警时间，以便及时干预，补偿生化反应惯性（图27）。

根据反应器评价体系与工艺联锁控制逻辑，保持反应器相对稳定，并基于上述成果实现产沼效益的相对提升。

3. 提升沼气净化效果

（1）工艺过程。沼气进入脱硫反应塔，少量的空气通过变频风机与沼气一起混合形成混合气体，混合气体缓慢地通过大量的生物挂膜填料层，生物挂膜上的丝硫菌、硫杆菌属在新陈代谢过程中吸收硫化氢，并将硫化氢转化为硫单质，并进一步氧化为硫酸。反应生成的稀

图27　厌氧系统运行评价AI优化路径

硫酸在营养液的缓冲中和作用下与营养液一起排出系统。

反应塔设计生物滴滤塔形式，主循环泵一直开启，将塔内液体源源不断的传送至塔体顶部，液体持续滴落并湿润填料表面。脱硫塔底部箱体设置液位控制逻辑，塔内循环液体一般在低液位与高液位之间运行，液位过高系统自动排放废液，pH值低于设定值系统自动补充生产水，通过计量泵自动添加营养液。

为保证细菌活性，系统一般设置热交换系统，热交换器的启动由在线温度监测自动调节控制。

生物脱硫系统一般在沼气出口设置沼气成分分析仪，对出口的H_2S浓度和O_2含量进行在线监测。其中O_2含量信号与控制风机设置安全连锁，当O_2含量达到最高浓度时，系统自动切断风机。

（2）优化路径。提升沼气净化效果的优化目标是在净化后沼气氧含量不超标且不产生硫单质的情况下，H_2S去除率最高，应基于长期数据积累，利用人工智能算法寻找鼓风量、液体循环量与出气H_2S含量、O_2含量之间的关系，控制鼓风量和液体循环量，实现优化目标。

4. 提升污水出水水质效果

（1）工艺过程。高浓度污水经预处理去除大块杂质、固体悬浮物及油等后进入调节池进行均质调节，调节池内设置搅拌器。调节池内污水进入均衡池，在均衡池中加入碳源调节C/N比至合适范围内泵入MBR单元，去除有机物并进行生物脱氮。

经均衡池调节后的污水进入MBR一级反硝化池（A池），反硝化池为缺氧环境，主要功能是利用反硝化细菌将硝态氮（硝酸和亚硝酸）还原为氮气，同时消耗有机物。一级反硝化池中的污水溢流至一级硝化池（O池）中，一级硝化池为好氧环境，主要功能是利用硝化细菌将有机氮和氨氮氧化为硝态氮（硝酸盐或亚硝酸盐）。

通过回流泵将硝态氮回流至反硝化池，硝态氮在反硝化池中被还原成分子氮（氮气）排除系统。

此反应过程的主要目的是去除水中的总氮（TN）和有机物。常规控制指标包括O池氧含量、硝化至反硝化的回流比、反应温度和进入反硝化池污水的C/N，分别通过控制曝气风机风量、回流泵流量、冷却塔功率和碳源投加量实现对以上指标的控制，以上控制措施均可实现在线控制。

（2）优化路径。提升污水出水水质效果的优化目标是出水总氮指标达到最优，可通过长期的数据积累，利用人工智能算法寻找本反应环节进出水总氮（在线监测）、曝气量、回流比、温度、碳源投加量等数据之间的关系，控制曝气量、回流比、温度、碳源投加量等，实现出水总氮排放指标最优化。

五、结论与展望

光明环境园项目基于数字孪生技术，结合大数据、物联网、人工智能等技术手段，打造先进的数字化工厂，实现项目从设计、施工到运维全生命周期的数字化管理赋能，主要完成了以下内容：

（1）构建数字孪生底座。以建筑信息模型为基底，形成统一的信息标准和分类编码体系，借助BIM模型整合数据、直观可视的优势，开展各阶段深入应用，提升设计质量和管理效率；以BIM模型贯穿项目全生命周期，实现项目全过程的数据传递和积累。

（2）搭建数字化信息采集平台。充分调研项目的实际需求和业务痛点，构建建设阶段、运维阶段的数字化管理平台，驱动项目管理的提质增效，实现资源共享、数据整合，为项目后期数据的深化应用奠定基础。

（3）建设大数据分析应用平台。通过对项目大数据的归类集中、清洗治理、建模分析，为业务场景提供标准的、高质量的数据资产，并结合数字底座实现全厂运营数据可视化，实现数据挖掘、数据分析、数据共享，辅助运营管理决策。

（4）开展人工智能应用探索。基于SCADA等生产数据库，采用大数据、人工智能和工艺数理模型等相结合的数据分析技术，开发相应的人工智能工艺分析算法模块，实现对各工艺段的关键指标实时跟踪分析和人工智能寻优等功能，并能提供运行策略建议，以及工艺段之间的衔接的流程建议。

该项目为厨余垃圾处理类厂站的数字化应用提供了先进的思路，奠定了研究与应用的基础。经分析评估，该项目已完整实现“以虚映实”场景，部分实现“以虚控实”和“以虚预实”场景，正积极探索“以虚优实”场景。

后期将着重在大数据挖掘、人工智能计算方面继续更新优化算法，结合工艺生产的实际应用点，扩大使用范围与场景，实现项目质量、成本、服务等多方面的提质增效。

参考文献

[1] 陶飞，刘蔚然，刘检华，等. 数字孪生及其应用探索[J]. 计算机集成制造系统，2018, 24(1): 1-18. DOI:10.13196/j.cims.2018.01.001.

[2] 陶飞，张辰源，戚庆林，等. 数字孪生成熟度模型[J]. 计算机集成制造系统，2022, 28(5): 1267-1281. DOI:10.13196/j.cims.2022.05.001.

[3] 张斌. 探讨BIM在各设计阶段的应用[J]. 城市建设理论研究（电子版），2023(7): 56-58. DOI:10.12359/202307018.

[4] 赖华辉，邓雪原，陈鸿，等. 基于BIM的城市轨道交通运维模型交付标准[J]. 都市快轨交通，2015, 28(3): 78-83.

[5] 张裕，刘俊杰，王俊鹏，等. 基于BIM的施工管理及深化应用[J]. 施工技术（中英文），2022, 51(23): 23-26.

[6] 鲁庆丹. BIM技术在大型餐厨垃圾厂的应用——以上海生物能源再利用项目二期为例[J]. 中国建设信息化，2022(9):86-88.

[7] 胡震，张引玉. 基于UNTIY的交互式BIM展示系统开发[J]. 中国建设信息化，2020, 115(12): 58-59.

[8] 何立群. 建筑工程管理中BIM技术的应用研究[J]. 智能城市，2023, 9(5): 81-83. DOI:10.19301/j.cnki.zncs.2023.05.025.

[9] 高磊. 基于BIM的智慧工地管理平台的实践应用[J]. 中国建设信息化，2023(8): 80-85.

[10] 左剑恶，凌雪峰，顾夏声. 厌氧消化1号模型(ADM1)简介[J]. 环境科学研究，2003(1): 57-61. DOI:10.13198/j.res.2003.01.59.zuoje.016.

[11] 余颖，乔俊飞. 活性污泥法污水处理过程的建模与仿真技术的研究[J]. 信息与控制，2004(6): 709-713, 728.

生活垃圾真空管道收集技术的应用与发展前景

梁治宇[1]，兰吉武[2]，徐菲[3]，吴远明[1]
（1.深圳市生活垃圾分类管理事务中心；2.浙江大学建筑工程学院；3.深圳双沃生态环境科技有限公司）

摘要：垃圾真空收集系统技术起源于1961年，截至2023年在全球三十多个国家建有千余个项目，2008年该技术进入中国，在国内建有项目百余个。本文调研了国内相关项目，综述了垃圾真空收集系统的工艺流程、关键设备和设计参数。从规划、建设、运维、标准和政策等方面论述了垃圾真空收集系统存在的问题与挑战。立足于我国垃圾分类的政策背景，提出了适用于垃圾分类的真空收集系统解决方案：分类后的可回收物、有害垃圾在室外投放点集中投放外运，厨余垃圾与其他垃圾利用专用投放口投放后，通过真空管道系统分时、分类输送至中央收集站。

关键词：生活垃圾收集；垃圾分类；气力输送；垃圾真空收集系统

Application and Development Prospect of Vacuum Pipe Collection Technology of Household Waste

Liang Zhiyu, Lan Jiwu, Xu Fei, Wu Yuanming
(1. Shenzhen Municipal solid waste classification management center; 2. Institute of Geotechnical Engineering, Zhejiang University;3. Shenzhen Sunwoo Eco-Environment Technology Co., Ltd)

Abstract: The garbage vacuum transport system technology originated in 1961, more than 1 000 projects were established in more than 30 countries around the world. In 2008, this technology was introduced to China, so far more than 100 projects were established. In this paper, some domestic projects were investigated, and the process flow, key equipment and design parameters of Vacuum transport system were reviewed. The problems and challenges were discussed from the aspects of planning, construction, operation and maintenance, standards and policies. Based on the policy background of garbage classification in China, a vacuum transport system solution suitable for garbage classification is proposed: the sorted recyclables and harmful garbage are put into the outdoor delivery point, and the kitchen waste and other waste are put into the special delivery port, and are transported to the central collection station through the vacuum pipeline system at different times.

Keywords: Garbage collection; Garbage classification; Pneumatic transport; Garbage vacuum transport system

垃圾真空管道收集系统，又称垃圾气力管道输送系统，它是一种将垃圾作为物料在垂直管道内靠重力下行传输，在水平管道内靠“真空”（气力）水平传输至收集站的垃圾收集运输系统技术，相较于传统的垃圾箱（或桶）人工收集、人力车（或机动三轮车、垃圾运输车）将垃圾收集转运至收集站的系统，垃圾真空收集系统可灵活应对不同的功能要求，垃圾投放口可设在居民家中、楼道内等附近地点，便于投放，垃圾收集运输过程在密闭管道及收集站内完成，全程密闭、自动运行，可靠性能高，可全天候工作，有效地解决了传统垃圾收运系统产生的垃圾收集不及时、垃圾桶设置点和中转站对周围环境造成的二次污染，避免垃圾收运车辆的“滴漏跑冒”现象及雨天作业难题，减少垃圾收运车辆对道路的占用及噪声影响，显著改善环卫工人的工作环境。垃圾真空管道收集系统是一个高效的现代化、智能化技术，代表了未来垃圾分类收集技术的发展方向。

一、垃圾真空收集技术的起源与发展

（一）起源与发展概况

垃圾真空收集系统技术起源于1961年，首套系统应用于瑞典的Solleftea医院，这套系统2016年仍在使用[1]。自1967年开始在住宅区使用，目前已在全球30多个国家和地区得到应用，建设数百套项目[2]。新加坡目前已有近百个住宅垃圾真空收集系统工程项目，生活垃圾日输送量超过200t；韩国在1994年建设了首个真空垃圾收集工程，至今已有近50个项目，服务人口超过150万。此外，真空垃圾收集系统在葡萄牙里斯本世界园艺博览园、马来西亚吉隆坡国际机场、美国佛罗里达奥兰多迪士尼世界、日本大仓饭店、西班牙巴塞罗那奥运村等国家和地区都得到了应用。西班牙、葡萄牙两国使用真空管道输送生活垃圾的普及率已达到10%~20%，在亚洲的应用主要集中在日本、新加坡和我国香港。日本主要采用三菱品牌系统，将焚烧厂周边地区的垃圾直接输送到焚烧厂，例如东京湾和横滨；新加坡和我国香港都采用瑞典系统，新加坡应用了7套，香港应用了9套。目前，垃圾真空收集技术的应用场景也从生活垃圾的收集扩展到医院被服等，在住宅、医院、公共设施、商业中心均有安装使用。

2008年该系统技术被引入中国，以瑞典恩华特环境技术有限公司建设的广州金沙洲居住新城项目为开端，在北京、上海、广州、深圳、天津、海口、三亚、苏州、南京、大同等多个城市安装运行了近百套。

垃圾真空收集技术的领先公司包括以瑞典恩华特环境技术有限公司、芬兰德列孚安可仕集团为代表的外企和国企及民营企业。外企基于在此领域时间长，拥有完整、成熟的技术体系，占据了国内主要市场份额，项目领域涉及住宅、商业和医院等，而国企及民营企业入市时间较晚，多处于初步研发实践阶段，但在实践中不断创新学习，取长补短，也占有一定市场份额，侧重于医院项目。

（二）国内应用案例——广州金沙洲

金沙洲新社区位于广州市花都区，是全国第一个装配使用真空垃圾收集系统的综合性住宅小区。金沙洲真空垃圾收集系统总共4套，覆盖整个金沙洲地块，服务面积为8.26km^2，服务人口可达16万。系统设楼层投放口和公共投放口约8 000个，均需刷卡投放[3]。

该系统从2009年6月试运行，但由于各方面的原因四套系统并未完全使用。目前在用系统为两套，单套垃圾处理量为8t/d，单个中央收集站占地面积1 700m^2，现由广州环投环境集团有限公司运营。由于系统安装时间较早，未考虑到垃圾分类政策，小区投放口现只用于投放其他垃圾，厨余垃圾、有害垃圾等在小区定点进行投放（图1、图2）。

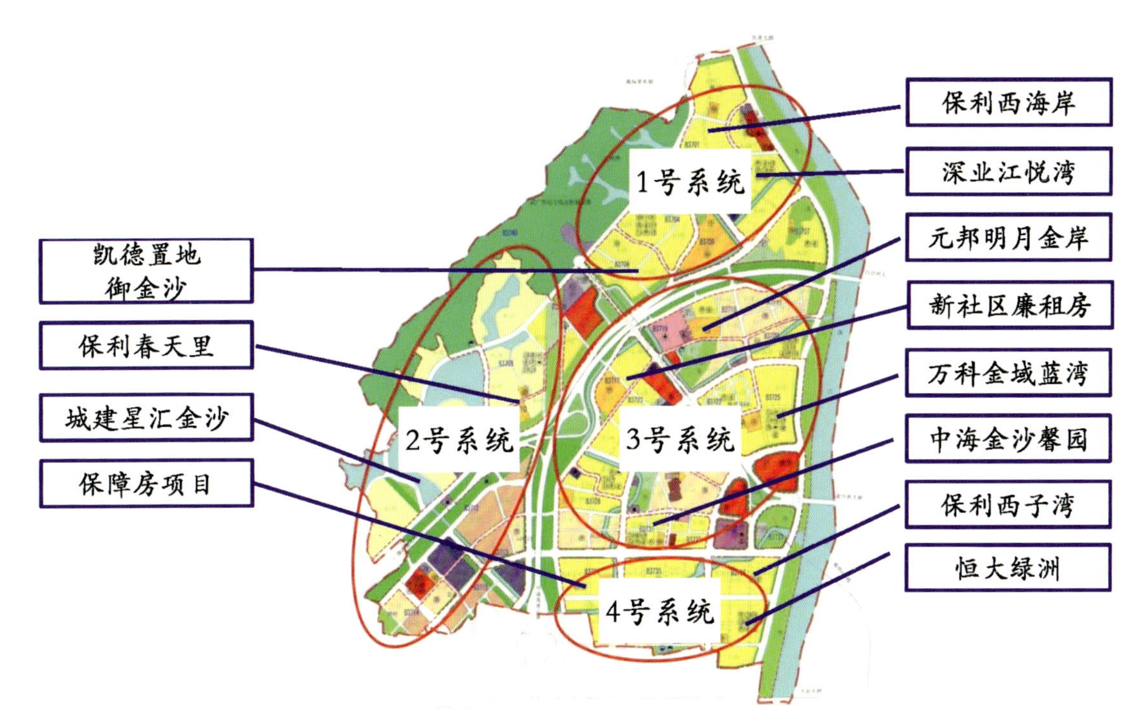

图1 广州金沙洲真空管道收集系统规划

图2 天津生态城真空管道收集系统

（三）国内应用案例——天津生态城

天津生态城南部片区已建设4套垃圾真空管道收集系统，覆盖范围约6km²，服务约10万人口，设计规模87.2t/d，总投资约3.5亿元，2014年5月正式投入运行，是目前国内运行规模最大的气力输送系统[4]。另在中部及北部片区共规划8套系统，1套已在2019年运行；7套正在建设中，已完成总工程量60%，计划2025年全部建成。

该系统稳定运行多年，积累了大量可供借鉴的经验。结合生态城真空管道收集系统的规划、设计、建设及运营经验，已形成一套10万字的《标准化管理手册》，指导科学运营。不断优化系统工艺，改善国外产品进入国内“水土不服”的不良反应，使其充分符合本地特色。截至2023年，9年来，完成4轮除臭工艺改造，显著降低臭气浓度；完成自控系统及配件优化，降低运行成本；优化改造空压系统工艺，降低空气含水率；完成5轮设施设备防水工艺改造，降低系统故障率，提升运行效率，降低运行成本。

二、垃圾真空收集技术的运行原理及系统构成

（一）运行原理

垃圾真空收集技术即气力输送技术。气力输送是指利用较强的气流动能使颗粒物料悬浮起来，并在密闭管道内沿气流方向运动以实现物料输送，属高速流态化的一种典型应用[5]。气力输送装置大致可分为吸送式和压送式两种类型，用于收集垃圾的装置均为吸送式，即以气体为输送载体，垃圾分类装袋后投入投放口（室内、室外），进入密闭运输管道，传输至中央收集站，再经过垃圾分离器气固分离及压缩机压缩后，由密封的垃圾集装箱运输车运至填埋场或垃圾焚烧厂进行最终处置，分离后的气体则通过除尘、除臭等空气净化装置后达标排放。

垃圾真空收集技术的能耗与所输送物料的密度、输送距离等因素有关，当所输送距离变远，需要更高的输送压力，导致能耗更大，物料更易破损，管道磨损更严重。

（二）系统构成

垃圾真空收集系统主要由投放系统（投放口、投放配套设施）、管道输送系统、末端处理系统（动力风机、气固分离器、除尘除臭设施、垃圾压缩收集设施、供电和控制）等设备

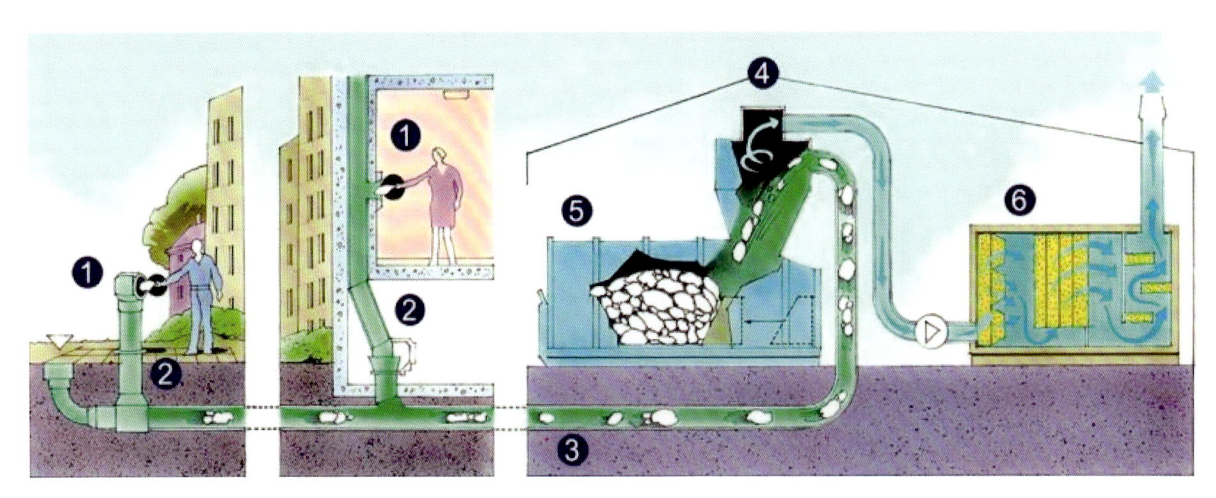

图3 垃圾真空收集系统构成

注：投放系统（①投放口、②投放配套设施）；管道输送系统（③）；末端处理系统（④动力风机和气固分离器、⑤垃圾压缩收集设施、⑥除尘除臭设施）

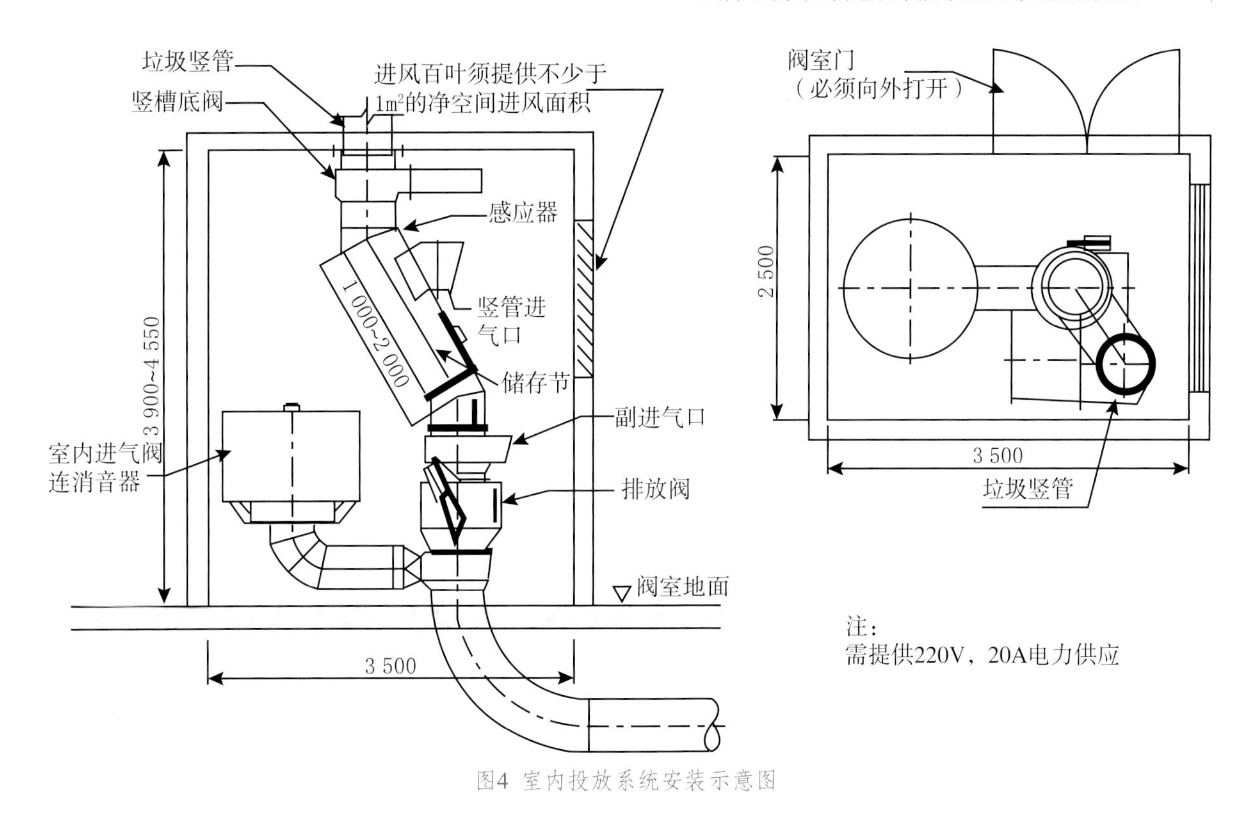

图4 室内投放系统安装示意图

组成（图3）。

（三）关键子系统（设施设备）介绍

（1）投放系统。投放系统包括室内外投放口、排放阀、进气口、室内垃圾管道及其控制线路等设备。以室内投放系统为例，须包含屋顶排风机、活性炭过滤器、垃圾竖管、室内垃圾投放口、竖管底阀、竖管进气口、感应器、储存节、检修口、副进气口、排放阀、进气阀、气动阀门控制箱、通讯及供电管线、气动管线等（图4）。

（2）管道输送系统。管道输送系统通常包括以下部件：室外进气阀、气动阀门控制箱、输送管道及配件、分段阀（根据需要设置）、检修口、通讯及供电管线、气动管线等。

垃圾输送管道呈树型布置，沿城市主、次干道和支路敷设。干管最大长度宜小于1 500m，常用的管道管径为DN500，也有使用DN400管道的系统，管材常用碳钢管、HDPE管。工作时管道内的气压一般为–40kPa，载体速度24m/s左右。管道上升或下降的坡度宜不超出10°，管道转弯半径宜不小于1.5m。

（3）末端处理系统。每一套管道输送系统需配置一套末端处理系统（位于中央收集站），末端处理系统不仅提供整套输送系统动力，也在此实现垃圾与输送载体——空气的分离，分离后的垃圾经压实机压缩后推入垃圾集装箱内，而空气则经过除尘除臭处理后排出。末端处理系统包括动力风机、气固分离器、除尘除臭设施、垃圾压缩收集设施、供电和控制等。

（四）主要设计参数

系统主要设计参数如下表所示。在实际应用时，需要以建设成本可控、运行效率高、运行成本较低为原则，可根据实际情况确定合理的参数。

垃圾真空管道收集系统（单套）的主要设计参数表

服务面积	1~2km^2
服务人口	2万~10万人
垃圾收集规模	20~100t/d
输送管道最大长度	500~1 500m
主管直径	DN400~DN500
系统压力	-40kPa
气流速度	40~70km/h
管道材质	低碳钢或HDPE
管道标准埋深	1 700mm
管道上升或下降角度	≤ 10°

三、垃圾真空收集技术在国内应用存在的问题与挑战

经对国内项目建设运行经验进行调研发现，目前垃圾真空收集系统在应用中存在着一些问题和挑战。

（1）规划设计和建设运营脱节。造成垃圾真空收集系统失败的原因很多，需要规划、设计、建设和运行各个环节联动，确保规划合理，设计可行，建设质量有保证，运行参数合理。在规划阶段，需要解决管道走向、服务半径、服务人口、垃圾收集量、中央收集站位置等问题；在设计阶段，需要解决管道系统设计、管径、管材、投放口、末端处理系统设计等问题；在建设阶段需要确保设备质量和安装质量；在运行阶段需要做好优化运行算法、系统控制以及系统合理维护等问题。

（2）系统建设运营成本偏高。系统内的动力风机、压缩机等关键设备依赖进口，国产设备暂无法满足设计要求，导致建设成本相对较高；该系统增加了建设方的建设成本和配套工程，占用了房屋容积率；由于部分项目设计的管网长度过长、系统使用率不足，导致系统运行耗能高，运营成本较高[6]。

（3）系统规范标准亟待完善。由于暂未构建统一合理的技术体系与标准导则，厂家在设备供应和安装上无可参照技术标准。导致系统设备质量、安装水平参差不齐，部分项目运行效果差甚至不能运行。

（4）系统专业化运维管理缺失。垃圾真空收集系统成功运行的关键因素之一是对系统的专业化运行维护，目前国内大部分项目运行失败的原因是非专业人员的不当管理，例如对系统的运行维护不及时、不到位，最终导致系统运行效果差甚至不能运行，同时由于缺少对系统安装运行的可行性研究，导致某些项目完全荒废。

（5）系统建设须与国家政策相符。前期建设的垃圾真空收集系统，未考虑垃圾的分类收集和投放，无法结合垃圾分类政策实行有效的源头分类投放，与国家垃圾分类政策不符。部分项目存在厨余垃圾与其他垃圾共投放口的情况（干湿垃圾共投放口投放），对管道和设备的要求相对较高，运行维护要求也有所提高。

四、适用于分类收集的垃圾真空收集系统方案

垃圾真空收集系统能够适用于目前的垃圾分类收集要求（图5）。可回收物、有害垃圾收集箱在室外投放口、中央收集站等处设置，集中收集后，可回收物运输至再生资源回收厂处理，有害垃圾运输至危险废物处理设施处理。设置分类投放口，厨余垃圾、其他垃圾采用独立的投放口及竖管分类投放，系统分时、分类收集，即当厨余垃圾投放口底阀打开时，所收集到的垃圾接至厨余垃圾箱；当其他垃圾投放口的低阀打开时，所收集到的垃圾接至干垃圾箱。

随着家庭厨余粉碎机的应用普及，越来越多的厨余垃圾将可能会经粉碎后进入污水管网系统，这会使基于真空管道的垃圾分类收集体系得到进一步优化。

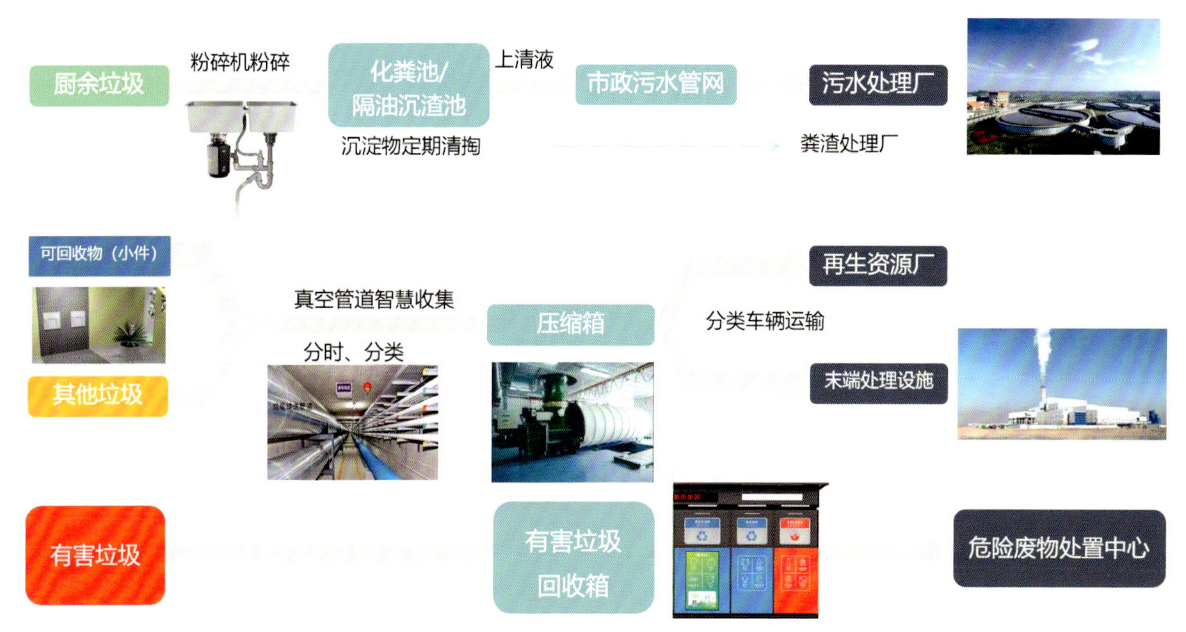

图5 适用于分类收集的垃圾真空收集系统

五、结束语

随着国家高质量发展对居民健康和环境质量的要求越来越高，当前以人力转运为主的垃圾收运模式已不再适应城市现代化发展的需要。纵观国内北京、上海、广州、深圳等一线城市的基础设施中道路交通、园林绿化、给排水、燃气供电、垃圾处理以及城市公共厕所等均与现代化的城市相协调，唯独生活垃圾收集系统仍保持传统的模式，与日新月异的技术发展格格不入，成为现代化城市发展的明显短板，同时也为城市卫生防疫和环境安全带来明显隐患。特别是对深圳而言，目前城市建设密度日益增大，土地资源高度紧缺，很多城区内的垃圾中转站和垃圾集中投放点由于靠近居民区，导致大量舆情，形成难以调和的矛盾。而生活垃圾真空收集系统是一种理念先进、技术成熟的新型垃圾收运技术，该技术可以将垃圾像污水、天然气一样在密闭的管道里流淌运输，其推广应用符合当今时代和社会的发展需求。在新时代的背景下，系统尚需不断改进与技术创新，推出改善型和创新型产品，以适应越来越细化的生活环境和市场要求。

垃圾真空收集系统从源头上实现“一站

式”生活垃圾分类，为生活垃圾分类提供了新的思路、模式和技术，对破解目前我国生活垃圾分类面临的难题具有重要的现实指导意义。同时，采用新技术、新体系，符合新时代的住宅要求，对改善居民居住环境、提高生活品质补齐现代化城市基础设施建设短板具有十分重要的意义。

在城市生活垃圾分类需要得到有效、持续推动的条件下，应加速行业资源整合，形成以国内供应链为主体的统一高效的技术体系，提升装备和技术服务行业的整体水平，推动行业快速、健康发展。

参考文献

[1] 郑福居. 中新天津生态城生活垃圾气力输送系统收集站多元化建设模式探索[J]. 环境卫生工程, 2016, 24(4): 89-93.
[2] 王贤明, 李元元. 上海世博园区垃圾气力输送系统工程设计[J]. 科技创新导报, 2010, 30: 116-117.
[3] 安卓, 章轲. 全球最大真空垃圾收集系统“停用”调查: 先进技术为何水土不服? [N]. 第一财经日报, 2009-12-15.
[4] 宋欣欣, 闵海华, 刘淑玲, 等. 中新天津生态城南部片区垃圾气力输送系统整体方案研究[J]. 环境卫生工程, 2015, 23(2): 43-44.
[5]《中国大百科全书》第三版网络版,https://www.zgbk.com/ecph/words?SiteID=1&ID=196320&Type=bkzyb&SubID=140340.
[6] 张晶, 杨永健, 杨伟. 生活垃圾气力输送系统运行成本效益分析——以天津生态城为例[J]. 环境卫生工程, 2019, 27(4): 25-28.

生物－化学组合工艺对餐厨垃圾处理中恶臭气体的去除*

张彦敏[1]，魏薇[1]，张钊彬[2]，王宁杰[2]，张小磊[2]，李继[2]，刘导明[1]，彭俊标[1]
［1.广东省深圳市下坪环境园；2.哈尔滨工业大学（深圳）］

摘要： 厌氧发酵和堆肥是目前餐厨垃圾处理的主要途径，但处理过程中存在恶臭气体释放的问题。氨气（NH_3）和硫化氢（H_2S）是其中致臭较严重的两种气体，通过方法对比，基于化学吸收法以及生物滴滤池法进行单一最优条件的确定，发现前者效果优于后者，去除率分别至少达到75.5%和99.76%。考虑到化学处理运行费用高，将生物滴滤池与化学吸收组合用于两种气体的去除，结果显示，在停留时间4s的条件下将两种臭气浓度降低至臭气排放的一级标准以下，还可以节省55%~60%的总费用。综上，生物－化学组合工艺对处理餐厨垃圾恶臭气体具有参考意义。

关键词： 餐厨垃圾；恶臭气体；化学吸收法；生物滴滤池；最优条件

Removal of Malodorous Gas in Food Waste Treatment by Combined Bio-chemical Process

Zhang Yanmin[1], Wei Wei[1], Zhang Zhaobin[2], Wang Ningjie[2], Zhang Xiaolei[2], Li Ji[2], Liu Daoming[1], Peng Junbiao[1]
[1. Shenzhen Xiaping Environmental Park of Guangdong; 2. Harbin Institute of Technology (Shenzhen)]

Abstract: Anaerobic fermentation and composting are the main ways of food waste treatment at present, but there is a problem of odor gas release in the process of treatment. Ammonia (NH_3) and hydrogen sulfide (H_2S) are two of the most serious odor-causing gases. Through comparison of methods, a single optimal condition was determined based on chemical absorption method and biological drop filter method, and the former was found to be better than the latter. The removal rates were 75.5% and 99.76%, respectively. Considering the high operation cost of chemical treatment, the combination of bio-drop filter and chemical absorption was used for the removal of the two gases. The results show that under the residence time of 4s, the concentration of the two odors can be reduced to below the first-level standard of odor emission, and the total cost can be saved by 55%~60%. This method has reference value for the treatment of food waste odor gas.

Keywords: Food waste; Malodorous gas; Chemical absorption method; Biological drip filter; The optimal conditions

* 基金项目：深圳市城市管理和综合执法局科研项目（No.202210）。

除去60%~80%的水分，厨余垃圾主要是由40%的糖类、20%~25%蛋白质、15%~30%脂肪以及其他物质组成[1-5]。2007年，我国首个餐厨垃圾处理厂在北京投运。在餐厨垃圾的堆积、运输、中转、卸料、脱水和发酵过程中，大量恶臭气体会挥发至空气中，如硫化氢（H_2S）、氨气（NH_3）、乙醇、二硫化碳等。据《2018—2020年全国恶臭/异味污染投诉情况分析》报告，餐厨垃圾恶臭气体问题占全部环境问题的20.8%以上。朱彦莉等[6]发现餐厨垃圾在堆肥过程中会产生NH_3、H_2S等含硫含氮气体，其中H_2S属于强致臭物质。作为主要的恶臭气体，NH_3主要来源于微生物在好氧条件下对餐厨垃圾中蛋白质的分解，而H_2S则在氧气不足情况下产生[7]。因此，如何解决厨余垃圾处理中产生的恶臭气体成为非常值得关注的问题。

目前，恶臭气体的处理方法分为物理法、化学法和生物法三大类别。常见的物理、化学处理方法主要有稀释法、活性炭吸附法、燃烧法、吸收法、氧化法、离子法[8]。物理、化学方法虽然具有高效率的去除效果，但电能、材料、药剂等的使用使其投资与运营成本较高[9]，有时还需考虑二次污染问题[10]。生物法包括生物滴滤池、生物滤池、生物洗涤法等[11]。生物滤池和生物滴滤池极适用于中低浓度的恶臭气体，其中生物滴滤池优于其他两种方法，作为一种连续和间歇性流动的水相反应器，可以更好地控制环境条件，如营养物质、pH值和降解去除有害的副产物[12]。然而，每一种技术都有优缺点，在运行方面，生物法存在微生物难以控制、抗冲击负荷不强等缺点。对于风量较大的气体，单一处理技术去除效率会降低[13]，而且需要较大体积的反应器或大剂量的化学药剂投加。针对这些问题，新的技术不断发展，生物-化学组合工艺具有高效率、低成本、低能耗且稳定等优点，尤其适用于气量大、浓度低的恶臭气体处理，是目前国内除臭工艺的发展趋势[11]。因此，本研究决定利用“生物滴滤池+化学吸收法”方法来吸收去除恶臭物质——NH_3和H_2S。本研究先探究化学吸收法的最佳适用条件及其处理效果，再结合生物法进行预先处理部分臭气，二者共同作用，实现了高去除率处理臭气，出气浓度达到了一级排放标准，还节约了后续建设投资和药剂使用成本。恶臭污染物排放标准中针对氨和硫化氢的等级划分如表1所示。

表1 恶臭污染物排放标准（节选）

序号	控制项目	单位	一级	二级		三级	
				新建改建	现有	新建改建	现有
1	氨	mg/m^3	1.0	1.5	2.0	4.0	5.0
2	硫化氢		0.03	0.06	0.10	0.32	0.60

一、材料与方法

（一）装置与仪器

实验所用恶臭气体处理装置如图1所示。

实验使用的H_2S及NH_3均为钢瓶标准气，纯度均为99.99%，由深圳市创蓝天化工有限公司生产，通过控制气瓶阀门及空压机转速，模拟所需气体浓度。除臭系统中所用的吸收柱从左到右三个柱子依次为水洗/生物滴滤池柱、酸洗吸收柱、碱洗吸收柱。柱子均由有机玻璃制成，具体规格如表2所示。

实验所用主要仪器及设备：吸收采集管，凯士德有限公司；GQ649-9/16-SS-1.0-60雾化喷头，四川成都精汇机电有限公司；EWS60空气压缩机，浙江永源机电制造有限

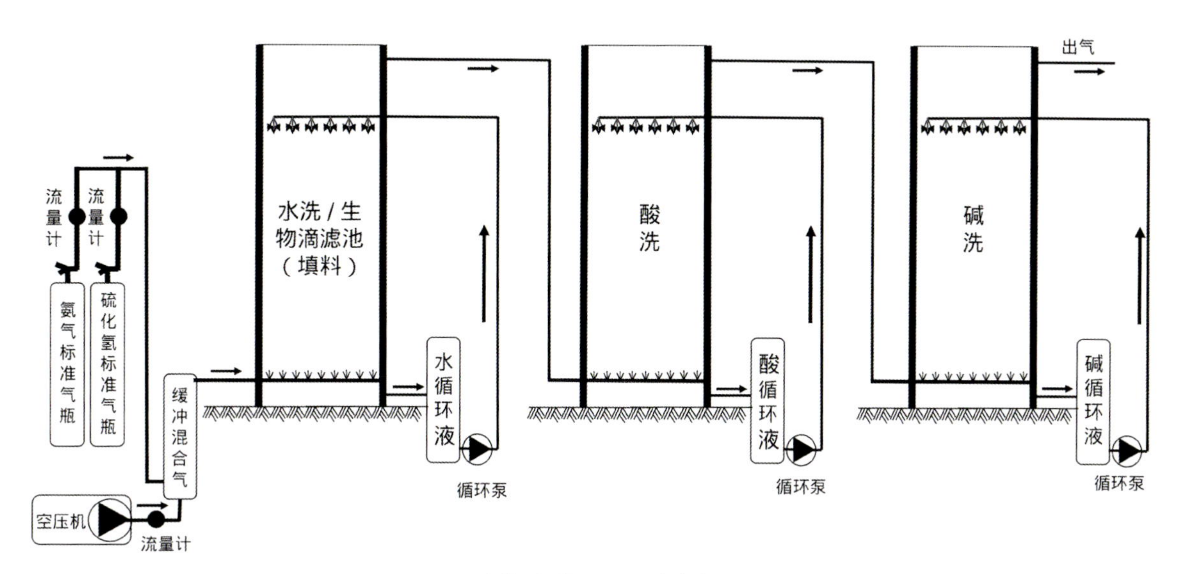

图1 生物-化学组合工艺除臭原理图

公司；玻璃转子流量计，祥锦流量仪表厂；QC-2AI大气采样器，青海路博有限公司；在线pH传感器及控制器DTP-9100美国哈希；UVMINI-1240可见分光光度计，日本岛津公司；TYP-SP2500压力泵，台湾邓元工业股份有限公司。

表2 除臭装置规格

处理工艺	反应装置	规格
化学吸收	水洗柱	直径200mm、高度1 200mm，有效高度为720mm
	酸洗柱	直径220mm、高度1 200mm，有效高度为800mm
	碱洗柱	直径180mm、高度850mm，有效高度为550mm
生物组合	生物滴滤池柱	直径100mm，高度1 000mm，填料层有效高度为650mm
	酸洗柱	直径220mm、高度为1 200mm，有效高度为800mm
	碱洗柱	直径130mm，高度为400mm，有效高度为150mm

（二）检测方法

NH_3和H_2S分别采用纳氏试剂分光光度法和亚甲基蓝分光光度法：实验使用空气采样器进行分别采样，调节采样流量为0.5L/min，采样10min后将样品溶液稀释至10.0mL，分别于波长420nm（NH_3）和665nm（H_2S）条件下，用水作为参比，测定吸光度。根据标准曲线和公式计算出NH_3和H_2S浓度。

（三）实验步骤

根据实地调研深圳市某餐厨垃圾处理厂的恶臭情况，H_2S浓度为0.89~9.08mg/m^3，NH_3浓度为0.81~3.63mg/m^3，呈波动趋势。故本研究以10mg/m^{3}的H_2S气体、4mg/m^{3}的NH_3作为恶臭气体物质进行研究。通过气体流量计的控制调节，将H_2S或NH_3的标准气稀释成所需的实验浓度。

二、结果与讨论

（一）化学吸收法对恶臭气体去除的影响因素

化学吸收法主要通过NaOH、H_2SO_4等化学药剂与H_2S及NH_3等恶臭气体发生反应以达到除臭的目的。反应如下［式（1）、式（2）］，去除率按式（3）计算：

$$2NaOH+H_2S=Na_2S+2H_2O \quad (1)$$

$$H_2SO_4+2NH_3=(NH_4)_2SO_4 \quad (2)$$

$$\eta=\frac{C_0-C}{C_0}\times 100\% \quad (3)$$

式中：η是去除率（%）；C_0是NH_3或H_2S进气浓度（mg/m^3）；C是NH_3或H_2S出气浓度（mg/m^3）。

1. 吸收液pH值对吸收效果的影响

由于H_2S属于酸性气体，故pH值越高吸收效果越好；但对于NH_3，pH值越低对NH_3吸收效果越好。利用H_2SO_4和NaOH将吸收液pH值分别调节为0.1、0.2、0.4、1、3、5、7、11、12、12.5、13、13.4、13.7、13.9，其他条件（停留时间按10s计，气液比按2 500计）均保持一致，实验结果见图2所示。由图2可知，随着pH值的增加，H_2S去除速率显著提高，NH_3去除效率降低，在pH值为0.2时，NH_3去除率达79.4%。当pH值增加到13.7后，去除率达99.78%，H_2S浓度无明显变化。当臭气经过水洗之后，会有部分气体溶解于水中被去除，然后在酸洗过中，NH_3溶于水发生电离生成OH^-离子，H^+和OH^-生成水，促使反应向右进行，酸洗浓度越高，去除效果越彻底；碱洗过程类似。因此，酸洗和碱洗最佳pH值条件分别定在0.2和13.7。

2. 停留时间对吸收效果的影响

停留时间影响臭气与吸收液的接触时间，时间过短，吸收效果不充分；时间过长，则需增加反应器体积。所以在考察这一影响因素时，化学吸收气体停留时间分别为8、10、15、20、25、30s时，吸收液pH值选择上述最适条件，其他条件（气液比按2 500计）均保持一致。由图3可知，随着停留时间的增加，H_2S和NH_3去除率也随之提高。在10s及以上时，二者均可达到一级标准。故选择10s作为最适停留时间。

3. 气液比对吸收效果的影响

气液比是指臭气与吸收液二者流量之比，当吸收液流量较小时，气液比值大，臭气吸收过剩，去除效果不高；反之，吸收液过多，会导致液滴相互融合，体积增大，与臭气接触面积变小，而且还会造成循环液的浪费。所以，

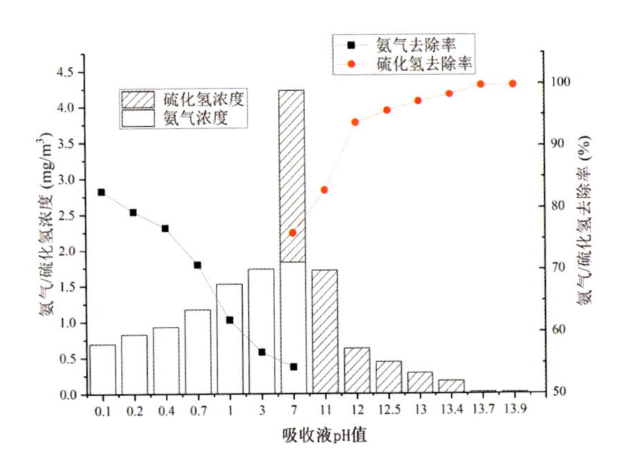

图2 NH_3、H_2S排放浓度及去除率随pH值的变化

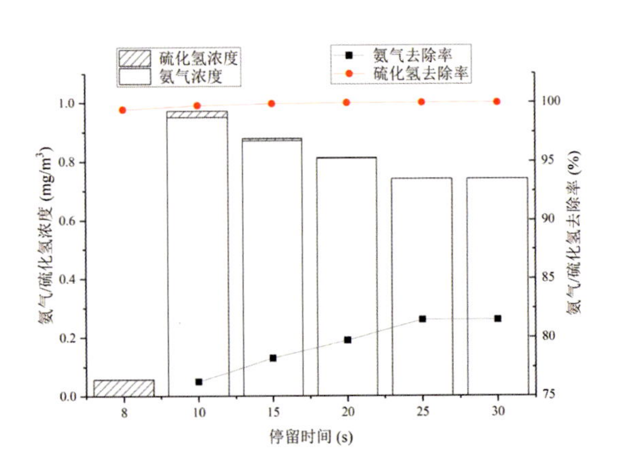

图3 NH_3、H_2S排放浓度及去除率随停留时间的变化

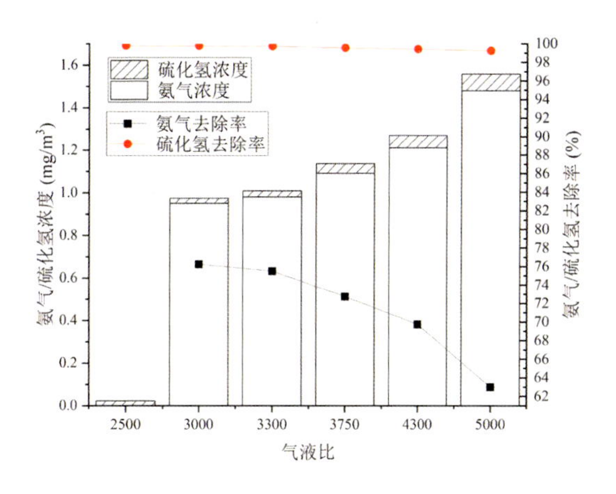

图4 NH_3、H_2S排放浓度随气液比的变化

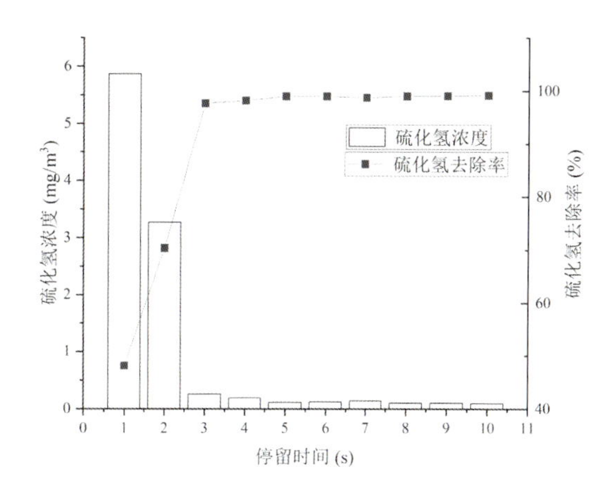

图5 H_2S排放浓度及去除率在生物滴滤池中随停留时间的变化

对H_2S和NH_3处理时，化学吸收气液比分别为2 500、3 000、3 300、3 750、4 300时，其他条件（按上述最优条件）均保持一致。由图4可知，随着气液比的增加，去除率均下降。H_2S及NH_3的气液比在3 300和3 000及以下时，二者达到一级标准，故分别选择3 300和3 000作为最佳运行条件。

4. 化学吸收法对混合气体的去除效果

根据在上述实验确定的最适条件，保持酸洗10s、碱洗10s不变，通入混合气体（即4mg/m^3NH_3和10mg/m^3H_2S），实验结果显示，当酸洗和碱洗气液比均为3 300时，NH_3浓度在1.0~1.5mg/m^{3}之间，仅达到二级标准；在气液比分别为3 000和3 300时，二者浓度分别在1.0和0.03mg/m^{3}以下，均满足一级排放标准。

（二）生物组合工艺对恶臭气体的去除效果分析

1. 生物滴滤池最佳运行条件

在生物滴滤池运行时，停留时间、营养液pH值、喷淋量均是生物法的重要参数。由图5可知，随着停留时间的延长，H_2S排放浓度逐渐降低，最后趋于稳定，尤其在3s时出现拐点，为最佳的停留时间。分析原因，停留时间过短，气体未来得及溶解进入微生物周围的液膜中，会导致微生物营养缺乏且去除效率低；反之，停留时间越长，去除越彻底。

由图6可知，随着喷淋量的增加，H_2S的去除率升高；而喷淋间隔时间延长时，H_2S的去除率显著降低。在4L/h时达到最高，但在3L/h基本稳定，故选定其喷淋间隔120min为最适条件。

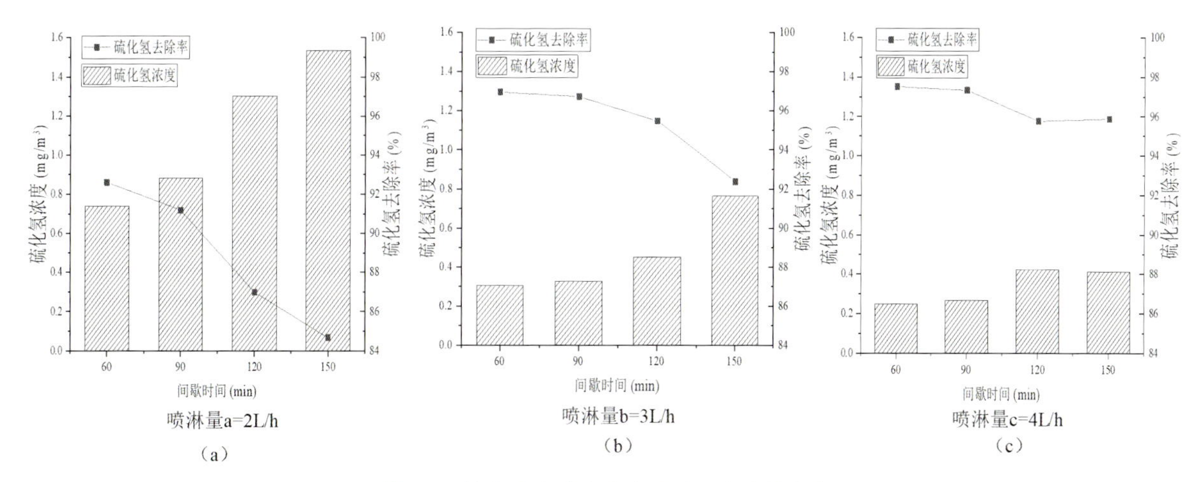

图6 H_2S排放浓度及去除率随喷淋方式的变化

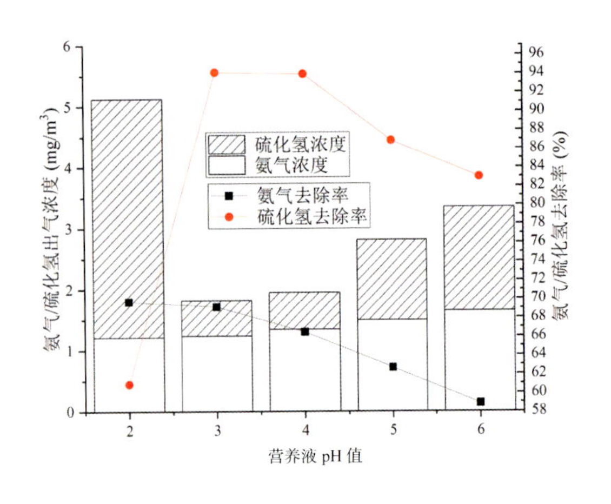

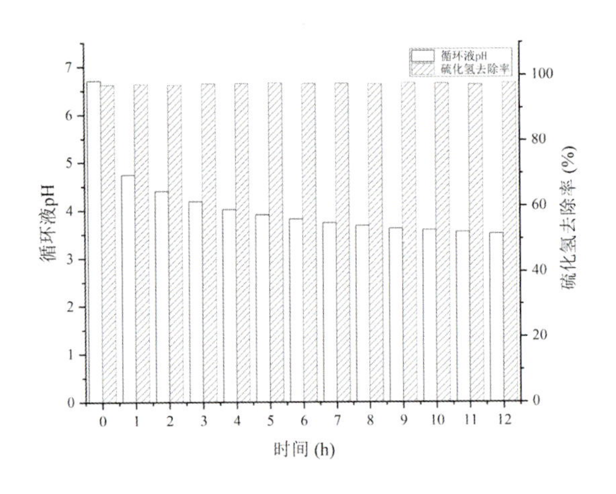

图7 循环液pH值随时间的变化

图8 NH_3和H_2S排放浓度及去除率随营养液pH值的变化

由图7可知，在停留时间为3s时，连续检测循环营养液的pH值，不难发现，在pH值<7时，H_2S的排放浓度在2~3mg/m^3之间；在6h及以后，营养液的pH值基本稳定在3~4之间。实验结果表明，H_2S在被微生物吸收时，pH值会降低，与苗茂谦等[14]发现在O_2作用下微生物会将H_2S转成在单质硫，然后硫在O_2和H_2O的条件下被微生物转化成硫酸的结论相似，导致pH值降低。由图8可知，随着pH值增加NH_3去除率下降，H_2S浓度呈先升高后下降的趋势，即在pH值=3~4时，达到二者最佳去除效果。

2. 组合工艺的运行条件的优化

通过生物滴滤池法除臭，我们发现其处理效果是不稳定的，NH_3浓度为0.59~0.68mg/m^3浮动，接近一级标准；不过H_2S（1.65~6.04mg/m^3）基本达到现有设施的三级标准，故需结合吸收法进行二次深度处理。因此，将“生物滴滤池+酸洗塔+碱洗塔”的组合工艺用于两种气体的去除，组合工艺的运行条件按照各工艺的最优参数进行优化，结果如表3所示，即控制营养液pH值控制在3~4之间，营养液喷淋量为3L/h，酸洗塔的气液比为3 000，碱洗塔的气液比为3 300。通入上述混合气体，实验结果显示，生物滴滤池停留时间3s，碱洗1s，总停留时间仅为4s的条件下，即可使处理尾气中H_2S和NH_3浓度分别降至1.0和0.03mg/m^3以下。

表3 生物－化学组合工艺对混合气体的去除效果

生物滤池停留时间 /s	酸洗停留时间 /s	酸吸收液 pH	碱洗停留时间 /s	碱吸收液 pH	总停留时间 /s	NH_3 出气标准 /（mg/m^3）	H_2S 出气标准 /（mg/m^3）
3	—	—	1	12	4	<0.03	<1.0
3	1	0.2	1	12	5	<0.03	<1.0
3	2	0.2	1	12	6	<0.03	<1.0

3. 经济比较分析

在通入相同混合气体的条件，按臭气量20 000m^3/h规模计，分别比较化学吸收法、组合工艺与传统生物除臭工艺的建设投资成本和运行费用（表4）。通过比较可以看出，传统生物工艺采用“水洗预处理+生物滤池法”工艺[15]，其投资费用和运行费用均远远高于前两者工艺，采用前两者工艺投资可节省65%~77%的费用，总费用节省55%~60%。但在长期运行的情况下来看，根据费用现值法分析[16]，依次按式（4）及式（5）计算：

$$PC=\sum_{t=0}^{n}CO_t(1+i)^{-t} \quad (4)$$

$$b=\frac{PC_A}{PC_B} \quad (5)$$

式中：PC是费用现值（万元）；A、B是方案；CO_t是第t年的现金流出额（万元）；n是计算期，本次计算按一年建成；i是折现率，一般取6%；b是指费用现值比。

根据表2数据代入可得式（6）：

$$b=\frac{309.75-313.33\times 1.06^{-t-1}}{238.77-230\times 1.06^{-t-1}} \quad (6)$$

当t=2时，式（6）中b=1.02，即两年及以后，生物组合工艺占据技术上可行，经济上最优的优势。

表4 不同工艺间经济分析比较

项目		化学吸收法	生物组合工艺	与实际运行传统生物除臭工艺对比
规格组成		酸碱洗均是内径4.4m，高4m的水泥砖砌柱	不锈钢生物滴滤池内径2.8m，高3m；碱洗水泥砖砌柱内径3.2m，高3.0m	水洗预处理＋生物过滤塔长15m，宽8.5m，高2m
投资费用	设备费（万元）	13	20.6	66
	其他费用（万元）	2	2.5	
	总计（万元）	15	23.1	
运行费用	动力费（万元/年）	16.8	13.0	17
	药剂费（万元/年）	2	0.8	
	总计（万元/年）	18.8	13.8	
总计		33.8	36.9	83

三、结论

（1）在进行化学吸收法研究时，分别对NH_3和H_2S进行处理，基本确定二者的最佳运行条件，再进行混合气体处理，最终确定该方法在pH值=0.2时的酸洗10s、pH值=13.7时碱洗10s，控制气液比分别为3 000、3 300，达到二者的最好效果，去除率达75.5%和99.76%及以上，均达到一级排放标准。

（2）在进行生物及组合工艺研究时，通过H_2S处理菌群的培养打造酸性环境同时吸收去除NH_3，最终确定在停留时间为3s时，pH值基本稳定在3~4，喷淋量3L/h，间接喷淋120min时，H_2S和NH_3的出气浓度分别为0.59~0.68mg/m^{3}和1.65~6.04mg/m^3。

（3）虽然生物法不如化学法效果高，但在生物滴滤池＋碱洗的条件下，即总停留时间为4s时，NH_3和H_2S浓度分别在1.0和0.05mg/m^{3}以下，即达到一级标准。此外，通过经济分析与传统实际生物除臭工程比较，在臭气量20 000m^3/h时，传统工艺总费用83万元，生物组合工艺与单一化学吸收工艺相较于传统工艺相对节省55%~60%的总费用，在长期运行条件下，前者相比后者具有更好的效益和发展前景。

参考文献

[1] ZHANG Y, BANKS C J, HEAVEN S. Co-digestion of source segregated domestic food waste to improve process stability[J]. Bioresource Technology, 2012, 114: 168-178.

[2] FISGATIVA H, TREMIER A, LE ROUX S, et al. Understanding the anaerobic biodegradability of food waste: Relationship between the typological, biochemical and microbial characteristics[J]. Journal of Environmental Management, 2017, 188: 95-107.

[3] FISGATIVA H, TREMIER A, DABERT P. Characterizing the variability of food waste quality: A need for efficient valorisation through anaerobic digestion[J]. Waste Management, 2016, 50: 264-274.

[4] FISGATIVA H, TREMIER A, SAOUDI M, et al. Biochemical and microbial changes reveal how aerobic pre-treatment impacts anaerobic biodegradability of food waste[J]. Waste Management, 2018, 80: 119-129.

[5] ZHANG Y, BANKS C J, HEAVEN S. Anaerobic digestion of two biodegradable municipal waste streams[J]. Journal of Environmental Management, 2012, 104: 166-174.

[6] 朱彦莉，郑国砥，高定，等，有机固体废物处理行业臭气的产生与控制[J]. 环境卫生工程，2014(2): 35-39.

[7] 沈玉君，陈同斌，刘洪涛，等，堆肥过程中臭气的产生和释放过程研究进展[J]. 中国给水排水，2011(11): 104-108.

[8] IZABELA W, JACEK G, JACEK N. Technologies for deodorization of malodorous gases[J]. Environmental science and pollution research international, 2019, 26(10): 9409-9434.

[9] ESTRADA J M, KRAAKMAN N J R B, MUNOZ R, et al. A comparative analysis of odour treatment technologies in wastewater treatment plants[J]. Environmental Science & Technology, 2011, 45(3):1100-1106.

[10] LIANG Z S, WANG J J, ZHANG Y N, et al. Removal of volatile organic compounds (VOCs) emitted from a textile dyeing wastewater treatment plant and the attenuation of respiratory health risks using a pilot-scale biofilter[J]. Journal of Cleaner Production, 2020, 253: 120019.

[11] 杜佳辉，刘佳，杨菊平，等. 生物法联合工艺治理VOCs的研究进展[J]. 化工进展，2021, 40(5): 2802-2812. DOI:10.16085/j.issn.1000-6613.2020-1234.

[12] TSAI S L, LIN C W, WU C H, et al. Cell immobilization technique for biotrickle filtering of isopropyl alcohol waste vapor generated by high-technology industries[J]. J Chem Technol Biotechnol, 2013, 88: 364e71.

[13] 蒋昊羽. 生物滴滤法与光催化法联用对二甲苯降解的探究[D]. 西安：西安建筑科技大学，2018.

[14] 苗茂谦，宋智杰，仪慧兰，等. 生物法处理含H_2S气体的研究进展[J]. 化工进展，2009, 28(8): 1289-1295.

[15] 孙卫东，衣春敏，刘绪宗. 长春市南部污水处理厂工程除臭设计[J]. 给水排水，2007(1): 47-50.

[16] 余健，陈治安，杨青山，等. 给水排水工程概预算与经济分析[M]. 北京：化学出版社，2002: 24-38.

《西涌国际暗夜社区光环境管理办法》在社区建设中的应用

刘雨姗[1]，梁峥[1]，吕宇昂[2]，吴春海[2]
（1.中国城市规划设计研究院深圳分院；2.深圳市市容景观事务中心）

摘要：以深圳西涌国际暗夜社区创建、认证全过程为例，探讨《西涌国际暗夜社区光环境管理办法》在指导西涌社区城市照明改造和控制照明建设中的应用。梳理照明管控重点，制定《西涌国际暗夜社区光环境管理办法》，在规范西涌社区照明建设，提升照明建设品质，有效开展光污染防控等方面具有重要的指导作用，经过两期照明改造，西涌社区的天空溢散光得到有效控制，夜间光环境得到明显改善，对同类型地区开展光环境改造具有重要的借鉴意义。

关键词：国际暗夜社区；光环境管理办法；暗夜保护；照明改造；光污染控制

Application of Light Environment Management Methods in the Construction of Xichong International Dark Sky Community

Liu Yushan[1], Liang Zheng[1], Lü Yuang[2], Wu Chunhai[2]
(1. China Academy of Urban Planning & Design Shenzhen; 2. Shenzhen Urban Appearance & Landscaping Affairs Center)

Abstract: Taking the whole process of establishment and certification of Xichong International Dark Sky Community in Shenzhen as an example, this paper discusses the application of *Lighting Management Measures for Xichong International Dark Sky Community* in guiding the urban lighting renovation and controlling lighting construction of Xichong Community. By sorting out the key points of lighting management and control, the *Xichong International Dark Sky Community Lighting Management Measures* formulated has an important guiding role in regulating the lighting construction of Xichong Community, improving the quality of lighting construction, and effectively carrying out light pollution prevention and control. After two phases of lighting renovation, the scattered light in the sky in Xichong Community has been effectively controlled, and the light environment at night has been significantly improved, which has important reference significance for the light environment transformation in similar areas.

Keywords: International dark sky community; Light environment management measures; Dark sky protection; Lighting renovation; Light pollution control

引言

随着城市建设的深度推进，城市照明建设规模呈现爆发式增长趋势，对塑造城市夜景名片起到重要的推动作用，随之而来的光污染问题，对天文观测、人体及动植物健康、陆地和水生生态系统造成不可预见的后果[1]。亟须通过制定相关照明管理办法，规范和管理城市照明建设，提升照明品质，提高室内外夜间光环境质量，减少能源消耗，确保照明设施的使用安全。

国际暗夜社区是暗夜国际于2001年提出的五类暗夜保护地之一，全球已有39个地区获得认证。西涌社区位于“中国最美丽八大海岸线之一”的深圳大鹏半岛南端，三面环山，东邻惠州三门岛，南邻香港西贡，具有优越的自然生态本底条件。深圳市天文台区域坐落于西涌海滩东侧崖头顶，受周边照明建设影响较少，晴天条件下星空质量较好，具有专业的观星设备和科普讲解服务，已开展多项暗夜星空主题活动，是观星和活动策划的最佳地点，具备申报国际暗夜社区的条件。经过一年多的申报材料准备，2023年3月，深圳西涌取得暗夜国际的认证，成为中国首个国际暗夜社区。在《西涌国际暗夜社区光环境管理办法》的指导下，开展了西涌社区照明设施整改工作，使该区域夜间光环境得到改善，是引导城市照明绿色低碳发展、暗天空保护和夜间生态保护的典型案例。

一、城市照明光环境管控研究

（一）国内政策法规研究

在国内，为响应城市建设进程，部分城市相继出台照明管理办法或规定，对室外照明设施的规划设计、安装建设、维护管理等提出要求，以规范和管理当地照明设施和照明建设，逐步完善城市夜景照明体系，提升城市夜间照明品质和打造城市夜间名片。随着公众对光污染防控认识的提高，相关管理办法和政策得到不断发展和完善，在《建筑照明设计标准》（GB 50034—2004）中，包含了光污染防控内容，对建筑照明的光束控制、灯具选择和照明布局等方面进行控制，减少不必要的溢散光和眩光。中国环境保护部发布的光污染防控技术导则，提供了光污染防控的技术指导和建议，作出了室外照明的光束控制、灯具选择、照明设计和亮度控制等方面的规定。2017年颁布的《室外照明干扰光限制规范》（GB/T 35626—2017），为更好地管理城市光环境，提高城市公共照明的科学技术水平，避免照明设施影响城市环境以及干扰人们的正常生活，达到营造和谐城市光环境、保障人们夜间生活需要、保障交通安全、防止光污染、节约能源的目的，提出了室外照明干扰光相关的城市环境亮度分区、干扰光分类、干扰光的限制要求和措施。2018年颁布的《LED显示屏干扰光评价要求》（GB/T 36101—2018），对近年来普及的LED显示屏引起人的不舒适感觉或视觉功能下降的干扰光进行控制，提出不同环境下LED显示屏应满足的照度、亮度和阈值增量限值，判断实测数据是否超出限值要求，从而对LED显示屏干扰光进行评价。2022年8月，新修改的《上海市环境保护条例》正式实施，条例新增了防治“光污染”的内容，提出“依据生态环境保护需要提出照明要求”的条款，成为中国首部纳入光污染防治的地方性环境保护法规。在最新发布的《城市照明建设规划标准》（CJJT 307—2019）中，明确提出光污染防控要求，提出城市照明四区划定概念（表1），（即划定暗夜保护区、限制建设区、适度建设区及优先建设区），以落实城市夜间的生态保护，并有效控制城市照明的建设规模和建设强度，避免过度建设引发城市生态事故，干扰公众夜间正常生活，增加城市能源消耗，加重政府财政负担。根据现有文献资料对光污染的研究，人工照明时间、强度、波长等仍缺乏对光污染防控提出具体的要求。

一些城市将光污染防控要求纳入具体的照明管理办法，如北京市发布的《北京市城市照明管理办法》、上海市发布的《上海市城市照明管理办法》和深圳市发布的《深圳市城市照明管理办法》等，对照明设施的设置、亮度、照明控制等进行了规范。

上述法律法规、管理办法等对光污染、干扰光等的具体规定仍局限于对居民生活和交通安全的影响，强调避免光照直射居民住宅，防止光线对车辆驾驶人员造成干扰等，仍需进一步针对城市生态保护的照明控制提出具体规定。

表 1《城市照明建设规划标准》（CJJT 307—2019）照明分区

分类	特征属性	照明控制原则
一类城市照明区（暗夜保护区）	生态保护区	对人工照明有严格限制要求，应保持城市暗天空
一类城市照明区（限制建设区）	景观价值相对较低，以居住、交通、医疗、教育等功能为主的城市空间	保障功能照明，应对景观照明有严格限制要求
一类城市照明区（适度建设区）	具备一定景观价值，以办公、休闲等功能为主的城市空间	在保障功能照明的基础上，应根据夜景要素特点，适度建设景观照明
一类城市照明区（优先建设区）	具备较高景观价值或有大量公众活动需求，以商业、娱乐、文体等功能为主的城市空间	在保障功能照明的基础上，宜优先安排景观照明建设

（二）国际政策法规研究

国际上，专家学者较早开展了光污染防控的相关研究，将光污染防控纳入城市法规中进行约束。美国国家公园服务（National Park Service）制定了光污染管理政策，旨在保护国家公园的天空质量和星空观测条件。此外，一些州和城市也采取了法规和指导文件来限制光污染，例如《亚利桑那州的光污染法规》和《加利福尼亚州的光污染控制条例》。欧洲联盟（EU）制定了光污染防控政策，以保护天文观测、野生动物和人类健康。其中包括对户外照明的要求和限制，以减少不必要的溢散光。澳大利亚天文台（Australian Astronomical Observatory）发布了光污染防控指南，鼓励使用光污染友好的照明设计和设备。澳大利亚的一些州和领地也有光污染管理法规和准则。加拿大各省份的一些城市和地区制定了光污染防控条例和指南，例如《安大略省的光污染条例》和《阿尔伯塔省的光污染准则》。新西兰制定了光污染管理条例和指南，以保护该国的天文资源和自然环境。其中包括限制夜间户外照明的亮度、方向和时间等要求。2020年，联合国《养护野生动物移栖物种公约》（简称《公约》）缔约方通过了关于光污染的准则，涵盖海龟、海鸟和迁徙滨鸟，该《公约》提出了最佳照明实践的六项原则，并呼吁对可能导致光污染的相关项目进行环境影响评估。

二、人工照明对生态系统及天文观测的影响研究

（一）人工照明对植物的影响

光强、光质和光周期会影响植物生长，研究表明，弱光条件下，增加光照强度可以提高植物光合速率，当照明增加到一定强度时，人工照明会使植物叶片产生光抑制现象，进而影

响日间光合作用。尤其对于水生植物，在低照度夜间照明的影响下，即会产生明显的光抑制作用。植物根据对光照的需求可分为喜光植物、偏喜光植物、耐阴植物和阴生植物，不同类型植物所能接受的光照上限不同，对于耐阴植物和阴生植物，人工照明会对其夜间生长发育造成影响。部分园林植物叶片色彩的变化与光强度成正相关关系，在强光条件下，植物叶绿色遭到破坏，进而产生大量胡萝卜素使植物叶片在强光下变橙变红，并随光强度的升高而越发鲜艳。不当的人工照明，将扰乱植物的生物节律，刺激光敏色素传导信号，诱导相关基因的表达，从而影响植物叶片季节性色彩变化[2-3]。光质通过叶绿素影响植物的光合作用，叶绿素含量反映植物吸收和转化光能的能力，是评价植物生长发育的重要指标，不同光质对植物叶绿素含量的影响不同。许多研究表明，白光和红光促进植物叶绿素含量的增加，而蓝绿光抑制植物叶绿素含量的增加。光周期的改变会影响植物的生长发育，通过探索光照与植物开花的作用机制，可以实现对观赏植物开花期的有效控制。在光辐射光谱中，植物对蓝光与红光光谱最为敏感，对黄光、绿光敏感性较低，对波长为400~700nm区间内的光最为敏感。

（二）人工照明对动物的影响

有视觉的动物通过周围环境中的光线获得大量的信息，包括使用月光或者星光觅食、导航等。过度的人工照明破坏了自然的光照周期，改变了动物繁殖、迁徙等生活习惯，从而不同程度上影响了生物多样性[4]。人工照明延长了昼间物种的感知时长和活动模式，但对夜间及晨昏型物种而言，人工照明缩短了他们的活动时间，并对其视觉造成干扰。全球范围内，已有许多野生动物的行为因夜间光污染而明显改变。以易受人工照明影响的鸟类为例，部分鸣禽的报春时间受人工照明影响提前，数以百万计的野生鸟类因夜间撞向发光建筑物而死。2017年，由康奈尔大学鸟类学家安德鲁·法恩斯沃思（Andrew Farnsworth）领导的研究小组发现，9·11国家纪念博物馆每年于纽约曼哈顿下城举办的“光之致敬”（Tribute in Light）灯光秀在过去7年内吸引了110万只鸟类，使其失去方向。在灯光秀开始的20min内，多达16 000只鸟挤进了方圆0.5km的范围内。相对黑暗环境，高强度人工照明会导致部分鸟类觅食时间的增加，干扰鸟类的进食行为。人工照明产生的天空溢散光，影响了夜行性候鸟的飞行高度和路线，为避开照明高度建设的城市化区域，候鸟选择黑暗天空环境区域进行夜间迁徙，并调整飞行高度从数百米升至几千米。长波长光（红光）给笼中鸣禽带来的光刺激比短波长光（蓝光）要强，受光刺激会使鸟类加快繁殖。

（三）人工照明对昆虫的影响

关于人工照明对昆虫生理行为的影响研究以鳞翅目昆虫为主，研究表明，人工照明对昆虫全生命周期内的发育、运动、觅食、繁殖和捕食风险均具有直接或间接影响。夜间过亮的室外照明导致益虫扑灯死亡，造成蚊虫或农业害虫的爆发，美国杜森市室外霓虹灯对食蚊类益虫的吸引，使夏季蚊虫泛滥，对生态系统自我调节作用造成破坏。光强、光质和波长是决定昆虫夜间活动的因素。此外，光源高度和距离也对昆虫行为造成影响，昆虫能感受到500m外的光源并受到吸引，使昆虫由于疲劳、灼烧感或被捕食而死亡[5]，5m高灯具吸引昆虫的数量是2.5m高灯具的1.5倍[11]。通过对比城市中光污染较严重的区域和暗天空保护区发现，在城市群落的飞蛾的飞行行为较暗天空保护区的同种类别昆虫平均减少30%，聚集并暴露在人工照明下的鳞翅目昆虫如飞蛾的飞行能力受到干扰，使其在面对天敌蝙蝠时，无法做出正常的防御手段。人工照明影响了昆虫夜间飞行时，感知月光进行定位和修正方向的能力[6-8]。人工照明会影响昆虫体内褪黑激素的分泌，使昆虫无法及时对身体内部的损伤进行修复。光照时长和强度是许多昆虫进入和结束滞育的关键因素，过度的夜景照明破坏了原有的光环境，从而减少滞育发生率和时间，进而影响整个生物链的稳定性[9]。此外，昆虫对人工照明的趋光性会间接地对部分或完全依赖于夜间授粉的植物产生负面影响[10]。昆虫对光色的感知，根据趋性从大到小排列为320~390NM黑光灯波段＞350~490NM蓝光灯波段＞500~565NM红光灯波段＞555~610NM绿光灯波段＞625~670NM黄光灯波段，双翅目、鳞翅目、鞘翅目昆虫最易被人工光源尤其是紫外光、绿光和蓝光吸引。因此，应避免短波长光源的使用。

（四）人工照明对天文观测的影响

自然条件下，暗夜天空的自然照度水平受自然天体光源控制，主要由月球、大气辉光、黄道光和银河系背景光。在无月夜晚，远离黄道光和银河系背景光的暗夜天空亮度约为22mag/arcsec^{2}，相当于1.7×10^{-4}cd/m^{2}。美国科学家约翰·波尔特建立了黑暗天空分类法，将光污染危害分为9个等级，第一级指完全黑暗的天空，黄道光、黄道带等清晰可见，天蝎座和人马座中的银河区域可以在地面上投下淡淡的影子，裸眼的极限星等可达到7.6~8.0等，天空中的木星或金星甚至会影响肉眼对黑暗的适应程度；第九级指城市中心区天空，整个天空包括天顶方向均被照亮，许多熟悉的星座及天体已无法看见。国际上也采用天空亮度区间表示不同天空亮度水平下的夜空状况，当人工照明亮度比自然光高出1%（0~1.7μcd/m^{2}）时，对原始天空无影响。当人工照明亮度高于自然光1%~8%（1.7~14μcd/m^{2}）时，天顶处光污染较少，地平线方向逐渐退化。当人工照明亮度高于自然光8%~50%（14~87μcd/m^{2}）时，天顶处可见光污染。当人工照明亮度高于自然光50%到银河系不可见的光照水平（87~688μcd/m^{2}）时，暗夜天空的自然外观显示，从银河系不可见到人类视锥细胞受到刺激的照度水平为688~3 000μcd/m^{2}，当人眼无法适应夜间环境时，夜间光照强度极高，达到3 000μcd/m^{2}以上。目前，随着城市的快速发展，城市照明建设量急剧增加，由此引发的光污染问题日益突出，对各地的天文观测造成不同程度的不利影响。根据1985年国际天文学会联合会（IAU）的建议，世界级的高质量天文台由人工光而增加的背景亮度应少于10%，即人工光的背景的增加不超过0.1等，国家级的不超过0.2等，而1998年的一份对上海天文台佘山观测站周围光污染的测试表明，光污染比例高达591%，人工照明亮度已远高于天空本身的亮度。上海天文台周边光污染问题的日益加剧，其1.56m望远镜作为中国科学院光学天文开放实验室的大型设备，目前只能观测亮于17等的天体，无法发挥相应的观测作用。20世纪30年代我国自建的紫金山天文台，深感光污染对天文研究的危害，至1985年，紫金山天文台周边夜空光强度亦是同类型的美国布天文台的十几倍，导致天文台原有的小行星观测工作进展困难，最终不得不选择光污染较少的城市区域迁址重建。

三、国际暗夜社区光环境管控要求

为提高全球对光污染控制和暗夜天空保护的关注，暗夜国际（Dark Sky International）于2001年发起国际暗夜地计划（International Dark Sky Places Conservation Program, IDSP），倡导国际上具有良好暗夜条件或追求良好暗夜条件的社区、公园、保护区等组织，通过制定实施合理的照明管理政策以及推行相关科普教育等方式，保护当地暗夜天空，并发展暗夜经济。国际暗夜社区是五类暗夜保护地之一，是制定实施高质量户外照明政策、并努力向公众宣传暗天空重要性的城镇或社区。保护暗夜天空条件需避免或降低人工光对夜空的侵扰，并制定实施生态友好的照明控制政策。暗夜国际对国际暗夜社区内照明建设提出一系列照明控制要求，需在指定时间内确保所有照明设施达标。控制要求包括对上射光的屏蔽，对色温的控制，对单位面积内灯具总流明值的控制，新建照明设施的审批，广告招牌照明面积、亮度、色温及开启时间控制，以及户外娱乐和运动场照明的控制要求。针对西涌社区照明现状，单位面积总流明数的控制，广告招牌照明和户外运动场照明的改造是此次申报过程中重点关注的内容（表2）。

表2 暗夜国际对暗夜社区认证提出的照明控制要求

序号	照明控制要求
1	国际暗夜社区内，所有初始流明超过1 000的照明设备必须实现全遮蔽（全遮蔽是指经过屏蔽的光源，其水平面上方不发出任何溢散光）
2	国际暗夜社区需要限制照明设备短波长的光，灯具的相关色温（CCT）不得超过3 000K；国际暗夜社区内照明的明暗比（S/P）不得超过1.3
3	国际暗夜社区应对非截光照明总量进行限制，例如对每英亩（1英亩≈0.405hm^2）照明界面总流明进行限制，或对非截光灯具的总流明（或等效瓦数）进行限制
4	管理者应提出解决过量照明问题的政策，例如规定能源密度上限、规定每英亩照明界面的流明（不考虑遮蔽型照明）或照度上限等
5	管理者应明确地规定何时、何地以及什么情况下可以新建公共户外照明（路灯或在其他公共道路上的照明），提出未来公共照明设施自适应控制方案，明确按时熄灯的要求
6	国际暗夜社区内，安装标志照明时，在全白光显示的条件下，夜间（日落到日出）运行的亮度不得超过100cd/m^2 标志照明在日落后1h需完全熄灭，直至日出前1h；单个标识的发光表面积不得超过200平方英尺（18.6m^2）
7	国际暗夜社区的照明控制要求适用于所有公共及私人照明，自照明政策生效起10年内，所有不合格照明必须按照该政策调整
8	户外娱乐或运动场照明可免除上述要求，只要满足以下所有条件： ①场地的照明仅用于表演和舞台、场地表面的照明，不作其他使用 ②灯具亮度必须能根据场地任务性质来进行调整（例如，演绎活动和现场调试） ③照明的场外溢散光影响将尽可能限于最小范围内 ④遵守严格的熄灯要求（例如，灯光必须在22:00前或表演结束后1h内熄灭，以两者较晚者为标准） ⑤必须安装定时控制器，通过自动熄灭的方式，来避免照明因疏忽而导致的整夜未灭情况

四、《西涌国际暗夜社区光环境管理办法》编制

编制光环境管理办法，是拟申报社区向暗夜国际申报时必须提交的申报材料之一。《西涌国际暗夜社区光环境管理办法》，包括总则、照明控制要求、规划建设和运营维护环节的控制要求，以及针对积极参与暗夜社区照明改造及宣传推广的村民和业主的奖励政策，并对暗夜社区的未来建设计划进行说明。

（一）总则

总则针对西涌暗夜社区的适用范围，照明设施数量，管控重点，基本原则，社区、居民、游客及业主的职责和西涌暗夜社区运用维护主体单位进行解释说明。明确了编制管理办法的目的在于加强西涌暗夜社区内全部公共及私人照明设施的管理，保护暗夜天空，确保暗夜质量同比无下降，同时满足当地居民生活所需的夜间照明，明确社区、居民、游客、商业主的权利和责任，并促进相关部门之间的合作。总则中对上位照明规划——《深圳市城市照明专项规划（2021—2035）》中西涌社区的照明控制要求进行说明，确保西涌暗夜社区内的照明设施改造同时满足相关的上位控制要求。总则对已有照明设施进行了详细的分类统计，针对现有的照明设施需要对照管理办法提出的控制要求进行优化提升，针对未来新增照明设施，需要在充分判定确需建设的前提下，才可进行适度建设。

（二）照明控制要求

照明控制要求基于广泛翔实的现状调研，梳理了西涌社区内的照明设施种类。道路照明设施包括市政道路照明和村道照明，灯具数量多，采用单臂路灯沿道路单侧布置，部分狭窄的村道路段将路灯安装于墙面或使用投光灯提供功能照明，灯具选型、光源类型多样，均未采用全截光型灯具，色温超出国际暗夜社区的要求，对夜间环境影响较大。公共空间照明设施包括停车场、公园广场、运动场、儿童游戏场地等空间，西涌社区内较大的公园广场有沙岗公园及鹤薮公园两处，停车场、运动场及儿童游戏场地为8个村落配套设施。公园广场、停车场内庭院灯为非截光型，色温较高，儿童游戏场地及运动场采用路灯、投光灯等多种类型，眩光问题严重。景观照明设施包括营造商业氛围的各类灯串灯带，植物投光灯等照明设施，具有色彩、动态变化，由于此类照明设施数量多、亮度高，照射角度朝向天空且无遮光结构，造成了较多的天空溢散光。由于发展滨海旅游，西涌社区内八个村落的大量民居已改造为民宿及餐饮店，各商家为招揽客人提供清晰的夜间指引功能而设置的广告招牌照明数量较多，色温及亮度较高，多设置于屋顶，是影响西涌社区内夜空质量的重要因素，亟须开展改造工作。西涌海滩为确保夜间使用安全设置的照明设施安装角度过高，照亮了近海空间，或对夜间海洋生态造成干扰，需要提出相应的照明要求规范建设。此外，管理办法对深圳市天文台、村落室内照明，海上船舶照明提出控制要求，已确保管理办法适用于社区内全部的公共及私人照明设施。考虑到西涌社区的滨海旅游度假区属性，国际暗夜社区认证成功后，将有大量的滨海旅游、文艺展演活动在此处开展，因此本管理办法对参与观星活动的手持便携式照明设备及根据活动需求设置临时照明设施等情况提出相应的控制要求，最大化地避免暗夜环境遭到人工照明建设的干扰。

各类照明设施照明指标的确立，一方面参考国标要求，确保改造后的夜间光环境较改造前在照明品质上有所提升，满足公众夜间使用的需求。另一方面，参考暗夜国际对国际暗夜社区提出的十项基本照明要求，使西涌社区的夜间光环境满足申报条件。在照明通则要求中对灯具的遮蔽型及色温进行控制，当光源的初始光通量超过1 000lm时，应完全遮蔽，各类照明设施的色温不得超过3 000K。为控制照明建设强度和照明总量，通则中对西涌社区内各类照明设施的总光通量进行控制，考虑现有灯具总光通量及未来照明建设预估量，提出西涌社区内每英亩范围内全遮蔽及无遮蔽的户外照明设施光通量。

机动车道、人行道及非机动车道、公共活动空间、运动场地及公共停车场均根据场地分级参考国标照明控制要求进行控制，对道路路灯启闭时间的智能控制和深夜模式下的低亮度控制是避免照明建设过度干扰暗夜天空的重要措施。由于体育活动对高照度、高色温照明的要求，将造成运动场地及周边小范围区域亮度过高，是国际暗夜社区需要重点控制的照明类型，为解决该问题，在满足国标一类运动场地照明要求的前提下，对运动场地照明的溢散光进行控制，要求运动场地照明仅可照亮场地及观众看台，避免光线向周边溢散。距离运动场地边缘10m处的光通量不得超过照明设施总光通量的15%，距离运动场地边缘45m处的发光强度不得超过1 000cd且不超过相应环境区域照明标准值要求。对运动场地的照明时间进行控制，要求照明设施在22:00后或比赛结束后1h内熄灭，可考虑安装定时器或传感器，使照明设施仅在有人使用时开启。对运动场地照明模式进行控制，要求运动场地照明配备调光系统，通过全照度的25%~100%范围内的自适应调光，满足比赛、演出、维护、检修、清洁等不同活动对照明的需求。当开展比赛、演出活动时，照度为100%，当开展维护、检修活动时，照度为50%，当开展清洁活动时，照度为25%。此外，对各类建筑附属空间，如主次入口、庭院、室外廊道、店铺及户外摊位等空间采用全遮蔽及非全遮蔽灯具时，灯具的初始光通量进行控制。鼓励私人照明设施采用可自动启闭的灯具，限制户外摊位照明在夜间22:00或营业时间结束后1h内及时关闭。

西涌社区内不建议开展大规模景观照明建设，严禁使用激光灯、探照灯等上射至夜空的照明设施，严格控制建（构）筑物外轮廓勾线的照明方式，不得对动植物、夜间观星等造成干扰。对社区内用于营造夜间商业氛围的灯串花灯的照明设施，要求其单个灯体的光通量不得超过50lm，总光通量不得超过4 000lm，色温不得超过2 700K，建议将灯具安装在雨篷下，遮挡向上溢散光。

对以沙岗村、新屋村、鹤薮村、芽山村为主的户外广告、招牌和标识照明，提出通则要求，户外广告、招牌和标识照明宜具有亮度调节功能，色温不得超过3 000K，可通过更换光源或增设滤片（玻璃纸/滤光片）等方式进行调整。单个户外广告、招牌和标识的照亮表面积不得超过18.6m^2。宜选用小型化、艺术化的户外广告照明，减少发光面面积。采用内透光、外投光式的户外广告、招牌和标识照明，在全白显示测量条件下的平均亮度不得超过100cd/m^2，可通过设置调光器，或增设滤片（减光片/滤光罩）等方式降低亮度。照明方式不得对周边环境产生眩光，严格控制LED显示屏等电子显示装置的使用。在特殊要求中，对于户外广告照明，应在日落后1h至日出前1h内完全熄灭。可通过设置定时器，对广告照明的启闭时间进行控制。对于户外招牌照明，除控制照明时间外，根据不同的设置位置进行照明控制，平行于建筑物外墙的户外发光招牌，可增设遮光设施，宜采用向下照射光、背发光等照明方式，隐藏光源、减少灯光溢散。垂直于建筑物外墙的户外发光招牌，宜采用小型化的形式，宜采用向下照射光、背发光、字体镂空发光等照明方式，减少发光面积，避免灯光溢散。逐步改造楼顶发光招牌，禁止新增。对已有橱窗式发光招牌，应与门店立面和入口等空间相结合，在特殊观星时段，设置遮光帘或遮光棚等遮蔽物，对橱窗进行遮蔽。鼓励结合暗夜星空、海洋主题的小型独立式发光招牌的应用。对标识照明，仅允许用于夜间寻路，无装饰目的的路牌、社区及村口标识整夜开启。

深圳市天文台作为观星活动的核心区域，对夜空质量要求较高，现阶段深圳市天文台已关闭车行道照明，并采用窗帘限制室内照明溢散。对居民、民宿的室内照明，鼓励其多使用窗帘和选用控光较好的灯具，减少溢散光。要达到此要求，需要加强全民宣传，提高公众暗夜保护意识，自发地进行暗夜保护行为。现阶段，部分以观测星空为主题的民宿，已自发进行照明改造。

海滩、海上船舶照明有确保海滩夜间安全的需求，仅在必要时间内开启，尽可能使用全遮蔽灯具，在特殊天象期间关闭。手持式便携式照明为户外行走和游赏、星空观测和摄影、户外徒步和观星露营的游人提供便捷和安全保障，主要包括手电筒、帽灯、头灯、提灯、灯笼、光绘棒、发光手环等。与活动照明相似，为临时性照明设施，在活动期间可使用并在活动结束后及时拆除。

（三）奖励政策及未来计划

在奖励政策上，深圳市天文台对积极参与暗夜社区创建，主动进行户外广告、招牌照明及室外照明改造的民宿、餐饮业主给予免预约进入天文台参与科普学习活动的名额，调动了公众自发开展照明改造工作的积极性。

在未来计划上，参照国际暗夜社区创建要求，需在10年内完成所有照明设施的改造，确保其满足光环境管理办法的要求。综合考虑西涌社区现有照明设施数量，在本次《西涌国际暗夜社区光环境管理办法》中制订了五年改造计划，分期逐步完成区域范围内全部企业和居民的照明设施改造。同时将策划主题夜游活动、光影艺术活动，形成活动路线，逐步丰富国际暗夜社区内涵。

五、西涌国际暗夜社区照明改造

西涌国际暗夜社区申报前期编制的《西涌国际暗夜社区光环境管理办法》，在西涌社区一期照明整改工作中得以试用，并取得了较好的应用效果。根据申报要求，提交最终申报材料时，西涌社区内应有至少30%的照明设施符合要求，在前期调研过程中，由于西涌社区粗放的照明建设，大量照明设施无法达标，因此需要尽快开展照明改造，确保申报工作的顺利推进。考虑协调和改造难度，一期照明改造工作以市政道路、村道照明设施和新屋村广告照明试点为例。

（一）市政道路及村道照明改造

西涌社区内市政道路为城市支路，为双向两车道，采用杆高7.5m的60W、90W单臂路灯提供照明，灯杆间距为25~30m，路灯选型多样，均为非截光型LED路灯。经测量，市政道路均匀度不达标，灯具色温高于国际暗夜社区的照明控制要求。村道为单车道，采用与市政道路高度一致的单臂路灯提供照明，灯具功率、光源类型不统一，部分狭窄道路路灯安装于墙面（表3）。

表3 西涌社区市政道路照明设施数量统计

位置	灯具总数	灯具概况			高度（m）	路灯布置	色温（K）	照度（lx）
		类型	功率	数量				
南西路	73	路灯	90W	40	10	单侧，间距25m	4 005	
			60W	33	7.5			
鹤芽路	51	路灯	60W	51	7.5	单侧，间距25~30m	4 075	
新海路	31	路灯	60W	31	7.5	单侧，间距30m	4 009	
南社路	21	路灯	60W	21	7.5	单侧，间距30m	4 154	
格洋路	44	路灯	60W	44	7.5	单侧，间距25m	3 894	
西贡路	14	路灯	60W	14	7.5	单侧，间距25m	4 579	

为改善西涌社区光环境，对市政道路、村道开展一期照明改造工作。市政道路统一灯具选型，保留原有灯杆高度和间距不变，采用2 700K全截光型灯具替换原灯具，原方案拟采用同功率灯具替换，即使用60W及90W灯具，通过灯具现场测试，60W的灯具平均照度偏高，因此在后期整改中调降灯具功率。最终，灯杆高度为10m的市政道路路灯采用90W的灯具，高度为7.5m的市政道路及村道路灯采用50W的灯具，无灯杆安装条件需在墙面安装的路灯采用40W投光灯进行替换（表4）。对改造后的道路照明进行照度计算，平均照度可满足国家标准要求。

经过改造市政道路和村道，色温达到统一效果，形成了明显的功能照明骨架，有效地控制了水平面以上溢散光。同时确保整改后的照度值满足国标要求，全面提升了夜景照明品质。

表4 村道照明改造前后对比

位置	视角	灯具更换前	灯具更换后
新屋村	人行视角高度 =1.5m		
	航拍鸟瞰高度 >80m		

（二）广告招牌照明改造

西涌社区有大量民宿、餐饮为参与滨海旅游活动的人群提供住宿餐饮服务，各类商业性户外广告、户外招牌照明建设缺乏统一规划，位于建筑屋顶及依附于建筑外墙设置的户外招牌，亮度过高，对西涌社区夜间光环境影响较大。由于各商家间协调难度大、数量多，一期照明改造工作挑选典型村落——新屋村内的典型广告招牌作为照明改造试点。该村落靠近4号海滩入口及天文台入口，广告招牌类型以民宿招牌为主，且具有以星空观测为主题的民宿建设，改造难度较小，改造后对村落整体光环境改善较大。

通过实验室测试，确保广告招牌表面亮度低于100cd/m^2、色温低于3 000K，发光面积低于18.6m^2，且仅在营业时间内开启。经过照明改造，广告招牌照明在不影响原有指引功能的前提下，可满足国际暗夜社区申报要求（表5至表8）。

表5 不同亮度高脚背光字亮度示意

高脚背光字照明效果示意		
序号	亮度最大值	实测照片
1	851cd/m^2	

续表

高脚背光字照明效果示意		
序号	亮度最大值	实测照片
2	117cd/m^2	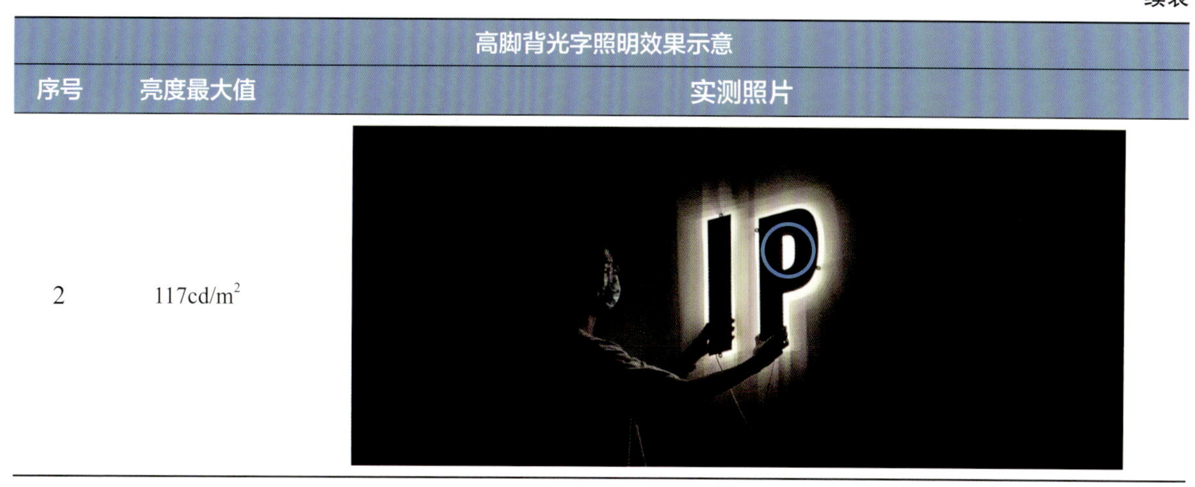

表 6 高脚背光字招牌照明改造前后对比

位置	灯具更换前	灯具更换后
自在冲浪	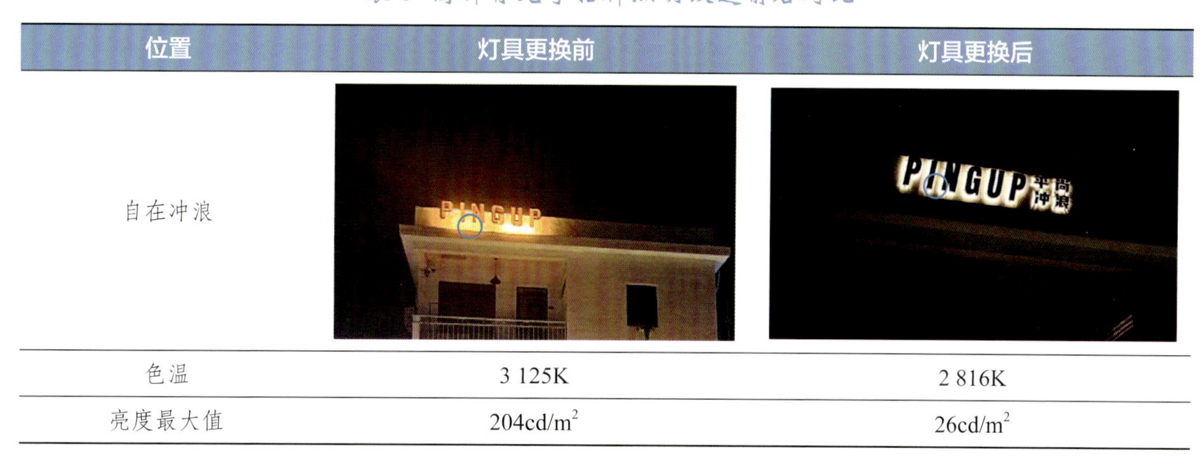	
色温	3 125K	2 816K
亮度最大值	204cd/m^2	26cd/m^2

表 7 不同亮度自发光字亮度示意

自发光字照明效果示意		
序号	亮度最大值	实测照片
1	687cd/m^2	
2	18.8cd/m^2	

表 8 自发光字招牌照明改造前后对比

位置	灯具更换前	灯具更换后
自在冲浪		
色温	5 732K	2 745K
亮度最大值	359cd/m^2	53cd/m^2

六、结论

全球已有越来越多的国家和地区在其照明指南和政策中提出限制人工照明对周边生物和暗夜天空的影响，深圳西涌社区编制的《西涌国际暗夜社区光环境管理办法》，是我国探索光污染防控，减少人工照明对夜间生态环境影响的重要实践。通过西涌社区一期照明改造工作的实践，验证了《西涌国际暗夜社区光环境管理办法》中提出的相关照明要求，对改善当地夜空质量具有可操作性。由此引申形成的简化版本，概括了关键照明控制要求，并向业主及居民发放、宣传，加深了公众对如何在照明建设中满足暗夜保护要求的理解和认知，确保了新建照明设施符合暗夜保护控制要求，实现了西涌国际暗夜社区的全民共建。

参考文献

[1] FALCHI F , CINZANO P , DURISCOE D, et al.The new world atlas of artificial night sky brightness[J].Science Advances, 2016, 2(6):1600377-1600377.DOI:10.1126/sciadv.1600377.

[2] 杨春宇，段然，马俊涛. 园林照明光源光谱与植物作用关系研究[J]. 西部人居环境学刊，2015, 30(6): 24-27.

[3] 段然，杨春宇，陈霆. 园林照明对景观植物叶片色彩影响研究[J]. 中国园林，2015 (9): 83-86.

[4] ROSENBERG Y, DONIGER T, LEVY O. Sustainability of coral reefs are affected by ecological light pollution in the Gulf of Aqaba/Eilat.Communications Biology, 2019, 2(1): 10.1038.

[5] SVENSSON A M, Rydell J. Mercury vapour lamps interfere with the bat defence of tympanate moths (*Operophtera* spp. Geometridae) [J]. Animal Behaviour, 1998, 55: 223-226.

[6] JANDER R. Ecological Aspects of Spatial Orientation [J]. Annual Review of Ecology and Systematics, 1975, 6: 171-188.

[7] Sotthibandu S, Baker R R. Celestial orientation by the large yellow underwing moth [J]. Noctua pronuba L. Animal Behaviour, 1979, 27: 786-800.

[8] GASTON K J, DAVIES T W, BENNIE J, et al. Reducing theecological consequences of night time light pollution: Options and developments [J]. Journal of Applied Ecology, 2012, 49: 1256-1266.

[9] ISMAIL M S M, GHALIA A H, SOLIMAN M F M, et a1. Certain effects of different spectral colors on some biological parameters of the two-spotted spider mite [J]. Egyptian Journal of Biological Pest control, 2011, 3(1): 27-39.

[10] KNOP E, ZOLLER L, RYSER R, et al. Artificial light at night as a new threat to pollination [J]. Nature, 2017, 08:206-209.

[11] GORONCRY E E. Light Pollution in Metropolises: Analysis, Impacts and Solutions [M]. Germany: Springer Fachmedien Wiesbaden GmbH, 2021.

智慧城市中智慧灯杆的多元协同发展

李宇尘
（深圳市洲明科技股份有限公司）

摘要： 智慧城市的发展正进入深水区，通过多功能智慧灯杆将各类感知设备进行融合，提供切实可行的解决方案，降低成本并美化城市景观。随着5G的普及，边缘计算在智慧城市中扮演着重要角色，提供实时的数据分析和智能化处理，节约网络和云端资源成本。在智慧路灯中，边缘计算模块能与其他终端融合，实现感知、计算、决策和反馈的全流程闭环方案。人工智能算法技术为智慧路灯提供了智能化能力，创造了新的智能城市场景。智慧路灯可以结合各种感知终端，在城市治理、交通系统、车联网、车路协同等方面发挥作用。边缘计算和人工智能算法的结合使智慧路灯成为具有智能决策和反馈功能的终端。深圳通过政府主导、统一规划、统一运营和统一维护的原则推动智慧灯杆的规范发展。目前，深圳已建设大量覆盖多个区域和场景的智慧灯杆。未来，边缘计算和人工智能算法的应用将进一步丰富智慧城市功能，为城市发展提供支持，并为相关企业带来发展机遇。
关键词： 智慧城市；多功能智慧路灯；边缘计算；人工智能算法

Diversified Development of Smart Light Pole Applications in Smart Cities

Li Yuchen
(Unilumin Group Co; Ltd.)

Abstract: The development of smart city is entering the deep water area, through the multi-functional smart light pole will be all kinds of sensing equipment integration, to provide practical solutions, reduce costs and beautify the urban landscape. With the popularization of 5G, edge computing plays an important role in smart cities, providing real-time data analysis and intelligent processing, saving network and cloud resource costs. In the smart street lamp, the edge computing module can be integrated with other terminals to achieve a closed-loop solution of the whole process of perception, calculation, decision-making and feedback. AI algorithm technology provides intelligent capabilities for smart street lights, creating a new smart city scene. Smart street lights can be combined with various perception terminals to play a role in urban governance, traffic systems, vehicle networking, and vehicle road collaboration. The combination of edge computing and AI algorithms makes smart street lights a terminal with intelligent decision-making and feedback functions. Shenzhen promotes the standardized development of smart light poles through the principles of government-led, unified planning, unified operation and unified maintenance. At present, Shenzhen has built a large number of smart light poles covering multiple regions and scenes. In the future, the application of edge computing and AI algorithms will further enrich the functions of smart cities, provide support for urban development, and bring development opportunities for related enterprises.
Keywords: Smart city; Multifunctional intelligent street lamp; Edge computing; AI algorithm

一、智慧城市与智慧路灯共生发展

（一）道路智慧照明发展

近几年，随着中国路灯LED改造工程的开展，中国LED路灯的渗透率在不断提升。随着社会的发展、科技的进步，路灯作为城市照明的主体，城市道路照明伴随着我国城市建设的高速发展，获得了快速的增长。而智慧路灯作为智慧城市的重要组成部分，是最有效的切入路径之一，且发展空间巨大，如今多功能智慧路灯已经成为城市路灯建设的标准选择，建成数量也越来越大，覆盖全国各大城市街道。多功能智慧路灯的一大特点或是说第一阶段便是其“多功能性”，在以往国内建设的实际案例以及应用当中已经得到了充分的理解和运用，通过多杆合一方式，将多功能杆与各类不同感知设备交互融合，不仅为城市美化提供了切实可行方案，也减少了以往由于多头建设、不同时期建设，道路上出现多杆林立、设施质量无法保障等问题，通过统一规划、统一实施，还在城市建设、管理、运营等方面成本的降低，起到了重要作用。

1. 智慧城市前景分析

智慧城市是运用信息通信技术，有效整合各类城市管理系统，实现城市各系统间信息资源共享和业务协同，推动城市管理和服务智慧化，提升城市运行管理和公共服务水平，提高城市居民幸福感和满意度，实现可持续发展的一种创新型城市，它涵盖了多个领域，包括交通、能源、环境、治安等。

总体而言，智慧城市有着广阔的前景和潜力。通过不断地创新和应用新技术，智慧城市将为人们带来更便捷、高效、可持续的城市生活方式。同时，政府、企业和社会各方应共同努力，推动智慧城市建设，解决其中的挑战，以实现城市的可持续发展和居民的福祉。

2. 智慧灯杆在智慧城市建设中的价值

随着科技的迅猛发展和智慧城市建设的推进，智慧灯杆作为智慧城市的重要组成部分，正逐渐展现出其在城市管理和生活质量提升方面的巨大价值。不再只是简单的照明工具，智慧灯杆通过融合智能化技术和多功能设施，为城市带来了前所未有的便利和效益。具体如下：

（1）优化系统资源。通过使用智慧灯杆，可以充分推进大城市的智能城市建设项目，可以更好地优化路灯管理系统。智慧路灯有效地控制能源的消耗，还可以减少维护成本。此外，智慧灯杆还可以监测用电情况，提供用电分布图和用电预测，帮助城市管理者合理规划能源供应和优化能源利用。

（2）信仰传承城市文化，科技塑造城市印章。5G应用还面临着很多问题，例如5G毫米波穿透能力不强，在大气中传输能力也不强，因此5G的“宏基站”在3G和4G时代，是不可能达到预期覆盖的。针对此，5G起步采用新型的特小微基站，以目前已有的基站为基础，进行有效覆盖。5G网络具有短程、高密度等特点，而智慧灯杆无疑是最佳的承载点，它能降低城市杆体的重复性，防止杆体在街道两旁尤其是十字路口出现杂乱现象，节省城市空间，提升城市的智慧导向型美好。智慧灯杆通过安装传感器和数据采集装置，可以实时监测和收集城市各项指标数据，包括交通流量、空气质量、温度等。这些数据对于城市规划和决策制定非常重要。通过对数据的分析和挖掘，城市管理者可以更准确地了解城市的状况和问题，并采取相应的措施进行治理；智慧灯杆可以安装摄像头和交通监测设备，实时监测道路交通情况，包括车流量、道路拥堵等。通过智能交通控制系统，可以根据实时的交通情况进行信号灯配时调整，提高交通效率和减少拥堵[1]。

（3）公共服务和便民服务的实现。智慧灯杆可以提供一系列的公共便民服务，例如无线网络覆盖、充电桩、环境信息发布等。这些服务和设施可以方便居民获取信息、充电、享受便捷的生活体验，提升居民的生活质量。

（二）智慧灯杆的特点

多功能智慧路灯通过“边缘计算+人工智能算法”的方式，利用边缘计算+网关和灯杆搭载的各类感知设备的联动融合，搭建出智慧路灯感知原神经与大脑沟通的桥梁，通过构建数字皮肤及数字神经网络。

1. 智慧灯杆的技术创新与应用领域

目前，我国智慧灯杆的技术创新主要体现在智慧照明、多功能组合、5G通信、信息安全、环境监测等方面。智慧照明主要包括LED灯芯、光源模组及控制系统等；多功能组合主要包括WiFi和视频采集，WiFi可用于基站的部署，视频采集可用于安防监控；5G通信则是以5G微基站为核心，将通信和安防等功能集成到智慧灯杆上，实现智慧灯杆的通信和安防功能；环境监测则是通过对城市环境信息的采集，对大气环境、水质情况等进行监测。

智慧灯杆的技术创新为实现“智慧城市”奠定了基础。通过将多功能杆体与LED灯、照明系统、视频监控系统、环境监测系统等设备相结合，可实现城市基础设施的数字化和智能化管理，并能对城市环境进行实时监测。同时，通过搭载WiFi和视频采集功能，可实现“多杆合一”的多功能杆体共享模式。

智慧灯杆主要应用于以下领域：

作为智慧城市的重要基础设施，在智慧医疗、智慧安防等领域发挥着重要作用，比如交通信号灯的管理，健康码的通行管理、紧急救援等。另外，在社区管理、城市美化等方面发挥着重要作用，比如垃圾分类监测、水质检测、园林绿化监测等。

2. 边缘计算在智慧灯杆中的优势

边缘计算作为智慧路灯重要实现技术，在实际应用场景中具有非常显著的技术优势以及广阔的应用场景，具体有以下几个优势：①实时响应：边缘计算使得智慧路灯可以在本地进行数据处理和决策，避免了将所有数据传输到云端进行处理的延迟。这样可以更快速地响应事件和交通需求，并及时做出相应的调整和控制。②减少网络负载：智慧路灯通常需要通过网络与其他设备和系统进行通信，如果将所有数据传输到云端进行处理，会产生大量的网络流量。而边缘计算使得部分数据可以在本地进行处理和筛选，只将必要的数据传输到云端，减轻了网络负载。③高可靠性：边缘计算使得

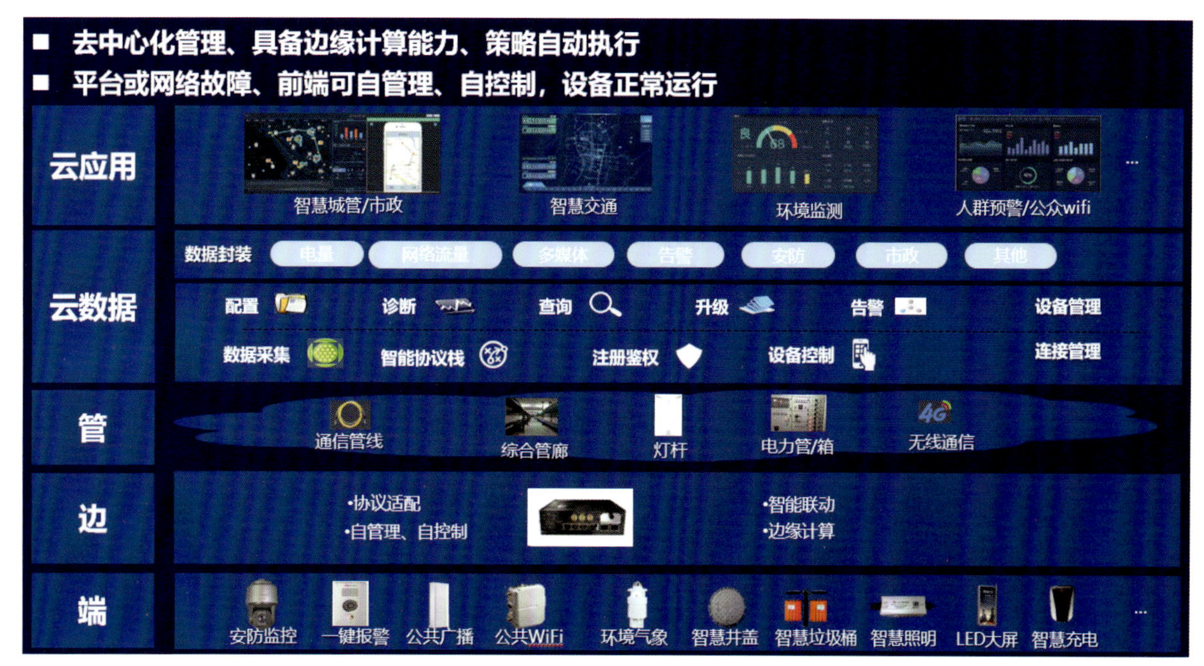

注：图片来源深圳市洲明科技股份有限公司

智慧路灯能够在断网或网络延迟的情况下继续正常运行，不会受到网络故障的影响。重要的决策和操作可以在本地进行，保证了系统的高可靠性和稳定性。④数据安全性：对于一些敏感数据或隐私数据，边缘计算可以在本地进行处理，避免将这些数据传输到云端，提高了数据的安全性和隐私保护。⑤节省带宽和存储成本：边缘计算可以对数据进行初步处理和筛选，只将需要的数据传输到云端，减少了传输的数据量，从而节省了带宽和存储成本。

综上所述，边缘计算在智慧路灯中能够实现实时响应、减少网络负载、提高可靠性、保护数据安全和节省成本等优势。这使得智慧路灯系统更加高效、可靠，并能够更好地满足城市管理和居民需求。

3. 人工智能算法在智慧路灯中的优势

人工智能算法在智慧路灯中能够实现智能决策、预测优化、异常检测预警、自适应调节以及数据分析决策支持等优势。这些优势有助于提升智慧路灯的效能和可用性，同时也促进了智慧城市的发展。

二、智慧灯杆的深水区发展：边缘计算 + 云 + 人工智能算法应用及融合

（一）边缘计算在智慧灯杆系统中的应用

通过边缘计算，可以实现智能化的照明管理，根据光线的变化自动调节路灯的亮度、功率和色温，保证道路照明的质量，同时实现能源的节约；可监测智慧杆挂载智能设备的使用情况，及时发现故障、损坏、状态报警、离线等异常情况，通知维护人员进行更换，提高路灯管理效率；实现数据采集、处理及存储，只有非隐私数据在汇总后，才传至云端进行数据分析，持续优化更新本地智能算法[2]。

在意外断网的情况下，边缘计算可以执行预定的设备联动控制策略，通过智慧灯杆上的传感器、摄像头、音频设备等，实现多个设备之间的联动控制，从而提高智慧杆的整体效率和安全性，避免离线后智慧灯杆彻底“停摆”。

智慧灯杆管理云平台，支持统一应用部署、节点运维和业务管理，降低边缘节点部署与管理成本；边缘计算技术可以直接在边缘端进行计算并返回结果，避免了云端计算的通信反馈延迟，在运营层面节省了数据通信花费；边缘计算技术可以在智慧路灯本地处理所有数据采集、处理及存储，只有非隐私数据在汇总后才传至云端进行数据分析，避免了数据隐私泄露。

（二）人工智能算法在智慧路灯控制与管理中的创新应用

1. 智能照明

利用光敏传感器检测环境光强度，通过人工智能算法自动调节路灯的亮度、功率和色温，实现智能照明；利用传感器和监控设备采集路灯运行数据，通过人工智能算法对数据进行分析和预测，实现路灯的智能控制和管理；利用GIS技术获取路灯位置信息，结合交通流量和事件等信息，通过人工智能算法实现路灯的智能控制和管理；利用群体智能算法，对路灯进行分布式、自组织、协同控制，实现路灯的智能控制和管理；利用深度学习技术，对路灯运行数据进行分析和预测，实现路灯的智能控制和管理。

2. 环境监测

集成空气质量传感器，实时监测路灯周围的空气质量，通过人工智能算法对数据进行分析和预测，为环境管理提供数据支持；集成温度、湿度、风速等传感器，实时监测路灯周围的气象参数，通过人工智能算法对数据进行分析和预测，为环境管理提供数据支持；噪声监测：集成噪声传感器，实时监测路灯周围的噪声水平，通过人工智能算法对数据进行分析和

预测，为环境管理提供数据支持；集成摄像头，实现路灯周围环境的视频监控，通过人工智能算法对视频数据进行分析和识别，为环境管理提供数据支持；对环境监测数据进行分析和挖掘，发现城市环境变化的规律和趋势，为环境管理提供科学依据。

3. 交通管理

集成交通流量传感器，实时监测路灯周围的交通流量，通过人工智能算法对数据进行分析和预测，为交通管理提供数据支持；集成视频监控系统，通过人工智能算法对视频数据进行分析和识别，及时发现交通事件，为交通管理提供数据支持；与交通信号控制系统相连，通过人工智能算法对交通信号进行智能控制，实现交通流的有效疏导；集成车位检测传感器，通过人工智能算法对车位数据进行分析和识别，实现停车位的智能管理；集成摄像头、雷达等设备，通过人工智能算法对交通数据进行实时分析，及时发现交通安全隐患，为交通安全预警提供数据支持[3]。

4. 节能减排

根据环境光强度、交通流量等因素，通过人工智能算法对路灯的亮度和功率进行智能调节，实现节能减排；根据日出和日落时间，通过人工智能算法对路灯的开关时间进行智能设定，实现节能减排；通过对路灯运行数据的分析和预测，及时发现路灯故障，实现提前维修，减少能源浪费；能源管理：对路灯的能源消耗数据进行实时监测和分析，发现能源浪费的问题，提出相应的节能措施；可再生能源利用：集成太阳能、风能等可再生能源设备，通过人工智能算法对可再生能源进行智能管理和控制，实现能源的可持续利用。

5. 智能运维

通过对路灯运行数据的实时监测和分析，及时发现路灯故障，实现故障的精准定位和诊断；智能维护与维修：根据路灯的故障情况和寿命周期，通过人工智能算法对路灯进行智能维护和维修，提高维护效率和降低维护成本；资产管理：对路灯资产数据进行实时监测和管理，实现资产的全生命周期管理，提高资产利用率；对路灯运行数据进行分析和挖掘，生成各种报表和分析报告，为决策提供数据支持。

6. 安全监控

集成视频监控系统，通过人工智能算法对视频数据进行实时分析，实现安全监控和事件预警；集成交通流量传感器和车辆检测器，通过人工智能算法对交通数据进行实时分析，实现交通安全监控和预警；与应急响应系统相连，通过人工智能算法对安全事件数据进行实时分析和处理，实现应急响应的快速响应和处置；建立安全管理系统，通过人工智能算法对安全数据进行分析和挖掘，实现安全管理的智能化和自动化。

7. 数据挖掘与分析

对智慧路灯采集的数据进行清洗、筛选和预处理，提高数据质量和准确性；利用机器学习、深度学习等算法，对路灯运行数据进行分析和挖掘，发现数据规律和模式，进行预测和预警；通过对路灯运行数据的聚类分析，发现相似性和差异性，实现路灯的分组管理和控制；对路灯运行数据进行分析和挖掘，发现数据之间的关联规则，为决策提供数据支持；利用机器学习、深度学习等算法，对路灯运行数据进行分析和检测，及时发现异常情况，实现故障的精准定位和诊断。

（三）智慧路灯中基于机器学习的故障检测与预测算法

收集智慧路灯的历史故障数据和实时运行数据，包括电流、电压、温度、亮度等参数；对收集到的数据进行清洗、筛选和预处理，将其转换为机器学习算法可以处理的格式；从预处理的数据中提取出与故障相关的主要特征，如异常值、趋势变化、周期性等；选择适合的机器学习算法，如决策树、神经网络、支持向量机等，用预处理后的数据训练模型；模型优化和调整：根据训练结果对模型进行优化和调整，提高故障检测和预测的准确性和效率；将优化后的模型部署到智慧路灯系统中，实现故障检测和预测的实时应用[1]。

（四）智慧灯杆数据“云”处理

“云”处理是一种利用云计算技术对海量数据进行处理和分析的方法。在智慧灯杆系统中，数据可以通过云处理实现对采集到的环境数据、设备运行状态、视频监控数据等进行存储、处理和分析，从而提高数据的质量和准确性。

具体来说，智慧灯杆数据可以通过云存储、云分析、云控制、云报警、云服务进行云处理。

通过智慧灯杆数据的云处理，可以提升数据的价值和应用的范围，为城市智能化建设提供有力的支持。

（五）基于“云－网－边”深度融合的算力创新

首先，从底层结构入手对“云－网－边”城市智慧灯杆深度融合机制进行研究，并通过对“云－网－边”的优化配置，实现基于云算法信息资源的智能配置与调度，搭建智慧“算力网络”。而当前，算力网络应具备如下4个特性。

（1）资源抽象。算力网络要求将计算资源、存储资源、网络资源（特别是在大区域互联网资源）和计算资源剥离转化为一种普遍化应用的组成部分。

（2）业务保证。不再按照区域来区分，而

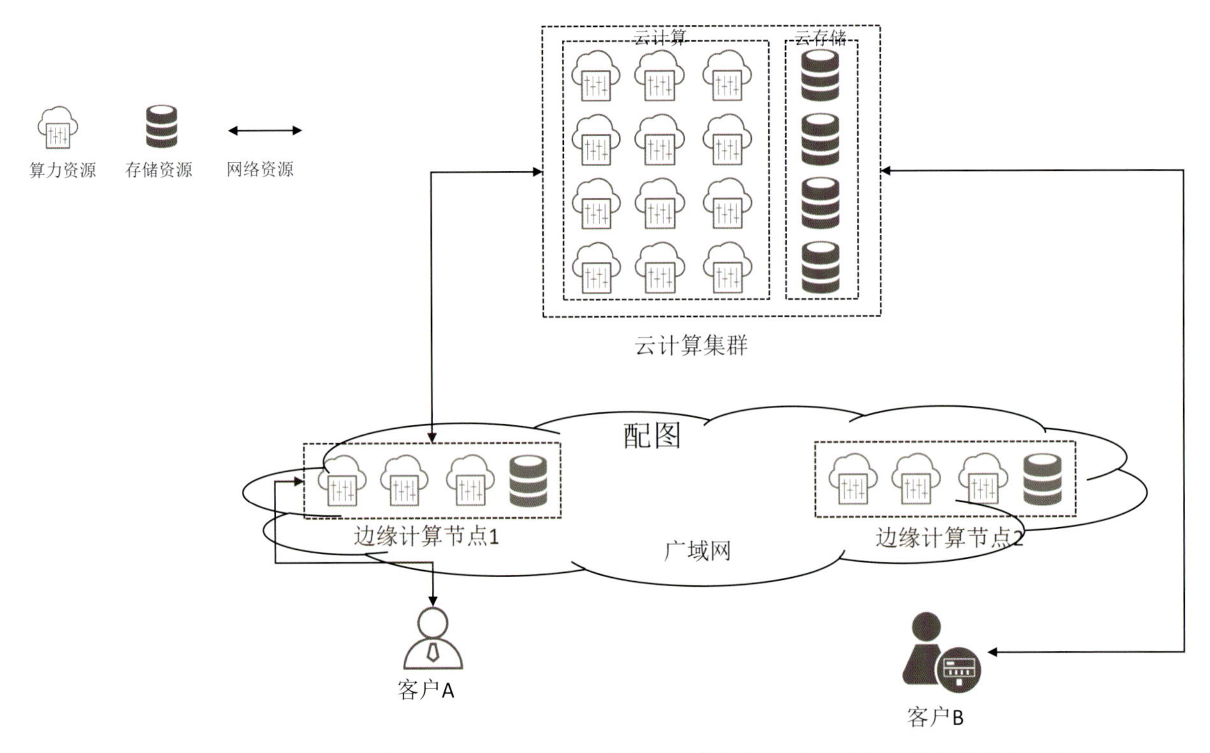

在上图中，客户A需要低时延、大带宽的VR应用，因此算力网络在客户A的终端与边缘计算节点1之间分配低时延、大带宽的智慧资源，并在边缘计算节点1上分配相应的算力资源和存储资源，另一方面，考虑到该VR应用的一些行为记录需要上传至服务中心，但此项记录可以是非实时上传，因此算力网络在边缘计算节点1和云计算节点之间分配一条SLA相对较低的网络资源。而客户B用手机终端可实现智能操控，通过加密通道，但考虑到终端有一定的缓存能力，因此只需要在客户B的终端与云计算节点之间建立不保证SLA的加密连接即可。当客户A处于移动状态时，比如从靠近边缘计算节点1的位置移动到了靠近边缘计算节点2的位置上，这时算力网络通过探测与计算发现由边缘计算节点2来提供服务更好，此时通过广域网建立一条从客户A到边缘计算节点2的通道，相应的应用也从边缘计算节点1迁移到边缘计算节点2，从而继续为客户A的VR智慧应用提供低时延和大带宽的服务。客户位置发生变化后，重新部署算力资源如下图所示。

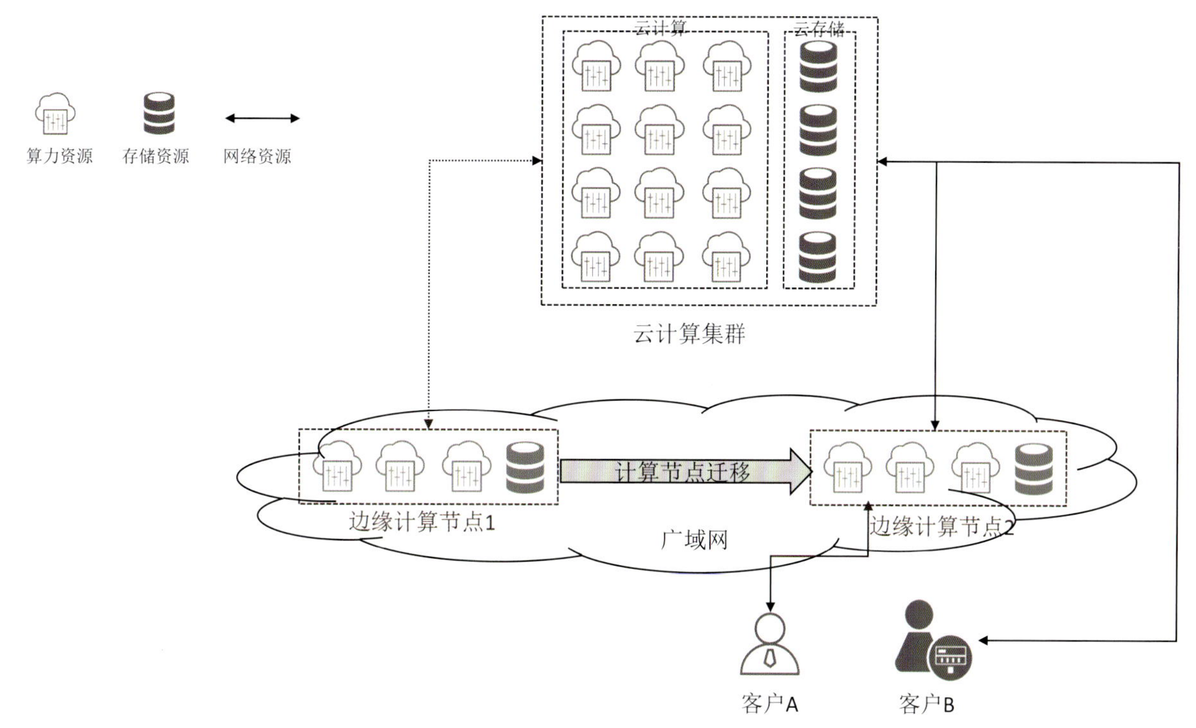

注：客户位置发生变化后，重新部署算力资源示例

是按照用户真实需求分类，通过对用户的网络性能、计算能力等多指标承诺来保证用户服务质量，并在此基础上隐藏了底层差异（比如异构计算、不同网络连接类型等）。

（3）统一管控。对云计算节点、边缘计算节点、广域网络等资源进行整合管控，按照业务需要，统筹调配。

（4）弹性调度。通过对数据流监控，对计算能力进行动态调节，保证不同类型的数据流有效运行、有效融合，从而使计算能力得到最优配置。算力网络是一种基于服务需求，在云、网、边三个层面上，对计算、存储、网络等资源进行按需配置并进行弹性调度的一种新型智慧信息基础架构。

综上所述，通过采用云计算技术与网络领域技术最新的成果，如SDN/NFV等技术，算力网络能够为客户智慧服务提供云、网、边深度融合的整体解决方案，并能够在网络范围内实现灵活可控的智慧化城市灯杆算力及各类资源调度，既能满足用户的高性能要求，又能有效降低建设与维护成本，提升资源效能[4]。

三、智慧灯杆边缘计算对城市治理和智慧园区的建设与应用闭环

边缘计算由边缘计算模组形式构成，在道路上，智慧路灯是最合适的载体，当与所搭载的其他智能感知终端融合，可形成在城市数字神经与边缘大脑的“感知-计算-决策-反馈”的闭环方案。数据不用再传到遥远的云端，在边缘侧就能解决，更适合实时的数据分析和智能化处理，也更加高效而且安全。可在万物互联的数字化时代大幅且有效地节约网络资源和云端资源，降低社会总成本。通过边缘计算科技赋能道路智慧化，道路交通智慧保畅，提升交通通行效率，减少碳排放。

在5G万物互联时代的大背景下，不仅仅是在道路场景，在未来园区、文旅、校园、商超、社区等场景当中，边缘计算的应用能力和表现

都能得到应用，边缘计算将拥有巨大的场景优势与能力，而能够构筑边缘计算或掌握边缘计算并能运用好边缘计算的公司在将来能够获得巨大的发展潜力[5]。

（一）边缘计算融合智慧灯杆在城市治理和智慧园区中的功能协同应用

边缘计算网关作为物联网架构中的重要组成部分，其应用在于实现设备之间的通信和数据交换。通过将边缘计算网关应用于智慧路灯杆，可以实现路灯的智能化控制、环境监测、城市安防、信息发布等多项功能及以通过内置算法触发不同设备的边缘端联动，为城市治理和智慧园区的管理提供新的思路，以机器思维代替人工操控，将大大提升管理能力及管理效率。

边缘计算的协同技术主要涉及以下几个技术方向，并在实际应用中进行联合控制与应用。

（1）物联网技术。物联网技术是实现边缘计算网关与智慧路灯杆互联互通的关键技术。通过物联网技术，可以实现各类设备和传感器之间的数据交互和共享，从而实现对城市基础设施的智能化管理。

（2）节能环保。智慧灯杆可以集成太阳能板或风能发电装置，实现能源的可持续利用，降低能源消耗和环境污染。以及边缘计算网关在智慧路灯杆中的应用有助于提高城市的可持续性发展，为城市的可持续发展做出贡献。

（3）智能化控制。通过监测环境光照强度和人体红外线感应器，边缘计算网关可以自动调节路灯的亮度和颜色温度，实现能源的节约。此外，边缘计算网关还可以根据时间表和交通流量等参数，对路灯进行智能调度，确保路灯在夜晚和低交通流量时保持较低的亮度，从而进一步节约能源。

（4）环境监测。通过搭载各类传感器，如温度传感器、湿度传感器、气体传感器等，边缘计算网关可以实时监测城市环境状况，为城市环境管理和预防提供重要数据支撑。例如，通过检测空气中的污染物浓度，边缘计算网关可以及时发出空气质量预警，为相关部门采取应对措施提供依据。

（5）城市安防系统。通过搭载视频监控设备，边缘计算网关可以实现对路段的实时监控，并对异常情况进行自动报警。借助智能分析算法，边缘计算网关还可以实现人脸识别、车牌识别等功能，进一步提高城市安防水平。

（6）信息安全发布。通过搭载显示屏或声音设备，边缘计算路灯杆可以向市民提供各类信息，如交通指示、公共设施位置、天气预报等。此外，边缘计算网关还可以根据人群密度和停留时间等数据，对信息内容进行智能推送，提高公共信息的传播效率。

（7）智慧化服务。在智慧城市的运行中，拥有海量的数据，需要实时性的服务，利用边缘计算可以大幅降低网络负载，提高响应速度，降低能源消耗，目前已经在交通、安防等各方面发挥作用。据测量，在人脸识别领域，利用边缘计算，响应时间由900ms减少为169ms，把部分计算任务从云端卸载到边缘之后，整个系统对能源的消耗减少了30%~40%。数据在整合、迁移等方面可以减少20倍的时间。

（二）边缘计算对城市和园区的影响与挑战

对比传统云计算设计方式，边缘计算的优势更加突出，主要有以下几个方面。

（1）减少时延。边缘数据处理避免或减少了数据的传输，因此可以更快洞悉具有低时延要求的复杂人工智能模型用例，例如全自动驾驶汽车和增强现实等。

（2）降低成本。与云计算相比，使用局域网进行数据处理可以让企业以更低的成本获得更高的带宽和存储。此外，由于在边缘进行处理，因此需要发送到云或数据中心进行进一步处理的数据变得更少，这减少了需要传输的数据量，同时也降低了成本。

（3）模型精度。人工智能依赖高精度模型，尤其是对于需要实时响应的边缘用例。当网络带宽过低时，一般会通过降低输入模型的数据大小来缓解。这会导致图像尺寸减小、视频跳帧和音频采样率降低。当部署在边缘时，数据反馈回路可提高人工智能模型的精度，并且可以同时运行多个模型。

（4）更广泛的覆盖范围。互联网接入是传统云计算的必备条件。但边缘计算可以在本地处理数据并且无需连接网络，这将计算范围扩大到了以前无法接入或远程的位置。

（5）数据主权。当数据在采集地点得到处理时，企业机构就可以通过边缘计算将所有敏感数据和计算保留在局域网和公司防火墙内。这能降低云端遭受网络安全攻击的风险，并使企业能够更好地遵守严格而不断变化的数据法律。

边缘计算作为一种新兴技术，其发展同样也会经历从无到有、从初始到成熟的过程，还会受到社会需求与传统规则的影响。尽管边缘计算无论从技术层面还是应用层面都将为智慧城市的构建带来巨大机遇，其发展过程也会面临技术、应用甚至法律、伦理层面的挑战[6]。

（三）边缘计算对智慧场景的闭环方案

1. 无人机和多功能智慧杆的闭环应用

如智慧杆的杆体结构设计图所示，底部主要用于部署智慧网关、水浸检测仪、交换机、边缘计算等设备，在中间位置放置网络音柱和LED屏幕，在上部位置安装摄像头及环境传感器和智能照明，智慧杆顶部放置无人机自动机场。整体设计上充分考虑色调、穿线、打孔等诸多要素，杆体采用内滑槽设计，便于后续增加新物联网设备，增加智慧杆的综合可扩展性和美观性。

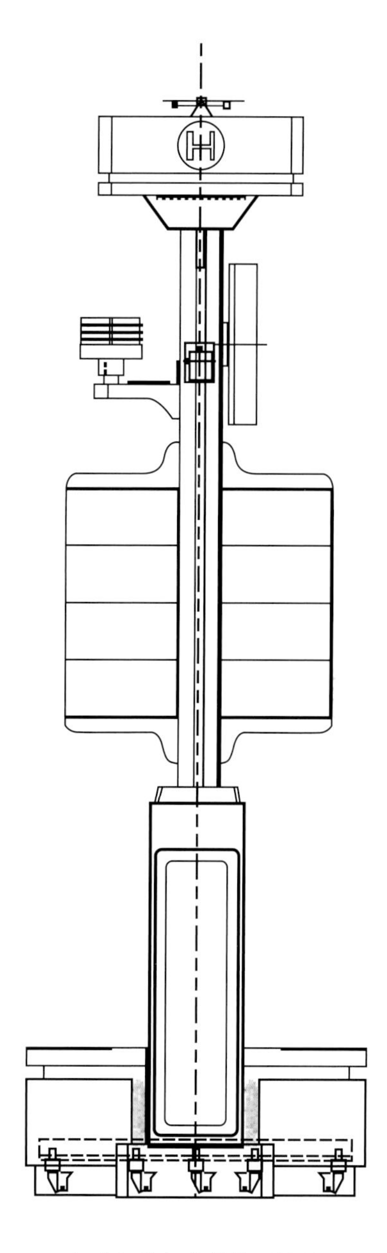

智慧杆的杆体结构设计图

2. 基于无人机和多功能智慧杆的智慧城市监测与巡检

无人机和多功能智慧杆在智慧城市监测与巡检中扮演着重要的角色。无人机可以在不同的时间段飞行，提供全面的城市视图。在白天，它们可以识别交通拥堵、道路损坏和其他可能影响城市运行的问题；在夜晚，无人机可以识别光污染，帮助规划有效的能源使用，还可以通过搭载高分辨率摄像头和红外传感器来监测建筑物的热源，从而发现可能的安全隐患，如火灾等。

多功能智慧杆集成了多种功能，如摄像头、传感器、通信设备等，用于监测和收集城市环境的数据。它们可以监测空气质量、噪声水平、温度和湿度等环境参数。此外，智慧杆还可以通过搭载的摄像头和传感器来监控道路状况，发现交通拥堵和道路损坏。这些数据可以用于实时交通管理和道路维修计划的制订。

无人机和多功能智慧杆都可以用于巡检城市设施，如桥梁、隧道、电线等。无人机可以飞到电线塔上去检查电线和设备，而多功能智慧杆则可以监测桥梁和隧道的结构状况。通过这些技术，智慧城市可以更有效地管理和维护基础设施，提高居民的生活质量。

基于无人机和多功能智慧杆的智慧城市监测与巡检可以提高城市管理效率，实现无人化、智能化、可视化的城市管理。无人机搭载高清摄像头和多种传感器，可以采集城市各个角落的图像和数据，并将数据传输到多功能智慧杆的边缘计算平台上。多功能智慧杆具有视频监控、环境监测、移动通信等多种功能，可以作为边缘计算节点，对无人机采集的数据进行处理和分析，实现城市各个角落的实时监测和巡检[7]。

3．无人机与多功能智慧杆在交通管理中的应用与优化

无人机可以飞越拥堵区域，提供空中视角，帮助交通管理部门更全面地了解交通状况。通过搭载的高分辨率摄像头，无人机可以拍摄车辆行驶状况，识别拥堵源头，为交通管理提供实时数据支持。

无人机可以在空中巡逻，通过搭载的热成像摄像头发现交通肇事者。此外，无人机还可以快速到达事故现场，提供空中视角，帮助救援队伍更快地处理事故。多功能智慧杆可以监测道路状况，如路面损坏程度和裂缝。这些数据可以及时反馈给交通管理部门，以便及时进行道路维护和修复。

无人机可以监测交通信号灯的状态，如亮度、颜色和闪烁频率。通过实时数据采集和分析，可以优化信号灯的控制算法，提高交通流畅度和通行效率。无人机可以搭载高分辨率摄像头，对城市停车位进行监测和拍摄。通过图像识别技术，可以自动识别停车位的占用情况，为交通管理部门提供实时数据，以便更好地规划停车资源。

结合无人机和多功能智慧杆的数据采集和分析，可以实施智能交通诱导系统。通过实时监测交通流量和路况，诱导系统可以向驾驶员提供最佳的出行路线和时间建议，降低交通拥堵和事故风险。

通过这些应用和优化措施，无人机和多功能智慧杆可以为交通管理部门提供强有力的技术支持，助力智慧城市的建设和发展。

（四）车路协同和多功能智慧杆的闭环应用

1．系统概述

LTE-V2X/5G-V2X系统主要实现V2X通信需求，实现车辆和周围道路车辆、道路设施、行人、网络之间的沟通，广播和接收车辆位置、速度、状态等信息，具有城市移动、高效数据传输、低延时、多用户、高可靠性等特性。LTE-V2X/5G-V2X通信技术不仅能增加行驶安全，提升交通效率，同时以LTE-V2X/5G-V2X为核心的车路通信也是车路协同和自动驾驶的必要条件。

2．系统功能

LTE-V2X/5G-V2X系统是实现车联网通信的核心技术，其通信方式采用广域集中式蜂窝通信（LTE-V-Cell，LTE-V蜂窝）和短程分布式直接通信（LTE-V-Direct，LTE-V直通）两种通信方案，分别对应基于LTE-Uu（UTRAN-UE，接入网-用户终端）和PC5（ProSe Direct Communication，ProSe直接通信）接口的网络架构，不仅满足传统的车联网业务，也可满足车辆主动安全业务。本路段自动驾驶和车路协同等创新应用示范，主要依托该通信系统。

3．系统布设

系统布设在服务区与赛区之间的主线道路两侧，采取挂杆部署，每隔100m设置一个小基站，小基站覆盖范围100m，PC5直接通信覆盖范围小于600m。系统布设图如下：

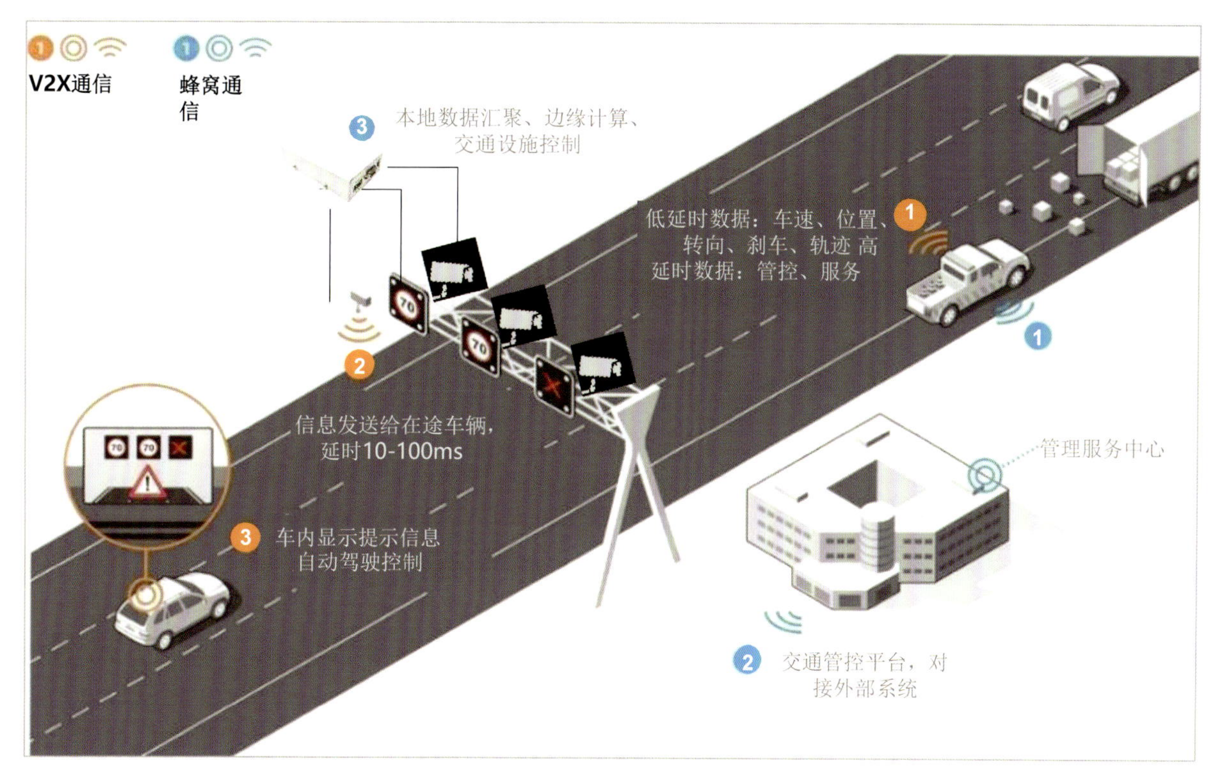

LTE-V2X/5G-V2X系统示意图

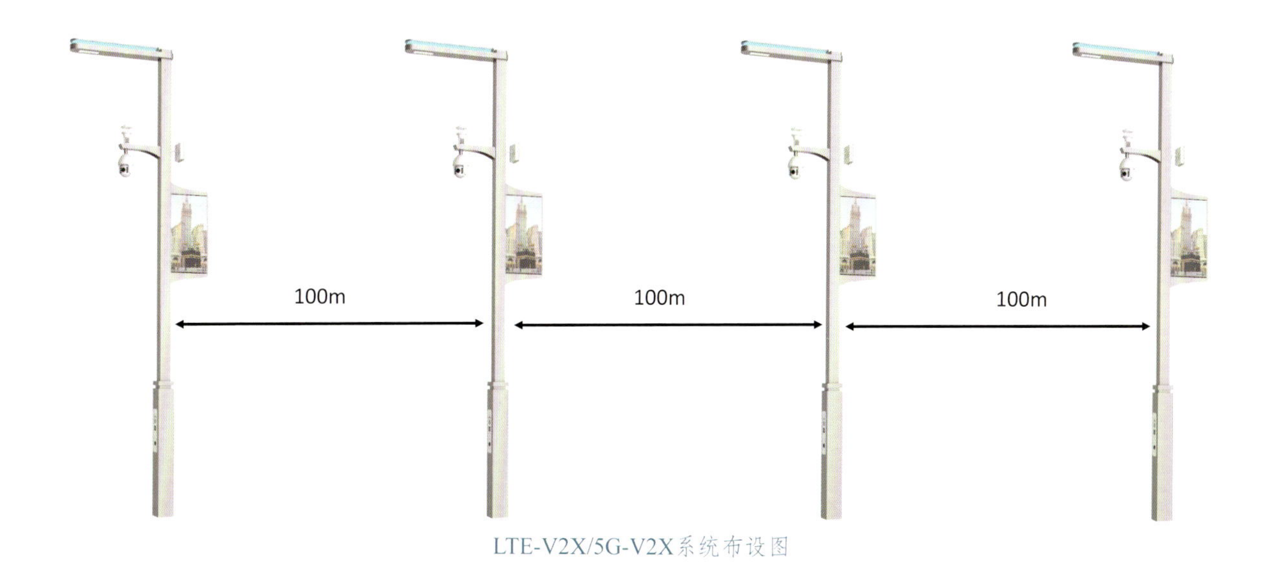

LTE-V2X/5G-V2X系统布设图

四、人工智能赋能实现多种终端智能城市新场景

用软件定义硬件，人工智能算法技术构成具体服务细分场景的落地方案。同样结合多功能智慧路灯的多种感知反馈终端可以应用在城市精细化治理，如静态、动态交通系统，车联网、车路协同，特种车辆无人驾驶，人机交互、决策下放等；随着人工智能能力提升还将会有更多的使用场景出现。边缘计算+人工智能算法无疑是为智慧路灯安装上了智慧的大脑，让

单个智慧路灯成为一个独立的感知单元、决策单元、反馈单元。

（一）人工智能算法技术在多功能智慧灯杆中的落地方案探索

智慧灯杆以硬件为载体，挂载多元化智能路侧设备，同时预留未来新增设备挂载的接口，实现对道路设备设施的集约化管理。构建智慧道路系统是支撑建立面向未来智慧城市整体解决方案的重要基础，建立可感知、可运营、可管控、可服务是未来城市和道路发展的重要趋势。

智慧灯杆以信息的收集、处理、分析和发布为主线，实现道路基础设施数字化、管理科学化、运行高效化和服务品质化，从而解决出行问题、降低运行能耗、提升出行体验的新型道路。其实现功能如下：

（1）多杆合一。打造设施设备集约化管理，实现数据高度整合共享。

以路灯杆为核心载体，深度集成智慧道路所需的设备，预留未来车路协同场景下的新增设备接口，实现多杆合一与数据整合，并针对各部门业务需求提供数据接入权限。

（2）全息感知。实现道路全时空范围覆盖，设备多功能高度复用。

采集车流数据、人流量、路面险情、交通事件、环境气象等多源道路交通信息。基于人工智能算法，实现对视频图像的边缘计算和云校核，极速精准识别道路异常事件，并实现自动预警与上报。

（3）泛在互联。支持基础设施物联网接入和车路协同交互。

全面支持接入多种通信协议或技术，实现信息感知全面接入及车路短程通信，可为未来物联网、车联网技术的应用奠定基础。

（4）“云-边-端”一体化协同。形成面向未来的智慧道路技术支撑体系。

基于业务需求与资源约束，构建“云-边-端”为一体的动态任务分配技术，减轻云端压力。

（5）慢行品质提升。体现以人为本的全程服务理念。

出行沿线提供WiFi、城市广播音乐、信息屏、智能照明等多元慢行服务，为市民发布最近的公交到站信息、自行车道指引、施工占道提醒、周边建筑楼宇、城市公园等信息服务，提升行人慢行品质。

（二）人工智能在智能交通系统中的功能应用与创新场景平台

无论是高速路、快速路，还是城市/乡村道路，都在大力建设信息基础设施，实现智慧道路、智慧交通。

人工智能数据分析和机器学习算法，更准确地预测未来的交通情况，有助于交通管理者更好地规划交通路线和调整交通流量，减少拥堵和提高交通效率。自动驾驶技术是人工智能在智慧交通领域的另一个重要应用，可以让车辆自主行驶，减少交通事故和提高驾驶效率。人工智能技术可以让智能路灯和智能交通信号通过传感器感知环境和交通情况，提高交通的安全性和效率，同时也可以节省能源和降低碳排放。无人机和智能机器人结合人工智能技术可以自主配送物品，减少交通堵塞和物流成本。利用人工智能技术可打造多模态交通规划，为用户提供最优的出行方案，整合多模态交通规划方式；人工智能技术实时监测和分析交通情况，及时调整交通信号和路线，减少拥堵和优化交通流量；通过个性化推荐和智能客服等方式，为用户提供更好的出行体验。

智慧灯杆具备智能感知、智慧照明、节能降耗一杆多用的功能，将借助搭载设备提升交通智慧管控能力，多维融合道路交通数据提供车路通信、高精度导航和合流区预警等服务，提升出行体验。通过智慧灯杆的多杆合一、一杆多能等应用可有效整合道路资源、缓解道路拥堵，全面提升全息感知、智能研判和综合治理能力，实现城市集约整合、智慧管控、全程服务、数据共享的智慧大道。

城市资源实现场景及平台如下：

1. 精准化交通信息服务

智慧灯杆可提供高精度实时的交通运行环境、前方异常事件及天气情况等信息，并配合云控平台及各类道路交通平台，精准化推送至个人或智能汽车终端，提升大家的高速公路出行体验。

2. 协同化交通诱导管控

多功能智慧灯杆基于杆载实时高精度动态路网感知，整合高速公路沿线路网数据，通过平台化人工智能算法，辅助交管部门生成交通流量诱导方案，形成全路网协同联动能力，支持整体化协同调控，保障高速公路运行通畅。

3. 全流程指挥优化

智慧灯杆上的路侧设备自动化监测天气情况、异常事件、交通拥堵等实时信息，管理后台辅助管理人员研判事件影响程度，形成优化应急指挥预案，自动分派下发应急调度指令，实现交通指挥工作的整体调度、多方联动、持续优化。

4. 精细化的道路管养

通过车道级道路养护数据数字化和交通设施状态数据数字化管控，结合道路养护平台人工智能预测性运维算法，实现道路精细化养护及运维，提高管养效率，优化服务质量。如无人化巡查、资源优化配置、交通设施全生命周期监测等。

5. 支撑车路协同应用

智慧杆挂载感知设备采集道路高精度实时动态信息，通过边缘计算节点实现多维融合，并将路侧信息通过RSU向道路车辆车载单元实时推送，支撑未来车路协同相关应用实践。

6. 交通数据模型

人工智能大模型结合交通数据基于行业知识库、行业海量数据、轨交业务场景研发打造的超强逻辑推理、自然语言处理能力、反复训练应用到生产环境的“强人工智能”行业大模型，能够对道路上的信息进行高效处理，提供精准的感知和决策能力，可以辨识复杂的交通场景，如多车道行驶、交叉口的判断、交通信号的解读等。通过对大量数据进行学习，可在不同的道路环境下做出准确的决策，提高行驶的安全性和效率。

7. 路网平台

对交通设施、交通设备、感知数据与路网的拓扑关系关联形成“路网、设施、设备的逻辑数字化”，实现路口、路段基本通行能力、路网承载能力的智能分析计算，掌握城市道路交通的承载底数；由宏观至微观对区域路网、每一路段、每一路口、每一车道通行能力的精准认知，为复杂交通环境态势研判、交通管理部门对城市交通管理、城市交通运行“生命体征”全量计算提供基础交通路网模型及数据支撑。

8. 交通认知分析平台

通过获取人工智能感知设备采集数据，对路网机动车出行活动进行建模，精准识别、掌握、研判个体车辆出行时空轨迹信息，结合可计算路网平台，由点到面，掌握任意维度交通流时空出行规律及出行状态；并支持研判分析影响道路运行的核心车辆、高频出行车辆及外部车辆，实现宏微观一体化出行认知。

9. 交通仿真决策平台

在人工智能智能认知交通基础上通过“动态再现交通，研判决策效果”，实现车辆行驶轨迹、车辆运动行为、车辆驻留起始时间、结束时间等动静态一体化交通数字孪生，全面复刻掌握城市交通动静态运行信息，打造城市交通数字孪生与人工智能智能的结合，为相关决策制定提供强有力支撑基础。

10. 智能导航

智慧交通利用人工智能技术可通过对人-车-路-环境的全域、全量、全时、全要素泛在感知，城市交通大脑掌握路网出行“底数”和特征规律，形成数字化、网络化、可视化、智能化的道路交通管理新模式，构建城市交通管理“底座”。以“一路（场）一档、一车一档、一人一档”为基础构建个性化管控决策赋能体系，创新交通及相关领域业务赋能应用；提升道路通行效率、提高非现场执法效能、降压事故消除隐患等；通过数据共享及业务赋能，推动“大交通”跨部门协同创新应用，交通参与者高度协同发展，实现交通诱导精准实时、路权分配动态智能、安全管理常态长效；促进传统交通运输企业优化升级，保障智能网联、自动驾驶等新兴产业健康发展与赋能出行信息服务，其核心能力平台主要包含可计算数字路网平台、交通认知分析平台、交通仿真决策平台。建设以智慧交通为主题，打造城市环境感知、智慧服务、公共安全防控、道路交通管理、市政设施运维，智慧出行体验等应用场景。

（三）智慧灯杆与人工智能在智慧环境与资源管理中的创新应用与场景构建

智慧灯杆被称作城市“人工智能哨兵”，精准实现按需服务。智慧灯杆与人工智能结合，具备跟人“眼睛、嘴巴和鼻子”一样的功能，能够智能感应并做出反应；夜色渐暗，道路上的车辆越来越少，当没有车辆经过时，路边这些“智慧路灯”的亮度逐渐降了下来。一旦有车辆经过，路灯又重新闪亮起来。可精准地让光明“如影随形”，实现按需照明、局部节能，在整个城市范围内实现节能大约20%。

智慧灯杆蕴藏“黑盒”，当有人移动井盖时，井盖内的感应设备被触发，信号传递给灯杆。灯杆搭载的摄像头开始发挥作用：摄像头会锁定移动井盖的人，并拍下全过程。灯杆也会立即报警，动用它的“嘴巴”向过往车辆发出警告；如果灯杆周边150m的监控范围之内发生燃气泄漏事件，灯杆上的“鼻子”就会发挥作用：灯杆上的设备通过发射专门针对甲烷的波段激光，对于物体进行漫反射，当它遇到甲烷这种气体以后，会被吸收，这样反射回来的激光就有区别，会触发自动报警。

智慧灯杆作为集成ICT、物联网、云计算、人工智能、大数据、数据孪生等技术的新型基础设施，将不断创新人工智能应用，将共建开放、智能的城市感知网络体系，加速推动智慧城市基础设施数智化。

（四）智慧灯杆与人工智能驱动的智慧城市社区互动与居民参与新场景构建

智慧灯杆，作为城市中随处可见的基础设施，其重要性不言而喻。在智慧城市建设以及物联网等技术迅速发展的趋势下，具有多功能的智慧灯杆为城市建设带来新思路。

1. 5G综合杆

5G综合杆包含路灯照明控制系统、5G基站、视频监控管理、LED灯杆屏播控系统、城市环境实时监测、紧急呼叫系统、充电桩系统等应用。从单纯的照明功能演变成如今多功能智慧灯杆，为智慧城市建设提供更多支撑。

随着新能源汽车市场的扩大，兼具一体化设计和小型直流快充特点的多功能智慧杆充电桩受到越来越多的人青睐。可通过与智慧灯杆“共杆、共电、共管网”来实现对新能源车充电桩的布局，为市民提供更为快捷方便的快充体验，实现城市管理智慧升级。

2. 智慧社区

智慧灯杆是在智慧社区建设中重要的基础设施和感知终端，为社区提供社区管理、便民信息、社区安防等服务。智慧化是社区产业升级和发展的核能加速引擎，是产城融合的最佳实现手段，是生态立园并实现绿色可持续发展的有力保障。

目前，智慧灯杆应用场景正在逐渐拓展，以新型智慧城市战略为框架的智慧灯杆建设将迎来社区智慧化、社区改造的发展机遇。

五、智慧灯杆在低碳减污的创新应用

（一）太阳能集成技术在多功能智慧灯杆中的应用

1. 高度调节

智慧灯杆的高度应该根据实际情况进行调节，既要保证照明的效果，也要考虑道路安全、节能环保等因素。太阳能集成技术可以实现智慧灯杆的高度调节，通过自动或手动的方式，调整灯杆的高度，以达到最佳的照明效果。

2. 智能控制

太阳能集成技术可以实现智慧灯杆的智能控制，通过传感器、控制器等设备，根据环境、交通等实际情况，自动调节灯光的亮度、颜色、照射范围等参数，实现智能照明、节能减排等功能。

3. 远程监控

智慧灯杆可以通过太阳能集成技术实现远程监控，通过无线通信技术将灯杆的各种参数和状态信息传输到远程监控中心，实现实时监控和故障预警等功能。

4. 信息发布

智慧灯杆可以通过太阳能集成技术实现信息发布，将各种信息显示在LED屏幕或其他设备上，如天气预报、交通信息、公共通知等，为市民提供便利的信息服务。

5. 太阳能无线通信

多功能智慧灯杆可以利用太阳能电池板提供的电力，实现无线通信功能，包括远程监控、数据传输等。太阳能无线通信系统可以实现高效、可靠、低成本的通信方式。

6. 风光互补

将风能和太阳能进行综合利用，形成风光互补智慧路灯，保证路灯在无风无光的情况下也能正常工作。

7. 太阳能电池板

智慧灯杆的顶部通常安装有太阳能电池板，可以将太阳能转化为电能，供应灯具和其他智能设备的使用。该系统包括太阳能电池板、充电控制器和储能设备等组成部分，可以实现高效、安全、便捷的充电功能。

8. 光伏发电

智慧灯杆的顶部通常安装有光伏电池板，可以利用太阳能进行发电，供应灯具和其他智能设备的使用。光伏电池板可以自由旋转和追踪太阳方位，实现最大化的光电转换效率。

9. 太阳能储能

智慧灯杆中通常集成有太阳能储能设备，如电池组等，可以将光伏发电产生的电能储存起来，供夜晚或阴天等照明需求较大的时段使用，实现智能照明。

总之，太阳能集成技术在智慧灯杆中的应用可以实现多功能、高效、智能的目标，为城市基础设施的建设和发展提供新的解决方案。

（二）智能充电桩与多功能智慧灯杆的融合及应用

智能充电桩与多功能智慧灯杆的融合可以将两种不同的智能设施整合在一起，实现更高效、便捷、智能的城市服务。以下是智能充电桩与多功能智慧灯杆融合的应用：

1. 公共交通领域

在公共交通领域，充电桩可以与公交车站、地铁站等交通设施结合，为公交车、出租车、私家车等提供便捷的充电服务。同时，智慧杆还可以集成其他智能设备，如摄像头、传感器等，实现智能交通管理。

2. 城市安防

充电桩+智慧灯杆应用能够有效地降低因违规充电而引发的火灾隐患，对充电桩的状态和故障进行实时监测，掌握设备信息和运维状态，实施漏电、过载、短路等异常情况保护。

3. 城市道路

在城市道路停车位上安装充电桩，可以为停车者提供便捷的充电服务，同时还可以实现智能停车管理，如预约车位、支付停车费用等。

4. 商业区、住宅区

在商业区、住宅区等场所设置充电桩，可以为商家、居民提供便捷的充电服务，同时还可以实现智能物业管理，如监控停车场的占用情况、智能门禁等。

5. 公园、景区

在公园、景区等场所设置充电桩，可以为游客提供便捷的充电服务，同时还可以实现环境监测、智能导游等功能。

6. 智慧园区、智慧城市

在智慧园区、智慧城市等场所，充电桩可以与其他智能设施结合，实现更高效、智能的城市管理和服务，如智能交通、智能安防、智能环保等。

总之，充电桩在智慧杆中的应用场景非常广泛，可以为城市管理和公共服务提供更多的便利和支持，推动城市向智能化和绿色化方向发展。

六、智慧路灯融合创新案例分享

（一）案例1，智慧园区：深圳市光明汽车城智慧园区项目

深圳市光明国际汽车城是深圳首个新基建综合示范园区、首批转供电改造试点园区，项目总占地面积为92.5万m^2，以“建设光明区智慧园区试点”为主要工作方向，结合汽车城实际需求，突出园区特点，通过智慧灯杆为载体，

图片来源：深圳市洲明科技股份有限公司

图片来源：深圳市洲明科技股份有限公司

集成智慧照明、环境监测、语音广播、信息发布、视频监控、一键报警、无线WiFi、智能充电桩、地理信息、5G基站等智慧应用于一体，建成一整套基于“硬件+软件”的智慧灯杆可视化管理平台，通过本地化部署服务器，以物联网平台为基础，以多种用户角色需求为根本，涵盖大“一站式”服务、高端化品牌体验、线上线下融合等规划理念，打造新一代智慧车城、智慧园区的标杆。

针对光明汽车城园区实际场景，结合各相关方的需求，搭建了多种智能联动场景。项目总安装智慧灯杆满足光明国际汽车城一期建设规划的15个场景需求：智能照明、无死角安防监控、园区智能分析安防防范、紧急求助、突发应急服务、信息发布和广告运营、VIP迎宾服务、车辆违停管理、占道管理、WIFI服务、智能充电服务、环境监测、5G服务、数据增值服务、智慧巡更、积水监测。

（二）案例2，智慧交通：盐田区深盐路景观提升工程

盐田区深盐路景观提升工程是盐田区的迎宾大道、景观大道，代表着盐田的城市形象，也是盐田区城市发展的动力轴，道路等级为城市主干路，是一条东西贯通、具备公共交通和慢行系统功能的复合型城市景观大道。

本次项目分为智能交通工程、多杆合一工程，除满足道路照明需求外，根据不同的路段需求建设了包括但不限于交通信号灯、电子警察、违停抓拍、车辆信息诱导、治安视频监控、行人过街安全警示、道路标牌、交通信息发布等功能系统，将灯杆与交通设施杆整合，打造多杆合一的场景，消除了以往杆体林立的状况，着力构建舒适、便捷的交通网络，提升城市运行效率与品质。项目实施过程中，洲明科技股份有限公司对每个实施路段进行周密的调研，因地制宜开展多杆合一定制方案的精细化设计。

七、智慧灯杆未来发展之路

智慧灯杆感知的信息是城市运行不可或缺的一部分，对智慧城市建设起到了很大助力作用，跟随智慧城市的发展步伐，智慧灯杆将作为锚点，打造成智慧城市大脑的“神经末梢”，从而撬动智慧城市整个生态。当你漫步街头，突然从路边传来一声：“骑行电动车请佩戴头盔！”环顾四周，但并没有发现人，这时你大可不必惊慌。你可以看看旁边是否有灯杆，因为这善意的提醒很可能就来自于“他”——智慧灯杆。在人工智能的帮助下，智慧灯杆能够自动辨别出骑行电动车是否佩戴了头盔，并通过集成的音响系统发出声音播报。

目前，灯杆通过集成移动通信、照明、气象环境监测、信息发布、能源共配、安全防范等多个系统，早已从单一的照明设施，华丽蜕变成“多杆合一”的超级杆体，可以支撑实现智慧照明、5G通信、公共安全、环境监测、智慧交通、智慧能源等多种创新业务。智慧灯杆经过硬件复合、杆体共享、各类感知设备加载等，已经完成了从传统路灯的单一照明功能到多功能的转变。但这些远远无法满足智慧城市发展需要。

智慧灯杆不仅要具备数据感知汇聚融合的能力，同时还要有思考计算、按条件触发、做出动作、多杆协同的能力。通过人工智能构建智能数据底座，实现智慧灯杆智能升级和边缘计算算力提升、算法应用将是未来的发展前景。对于城市治理而言，如何拉通各部门资源，形成统一的协同效应，实现云边端分级管理、协调细分场景应用、建设与运营一体化、产业链上下游联动等问题亟待解决。

人工智能是赋能智慧灯杆以智慧能力的一大利器，通过人工智能+智慧灯杆，将人工智能的能力通过智慧灯杆终端与城市大脑注入城市场景，实现数字城市智慧化应用的创新。在盘活政府海量数据资产中，通过信息网络技术，打造超级APP是一个重要途径；大刀阔斧的整合数据资源，构建服务居民、社会的超级APP也是未来巨大需求。

参考文献

[1] 吴迪. 边缘计算赋能智慧城市：机遇与挑战[J]. 互联网经济，2020(6): 98-103.
[2] 翁松伟，赖斯聪，陈海雄，等. 基于小型四旋翼无人机的道路交通巡检系统[J]. 电子设计工程，2016, 24(3): 78-81.
[3] 方富辰. 城市智慧道路数字赋能未来城市快速发展的探索与实践[J]. 绿色建造与智能建筑，2023(1): 71-74, 79.
[4] 张扬. 上海“十四五”时期智慧交通发展前瞻与思考[J]. 交通与港航，2021, 8(2): 33-38.
[5] 杨文峰. 边缘协同赋能工业互联网平台发展的方法与路径[J]. 中国高新科技，2021(15): 57-58.
[6] 柳艳，靳峰. 光明国际汽车城将成消费体验网红打卡地[N]. 南方日报，2021-07-28(SC01).
[7] 吴云城. 深圳市道路交通基础设施智能化配建探讨[J]. 低碳世界，2018(4):283-284.

浅谈深圳城市户外广告招牌中灯光照明的应用

廖雯瑜[1]，王天[2]
（1.深圳市市容景观事务中心；2.深圳市水木现代城市美学研究院）

摘要： 灯光照明是城市户外广告招牌重要的视觉元素，良好的照明效果可以增强视觉冲击力，提升城市形象，促进城市夜间经济活力。本文旨在探讨城市户外广告招牌中灯光照明的理论和应用，通过分析灯光照明效果的影响因素，总结户外广告中灯光照明控制要素及应用原则，拓展户外广告招牌中灯光照明的创新途径。遵循城市视觉一体化理念，对户外广告灯光照明的应用提出了新的见解。通过对深圳户外广告灯光照明相关案例的剖析，从转变理念、技术与艺术结合等角度提出系统化、多元技术应用等方式，探索改善户外广告招牌中灯光照明现状问题的方法，实现生态照明、智慧照明和精细化管理的发展目标。

关键词： 灯光照明；户外广告招牌；管理和控制；夜间经济

Discussion on the Application of Lighting in Shenzhen's Urban Outdoor Advertising and Signboards

Liao Wenyu[1], Wang Tian[2]
(1. Shenzhen City Appearance and Landscape Affairs Center; 2. Shenzhen Shuimu Modern Urban Aesthetics Research Institute)

Abstract: Lighting is an important visual element of urban outdoor advertising and signs. Well-designed lighting can enhance the visual impact, enhance the image of the city, and promote the economic vitality of the city at night. This article aims to discuss the theory and application of lighting in urban outdoor advertising and signs. By analyzing the influencing factors of lighting effects, it summarizes the lighting control elements and application principles in outdoor advertising and expands the innovative ways of lighting in outdoor advertising and signs. The article follows the concept of urban visual integration design and puts forward new insights into the application of outdoor advertising lighting. Through the analysis of relevant cases of outdoor advertising lighting in Shenzhen, systematic and multi-technical application methods are proposed from the perspectives of changing concepts, combining technology and art, to explore methods to improve the current situation of lighting in outdoor advertising and signs, and achieve the development goals of ecological lighting, intelligent lighting, and delicacy management.

Keywords: Lighting;Outdoor advertising and signs;Management and control;Night-time economy

引言

户外广告招牌是城市形象的展示窗口，户外广告招牌中的灯光照明又是城市夜景不可或缺的部分，对展现城市魅力与促进城市夜间经济发展具有重要作用，探索灯光照明在户外广告招牌中的应用，对美化城市环境、提升城市形象具有重要意义。

一、城市户外广告灯光照明概述

（一）灯光照明的重要作用

城市户外广告招牌灯光照明兼顾广告传播、产品宣传、城市夜景美化等多元作用，是城市夜景的重要组成部分，助力营造夜间生活场景，提升夜间经济活力，增强城市夜景的视觉效果与吸引力。据统计，人们从外界获取信息，80%的途径是通过视觉器官，灯光色彩、亮度和动态变化创造出丰富多样的视觉效果，使广告更加生动，吸引注意，带来美的体验。同时，户外广告招牌中灯光照明可以突出商户的业态特征和产品特色，巧妙的灯光设计和照明布局，可以点亮商户门店或商业街区，增加商业空间的游玩价值和吸引力。此外，通过创新的灯光照明应用，可以打造出独特的城市夜景品牌形象，进一步吸引更多游客，助推城市夜间经济，推动城市旅游和文化产业的发展。

（二）灯光照明效果的影响因素

城市户外广告招牌的灯光照明效果影响因素包括发光方式和基本控制要素。灵活运用多样发光方式，使灯光适应户外广告招牌信息传递的需要，有利于打造活泼的街区界面；分区域、分类型地控制基本要素的变化，使灯光明暗分区鲜明，兼顾照明功能与生态环境理念，可按需求营造不同的灯光氛围。

1. 发光方式分类

城市户外广告招牌的灯光照明发光方式依据光的来源进行分类，分为自发光、外投光、内透光三种[1-3]。

自发光式，即光源为自身，在载体表面置入光源使载体表面直接发光，包含背面或侧面置入光源。常见的有利用霓虹灯管、导光管、发光光纤、LED技术等设计制作的户外广告招牌，其中，利用LED技术的显示屏亮度高、可动态显示，是受商户欢迎的照明方式。常设置于公共场所及交通要道等人流密集的地区。

外投光式，即光源来源于外部，在载体外部设置灯具照亮载体，包含灯具裸露投射和灯具隐藏投射两种方式，俗称外打光。使用照明亮度强、能耗低、照射范围广的投光灯、射灯等，从外部将广告设施打亮，实现宣传、提醒、照明的效果。照明灯具一般置于广告设施上方或下方，略微挑出，减少逸散光对环境的影响，避免灯光直射行人或司机。常见的有墙面广告、楼顶广告、门店招牌等。

内透光式，即光源来源于内部，在灯箱或标识内部设置灯具使载体表面发光，也称内透照明。通常使用灯箱广告布、亚克力、玻璃等半透光材料，灯具（日光灯或灯泡）通过半透明材料透光，从而达到照明效果。常见的有灯箱广告、发光字招牌等。

2. 基本控制要素

灯光照明效果基本控制要素包括亮度、颜色、周边环境对比度等。针对不同环境区域，应提出不同的控制原则与标准，强化环境主题与印象。此外，户外广告的材质、内容及周边环境，亦影响灯光照明的亮度、色彩、周边环境对比度的标准制定，总体需要避免眩光，提升户外广告信息传递效率[9]。

（1）亮度控制。户外广告招牌应按照亮度调节装置，科学控制亮度。采用外投光照明时，散射到户外广告和招牌表面外的溢散光不应超过20%。外投光户外广告和招牌表面的亮度均匀度 U_1（L_{min}/L_{max}）不宜小于0.6。广告和招牌设施表面的平均亮度限值应符合表1的规定。

表1 内透光、外投光户外广告和招牌设施表面的平均亮度限值

户外广告与招牌面积 S（m^2）	E0、E1区	E2区	E3区	E4区
$S \leqslant 0.5$	50	400	800	1000
$0.5 < S \leqslant 2$	40	300	600	800
$2 < S \leqslant 10$	30	250	450	600
$S > 10$	不宜设置	150	300	400

注：E0区为天然暗环境区，国家公园、自然保护区和天文台所在地区等；E1区为暗环境区，无人居住的乡村地区等；E2区为低亮度环境区，低密度等乡村居住区等；E3区为中等亮度环境区，城乡居住区和一般公共区等；E4区为高亮度环境区，城镇中心和商业区等。参照《公共建筑标识系统技术规范本》（GB/ T 51223—2017）、《城市户外广告和招牌设施技术标准》（CJJ/ T149—2021）。

（2）颜色控制。户外广告招牌的颜色控制应符合城市文化、城市夜景氛围和相关色彩规划，应结合城市美学、心理学等相关知识。参考相关研究，对于不同类型的城市街区，提出推荐使用的主色调与彩色光[1]。

表2 城市街区推荐色彩选用

功能区	主色调	彩色光
生活街区	暖黄色、白色	严格控制使用彩色光
商务街区	暖白色	严格控制使用彩色光
商业街区	暖黄色	不限制使用彩色光
文旅街区	暖黄、中性、白色	慎用彩色光
产业街区	暖黄色	严格控制使用彩色光
交通门户街区	白色	慎用彩色光

（3）周边环境对比度。户外广告招牌的照明效果需要控制灯光亮度与周边环境的对比度，实现和谐统一或强调突出的效果。一般情况下，生活街区的照明适宜打造舒适温馨的效果，不强调与周围环境的亮度对比；商务、产业街区的照明适宜打造适当突显、庄重肃静的效果，轻微强调与周围环境的亮度对比；商业、文旅街区的照明适宜打造缤纷活力、魅力多元的效果，可强调与周围环境的亮度对比；交通门户街区的照明适宜打造特色彰显、大气简约的效果，可突出强调与周围环境的亮度对比。根据行业经验，设置灯光亮度与周围环境的亮度对比遵循表3[1]。

表3 照明效果与周围环境亮度对比的关系

照明效果	不强调	轻微强调	强调	突出强调
周围环境亮度对比	1∶2	1∶3	1∶5	1∶10

注：最大亮度对比度不应超过1∶10，以免产生眩光。

（三）灯光照明的氛围营造

灯光照明设计应根据环境属性、人群需求，采用不同的照明水平和照明方式，强化灯光环境氛围，形成地域特色。适当的照明可以提供足够的光线，减少意外事故的发生，合理的灯光照明可以营造安全宜人的夜间环境，明亮的灯光可以使人感到安心放松，增加城市空间的可用性和吸引力。

依据各功能区的不同特点，发光方式及基本控制要素各有侧重。生活街区户外广告一般为底层商业区的户外招牌，建议多使用内透光式照明方式，控制灯光以暖黄色、白色为主，较少使用彩色灯光，避免眩光，打造安全舒适的居住环境。商业街区较为灵活，可采用多种方式组合，打造热闹有活力的商业氛围，可以使用大型LED显示屏，自发光式招牌，控制灯光主色调偏暖黄，灵活使用其他彩色灯光。商务、产业街区一般采用自发光或外投光的照明方式，突出楼宇标识、塑造建筑轮廓。文旅街区灯光光色选择多样，基于历史文脉的保护，慎用彩色光。在交通门户街区，多采用内透光式照明方式，避免光线直射人眼，保证通行安全。

二、深圳户外广告灯光照明现状

深圳市灯光照明建设遵循以人为本、和谐统一、简约大气、环保节能的原则，对标国际一流城市，整体打造出点、线、面、片区有机结合，别具风格的灯光照明体系。

依据《深圳市打造美好街区设计指引》，深圳市域街区分为生活街区、商业街区、商务街区、产业街区、文化旅游街区和交通门户街区。为研究深圳户外广告设施灯光照明现状，选取不同建设时期、不同功能等级、不同服务群体和未来发展方向的街区开展调研。调研共选取深圳市域23个节点，覆盖六大街区类型，遍布各行政区。经调研，深圳城市户外广告灯光照明布局相对完善、管理相对系统，尚需提升完善的具体情况表现为部分照明欠缺、光色杂乱、动态乱用三个方面。

（一）照明欠缺

照明欠缺是指一些户外广告招牌无灯光照明，或者在夜晚的照明效果不够明亮和鲜明。照明欠缺会导致广告内容无法充分展现，无法传递商户宣传信息。

在照明分析中，常常使用伪色度图反映照明亮度，本文借助伪色度图分析深圳户外广告招牌灯光照明亮度，从最暗到最亮，渲染依次显示黑色、黄色、橙色和红色，即黑色集中的区域，可以反映为户外广告招牌照明欠缺[7]。由此，使用调研实景照片的伪色度图，通过色彩分布情况，可以直观地反映出户外广告的光源位置、照明亮区与暗区，从而总结单个视野中灯光照明缺失的情况，并汇总总结各类街区的照明缺失情况（表4）。

经调研分析，照明欠缺问题主要出现在城市经济活力不足的空间。如生活街区底层商业广告招牌欠缺照明，入夜后商业街昏暗无活力，顾客难以辨认商店的位置和特色，进而影响购物和消费的意愿。缺乏照明的商业街区也无法吸引游客，错失了增加旅游收入和促进经济发展的机会。

表 4　伪色度分析情况表

调研选点示意	点一	点二	点三	点四
调研图片				
伪色度图分析				
照明分析	照明缺失，光源布置疏朗，存在门店无照明	照明缺失，仅一处门店有照明	照明缺失，与周边对比，无照明的门店信息传递难	照明齐备，光源布局合理，门店信息传递顺畅

（二）光色杂乱

光色杂乱是指由于缺乏明确的光色引导，城市户外广告招牌存在灯光照明杂乱无章，缺乏整体统一性的情况。具体表现为主色调不明确，无明确的色彩主题，使得整体区域缺乏独特的视觉焦点。此外，点缀色色相跨度大，使用了各种不同的颜色作为点缀，导致视觉上混乱不协调，不同色相之间过渡突兀，缺乏和谐感。

本文通过提取灯光照明调研照片的色彩，结合配色色卡分析，判断深圳户外广告招牌灯光照明光色杂乱的情况。若主色调与街区类型相符合、点缀色控制适宜，则光色不杂乱；若主色调与街区类型不符合、点缀色不适宜，则光色杂乱。通过色彩分析，汇总各类街区光色杂乱的情况（表5）。

经调研分析，光色杂乱的区域主要是生活街区的城中村区域。城中村的户外广告招牌主题色混乱，多夹杂黄色、红色、黑色、白色，点缀色亦是红色、黄色、绿色、紫色。颜色色相跨度大，无整体性。

表 5　色彩分析情况表

调研选点示意	点一	点二	点三	点四
调研图片				
像素处理				
主色调				
点缀色				
小结	光色混乱，主色调多种，点缀色多种	光色混乱，点缀色多种，互补色、近似色使用混乱	光色混乱，点缀色多种，且饱和度过高	光色协调，色彩种类不多，近似色使用恰当

（三）动态乱用

动态乱用是指城市户外广告招牌过度使用动态效果。具体表现包括亮度忽明忽暗、对比光色不断转换、面积不断扩大缩小、画面动态形式变化，可能会造成过度眩光，扰乱人们视线，造成安全隐患[4]。户外广告招牌灯光照明动态频次不合理会影响信息传递效果，频率过高，人们可能会产生视觉疲劳，导致对广告内容的忽视或忘记；相反，频率过低，人们可能会错过重要的信息或对广告不感兴趣。

梳理灯光照明调研视频，分析画面时长、动态变化类型，判断深圳户外广告招牌灯光照明动态乱用的情况。根据广告心理学有关规律，15s为受众注意、观看、接受、形成共鸣、产生心理效应环节形成最佳状态的经典时长，若画面动态变化时长超过15s，则动态效果不佳。动态变化类型归纳为亮度、对比光色、面积、画面动态形式4个方面。因动态变化类型的变化频次尚无具体的量化指标，本文仅讨论画面动态变化类型的种类数量，若画面动态变化类型仅1~2种，则动态效果良好；若画面动态变化类型有3~4种，则动态过多，效果不佳。

经调研分析，商业街区是动态乱用问题的主要区域，商业街区通常是人流密集的地方，动态广告招牌易造成眩光，影响行人视线。

三、城市户外广告灯光照明的应用

户外广告由于白天和晚上同时具备较好的传播效果，在现代商业市场应用非常广泛，个性化设计不仅彰显了城市的特色和魅力，同时也提升了城市的品位与内涵。与白天不同的是，夜间户外广告设施通过各类灯光照明手法，彰显品牌、点亮街巷、丰富视觉体验，增加了与受众的互动感、参与感，突显了城市夜景的动态与活力。

近几年，国家对光污染、过度亮化、节能环保、品质提升等方面做出了规范。深圳城市照明明确以生态友好、以人为本、因地制宜、协同发展、绿色节能、科技创新为规划原则。借鉴深圳优秀城市空间的灯光照明实践，注重视觉一体化理念转变、技术与艺术的高度结合、夜景与旅游的深度融合，通过系统一体化、多元技术应用、整体策划等方式，系统性管理户外广告招牌灯光照明，改善灯光照明现状问题。

（一）视觉一体化的理念转变

城市户外广告招牌正经历着从增量复制到存量优化、由城市尺度到人文尺度的转变。这种转变意味着在城市发展中，不再单纯追求数量的增加，更加注重对现有资源的优化利用和提升。灯光照明注重照明方法和形式多元，传统的单一照明方式已不能满足人们对城市夜景的需求，开始尝试不同的灯光技术和创新的照明形式。例如，使用LED灯光、投影技术和互动装置等创新手段，创造出更加丰富多样的灯光效果和视觉体验[6]。

以深圳华强北商业区为例，该商业区位于深圳市福田区“深圳电子第一街”。在建成初期，户外广告招牌数量繁多、秩序紊乱，品质低下，广告价值被稀释，亟待整治。通过对华强北商业区户外广告招牌规划设计，以减量提质为总体思路，以视觉一体化为设计原则，结合建筑特征将户外广告招牌融入建筑立面，同步设计夜景照明。在照明控制方面，主街充分运用多媒体、声光电等装置，增强街区营商氛围和文化内涵。同时，灯光照明使用三种节能技术：一是LED玻璃屏。将发光二极管和线路集成在两块玻璃之间，玻璃属性和媒体播放展现融为一体，高于65%的透光率，平均功耗350W/m^2，比传统LED显示屏节省30%的用电量；二是分级控制管理。既可以集中统一控制，又可以单一独立控制，实现对不同区域或某单一对象进行远程控制，避免不必要的电能浪费；三是亮度控制。实现对灯具光效的控制，灯具的发光亮度可在0%~100%整个区间内进行精确控制。通过视觉系统一体化的打造，实现灯光与立面、灯光与广告、灯光与景观的有机结合。这种“灯光+”的设计赋予了城市空间载体更高的价值，使城市界面展示更突出的个性特征和丰富的质感，最终形成户外广告招牌设置有序、视觉元素多元的活力街区。

（二）环境协调的氛围营造

户外广告招牌灯光照明是城市夜景的重要组成部分，灯光光色、色温、布设方式是影响环境氛围的重要因素。如在文旅街区，通常使用暖黄色灯光，通过功能性照明定义空间情绪与氛围，通过灯光照明发挥标识引导作用，引导空间流线和人群动向，使用灯光照明勾勒建筑细节，强调建筑结构和空间形态。

以深圳南头古城为例，作为深圳城中村历史文化保护和特色风貌塑造综合整治的试点项目，在尊重原有历史街区结构的同时，更新改造后的南头古城，衍生出特色文创、餐饮、居住空间等超百家多元消费业态，发展夜展、夜游、夜演、夜购、夜市等一系列夜间文化活动。户外广告招牌灯光照明精巧温馨，多隐藏光源、巧妙布设灯具，与街区历史氛围相得益彰。主街功能性照明使用暖黄色灯光，具有引导、引流和标识作用；沿街民居、商铺则多使用隐性光源，使用背发光字招牌、镂空字小型竖招牌，营造安全静谧的氛围。节点建筑的广告招牌与建筑标识多使用间接照明，如“if工厂”使用围边发光字招牌，发光颜色为建筑墙体的白色、点缀色为橙色，与建筑协调而又个性鲜明；有熊酒店招牌使用围边发光字招牌，发光颜色为白色，与建筑的黑色木材、灰色混凝土墙、白色栅格网营造的工业清冷风保持一致；数字展厅招牌安装背光光源、打亮招牌及墙面材质细部，避免眩光。

（三）适应暗夜社区的生态照明

深圳为率先打造人与自然和谐共生的美丽中国典范城市，提出实施光污染治理和暗夜保护，创建大鹏西涌国际暗夜社区，针对生活和生产区域空间照明过亮、逸散严重，户外广告招牌凌乱、光色艳丽等问题，在保证安全生活和生产的前提下，对区域户外广告招牌灯光照明进行提升改造。

以西涌国际暗夜社区为例，户外广告招牌对夜间光环境影响较大，为了营造良好的暗夜星空光环境，将投光灯、灯带、户外灯箱照明等现有户外广告招牌改造成背发光、侧发光照明，通过内透光、洗墙灯、遮蔽外投光等方式，提出当光源初始光通量超过1 000lm时，应完全遮蔽；户外广告标牌夜间亮度水平不宜超过100尼特，即每平方米100cd；光源色温不宜超过3 000K等灯光照明控制要求，以满足暗夜社区光环境要求。

四、城市户外广告灯光照明的未来展望

未来城市户外广告招牌灯光照明的发展应注重提升精细管理、生态照明和智慧照明三个方面，鼓励新型广告的运用，以实现灯光照明的优化和创新，打造更美好、可持续的城市夜景。

（一）精细管理

城市户外广告招牌灯光照明精细管理，含分区域管理和负面清单管理两方面内容，通过科学的规划和管理手段，对户外广告招牌灯光照明进行精细化管理。出台相应的管理条例和规范，更好地控制和管理户外广告招牌的照明效果，确保与城市整体形象相协调。包括对灯光亮度、色彩、定时开关等进行合理控制，以确保户外广告招牌的照明效果最佳化。同时，引入智能控制系统和监测设备，实现对灯光的远程监控和调节，提高管理效率，减少能源浪费，采取光污染防治措施，减少对周边环境和居民的光干扰，保护生态环境。

（1）分区域管理。根据城市不同区域的特

点和功能，确定不同区域的照明需求，规划户外广告招牌灯光照明的强度分区，制定相应的建设指引。如根据《深圳市户外广告设施设置专项规划（2021—2035年）》，明确户外广告招牌的设置要求，提出对户外广告招牌灯光照明主色调、禁止色的控制。

（2）负面清单管理。根据城市特色与实际情况，规范户外广告招牌灯光照明的设置，建立负面清单，为户外广告招牌灯光照明的设置和管理提供指导。如根据《深圳市户外广告设施设置负面清单》，提出户外广告招牌灯光照明灯具不得外露、照明光色避免过艳、依附于同一建筑立面设置的户外广告招牌避免光色纷乱等要求。

（二）生态照明

生态照明是指户外广告招牌灯光照明注重生态保护和可持续发展。采用节能环保的LED灯光技术，减少能源消耗和碳排放，选择符合环保标准的材料和设备，降低对环境的影响[8]。此外，结合自然光线和周围环境，合理设计灯光布置和照明效果，使其与周围景观和建筑相协调，打造绿色、生态的城市夜景。

城市户外广告招牌灯光照明的生态照明应用，体现在实施暗夜保护方面。深圳《城市照明专项规划（2021—2035年）》突破传统城市照明规划模式，由重点指引照明建设，专项强调照明控制，以期通过暗夜保护示范区的建设，引领可持续城市照明建设新发展。同时划分户外广告招牌的灯光照明强度分区，如划分特色灯光照明设置区，可设置商业广告、媒体艺术型广告，其照明强度一般更高；根据野生动物习性，采用遮光罩控制照明强度，或采用定时控制系统控制照明时长，以减轻光污染和对生物的干扰。此外，鼓励使用节能的灯具和灯光技术，降低能源消耗，减少碳排放。

（三）智慧照明

智慧照明是指利用先进的科技手段，将户外广告招牌的灯光照明与智能化系统相结合，实现智能控制和个性化体验。城市户外广告招牌灯光照明的智慧照明应用，包含智慧照明产品、智慧照明管理两方面。

智慧照明产品是应用新型智慧照明技术，设计更智能化的照明系统，通过使用传感器和自动控制技术，实现根据环境条件和需求自动调节照明强度和颜色的功能。研究开发更环保和可持续的照明解决方案，如太阳能照明和LED技术的应用，包括智能LED灯泡、智能照明系统、智能灯带、智能传感器、智能照明控制器等。

智慧照明管理是利用物联网技术、有线/无线通信技术、技能控制技术等，对照明设备的智能化控制与管理。智慧照明管理涉及照明控制、能源管理、故障检测和维护、数据分析和决策支持、用户体验和智能化服务等方面。通过智能照明系统或控制器，实现对灯光的远程控制和调节，包括开关灯、调节亮度、改变颜色等功能，以满足不同场景和需求。还可以通过与其他智能设备和系统的互联互通，提供更智能化的照明服务。例如，可以通过与智能手机或智能家居系统的连接，实现个性化的照明控制和场景设置，提升用户体验[5]。

（四）新型广告运用

新型户外广告是指利用数字技术和媒介形式，创新传统户外广告的形式和内容，提供更具实效性、互动性和个性化体验的户外广告招牌。通过运用数字技术，如LED屏幕、投影技术、传感器等，将广告内容与观众互动起来，提供更丰富、有趣的体验。

五、结语

户外广告招牌灯光照明作为城市夜景的重要组成部分，在一定程度上影响着城市的视觉美感与城市形象。通过对照明发光方式及亮度、颜色、周边环境对比度等基本控制要素进行分析，总结归纳出户外广告招牌灯光照明氛围营造的基础原则与美学规律，同时，深圳华强北、南头古城、大西涌国际暗夜社区等项目进行的一系列实践活动，从不同的侧面对户外广告招牌灯光照明理论进行了诠释，通过城市视觉一体化理念的应用，探索引导城市户外广告招牌灯光照明精细化、生态化、智慧化发展之路。

参考文献

[1] 张红松，柳春雨，葛长华，等．城市户外广告中灯光照明的设计和应用探究[J]．工业设计，2018(12): 77-78.
[2] 秦鑫，王爱英．城市户外广告照明研究[J]．照明工程学报，2009(1): 59-63, 76.
[3] 燕然．商店广告招牌的灯光处理[J]．中国商贸，1997(8): 24.
[4] 汪亚江．LED屏彩色光的瞬时亮度变化对居民侵扰的实验研究[D]．天津：天津大学，2018.
[5] 李晓跃，郭丽萍，胡伟良，等．分布式照明系统在智慧城市中的应用[J]．光源与照明，2022(4): 57-59.
[6] 袁伟铭，李明海，章徽．基于城市灯光秀智慧运维管理的经验分享——以深圳福田区灯光夜景照明运维及管理项目为例[J]．照明工程学报，2021, 32(5): 27-31.
[7] 陈钰灵，王洪冰，姚其．深圳地区建筑幕墙和广告牌照明现状及光污染分析——以市民中心为例[J]．中国照明电器，2019(10): 9-12.
[8] 邬辉麟．深圳市城市照明综合节能的实践[J]．城市照明，2010, 14(1): 29-30.
[9] 秦欣，吴雨，黄恒，等．深圳市商业区光污染现状调查及防治措施研究——以东门步行街为例[J]．中国照明电器，2022(5): 39-43.

城市照明设施漏电成因分析及监测系统应用研究

唐文贤，井群
（深圳市市容景观事务中心）

摘要：城市照明设施漏电隐患一直是管理维护部门整治的难点和重点，城市照明设施点多面广，漏电隐患又具有隐蔽性强的特点，如何快速发现设施的漏电隐患并加以整治是城市照明设施防漏电工作要解决的重点问题。以往，漏电监测主要依靠人工进行，效率较低。随着移动互联网络的飞速发展，基于移动数据通信的远程漏电实时监测产品的出现，给城市照明设施防漏电工作带来了新的解决方案。本文尝试通过梳理城市照明设施发生漏电的原因，分析漏电隐患排查整治的特点，结合当前漏电监测技术原理及运用经验，从而提出城市照明设施防漏电对策措施，及时发现并整治漏电隐患，防范漏电事故的发生。

关键词：城市照明；漏电；监测系统；应用

Analysis of the Causes of Electric Leakage in Urban Lighting Facilities and Research on the Application of Monitoring Systems

Tang Wenxian, Jing Qun
(Shenzhen City Appearance and Landscape Affairs Center)

Abstract: The issue of electric leakage in urban lighting facilities has always been a difficult and key point for management and maintenance departments to rectify. Urban lighting facilities are widespread and numerous, and the hidden dangers of electric leakage are concealed. How to quickly detect and rectify these issues is a key problem to be solved in the prevention of electric leakage in urban lighting facilities. In the past, electric leakage monitoring mainly relied on manual operations, which were relatively inefficient. With the rapid development of mobile internet, the emergence of remote real-time leakage monitoring products based on mobile data communication has brought new solutions to the prevention of electric leakage in urban lighting facilities. This article attempts to propose countermeasures for preventing electric leakage in urban lighting facilities by sorting out the causes of electric leakage, analyzing the characteristics of leakage hazard investigation and rectification, and combining the principles and application experience of current leakage monitoring technology, so as to timely detect and rectify leakage hazards and prevent electric accidents.

Keywords: Urban lighting; Electric leakage; Monitoring system; Application

引言

城市照明设施是现代城市重要的基础设施，与人民群众的日常生活密切相关，确保城市照明设施安全运行是现代城市管理的重要内容。城市照明设施在长期运行过程中由于设施老化、外力损伤等因素影响而形成各类安全隐患，其中电气线路漏电隐患因隐蔽性强、危害性大，一直是管理维护部门整治的难点和重点。

长期以来，电气线路漏电监测往往依靠人工进行，费时费力、效率低下。近年来，随着4G、5G等移动互联网络的飞速发展，以此为支撑的远程漏电实时监测的产品推陈出新，从而实现了城市照明设施电气线路漏电监测的实时化、可视化、智能化，但由于产品更新迭代迅速，对监测系统相配套的使用方法又未进行深入研究，造成监测系统使用效率不高等新的问题。

做好城市照明设施漏电隐患整治工作，应系统地梳理城市照明设施发生漏电的原因，分析漏电隐患排查整治的特点，深入研究城市照明设施漏电监测技术手段和使用经验，从而提出针对性的防漏电对策措施。

一、城市照明设施漏电的成因分析

城市照明设施漏电原因复杂，归纳起来基本有3类，一是电气线路电缆问题；二是电气线路接头问题；三是灯具或其他设施问题。具体成因分析如下：

（一）电气线路电缆问题

1. 线路老化原因

城市照明设施电气电缆因年久失修，线路所处的地下以及杆内环境潮湿恶劣，加速线路绝缘层老化，致使其破损。

早期在进行城市照明设施建设施工时，考虑到防盗的因素，采取混凝土直接包封电缆、直埋电缆等方式施工，加速线路老化。

2. 机械损伤原因

机械损伤引起的电缆漏电占很大的比例，有些机械损伤很严重会当时反映出来，出现击穿短路现象，可直接查找修复；而有些机械损伤很轻微，当时并没有造成漏电，但在几个月至几年后绝缘层进水老化，损伤部位才出现漏电。造成电缆机械损伤主要有以下几种原因：

（1）安装时损伤。在安装时不注意碰伤电缆，机械牵引力过大而拉伤电缆，或电缆过度弯曲而损伤电缆绝缘层。

（2）外力损坏。在电缆路径上或电缆附近进行城建施工，使电缆受到直接的外力冲击，损伤电缆绝缘层。行驶车辆的震动或冲击性负荷会造成地下电缆的绝缘层裂损。

（3）自然现象造成的损伤。因周边树木生长、土地沉降引起过大拉力，致使绝缘层破损；因台风等极端天气导致灯杆倒伏或灯杆偏移过大，导致电缆拉伤破坏绝缘层；因鼠蚁啃咬等原因，导致线路绝缘层破损。

3. 电缆制作工艺不良原因

生产厂家使用劣质原材料加工或制作工艺不良生产的电线电缆，长期使用后因质量问题可能会发展成故障，引发漏电现象。

（二）电气线路接头问题

一是接头绝缘处理不规范。在建设施工和维护作业时，由于施工工艺原因，接头绝缘处理不符合规范，加上电缆接头所处的地下、杆内环境潮湿恶劣，久而久之，接头处的绝缘层破损，金属导线触地、碰杆，从而导致漏电情况的发生；二是电线虚接。虚接会导致电线发热甚至起火。因为电线虚接导致电线接头处电阻过大，产生大量的热量，热量积累到一定程度会融化绝缘层，导致漏电情况的发生。

此外，暴雨等极端天气造成城市低洼路段积水漫过照明设施的线路接头或其他电气设备，线路接头和电气设备又未做防水处理，导致漏电情况的发生。

（三）灯具或其他设施问题

主要是灯具、开关设备等城市照明设施在运行过程中，受外力挤压等原因，造成灯具绝缘被破坏，带电的接口、焊点与灯杆接触，从而造成漏电情况的发生。

二、城市照明设施漏电隐患的特点

（一）隐蔽性强

城市照明设施电气线路漏电隐患主要特点之一就是隐蔽性强，往往需要开展大量反复繁杂的排查工作，而且取得的成效不一定会直观、可视化地呈现。所以开展漏电防范工作，要求管理部门及运维单位具备极强的主动介入意识，因此，防漏电工作合理的工作方法显得尤为重要。

（二）排查工作量大

城市照明设施与城市的规模成正比，设施覆盖城市的大街小巷。以大型城市为例，其设施数量巨大，灯具数量达数十万，电源点数量数以千计，电缆长度达万千米级。如此数量的设施总量，进行漏电隐患排查工作量相当繁杂，而城市照明设施运维力量相对有限，依靠传统人工检测手段往往效率低下、周期较长。所以利用人工手段检测时，城市照明设施防漏电工作无法做到全面周到，再加上部分路灯接地电阻达不到标准要求，一旦发生漏电，可能会引发事故。

（三）不同类型路段设施漏电引发事故的风险存在差异

结合城市照明设施实际管理经验，设施漏电引发事故概率和设施所处的位置有直接的关系，行人密集区如商业步行街、城中村、沿街商铺、集贸市场周边等路段的设施，一旦出现漏电情况很容易引发漏电事故；而城市快速路、高速路中间隔离带的路段设施，由于行人接触的概率较小，因漏电引发的事故概率也相对较低。因此，分布在不同类型区域的城市照明设施防漏电管理也应有所区别。

三、城市照明设施主要的漏电监测手段及优缺点

（一）人工检测手段

在漏电监测系统出现前，人工检测手段是常用的漏电监测方式，测量方法有多种，常用的有两种方式：一是用钳形电流表在回路的始端测量泄漏电流（图1）。钳形电流表是由零序电流互感器和电流表组合而成，被测电路导线（所有相线、零线）穿过零序电流互感器，若回路中有泄漏电流，则会通过互感器产生感应电流，从而使二次线圈相连接的电流表有指示——显示被测线路的泄漏电流数值；二是在回路的末端用验电笔检查，该方法主要用于检测路灯灯杆或其他设备的外壳是否带电。

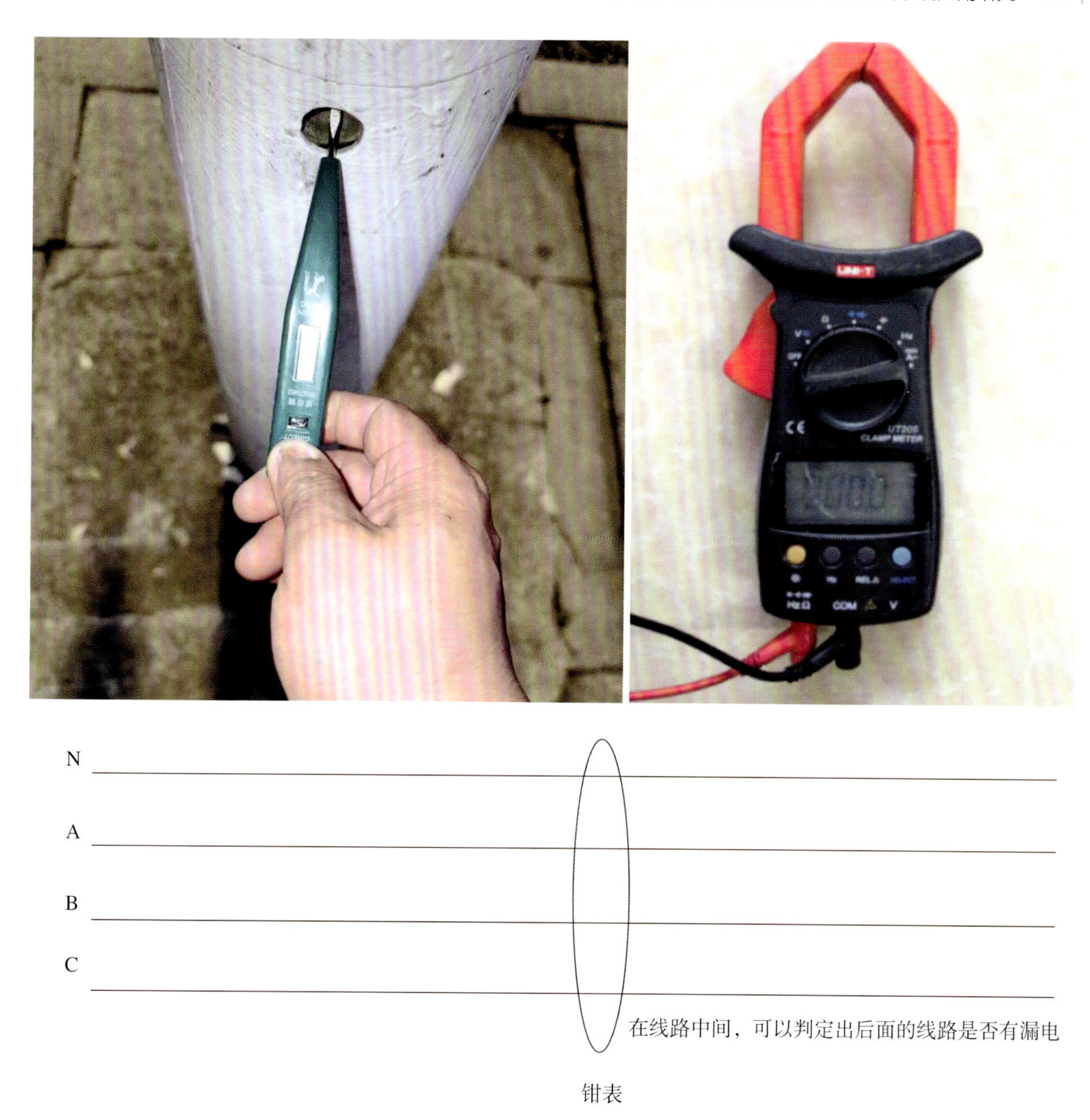

图1 人工测量漏电方式

优点：人工检测漏电情况，管理者可以结合漏电的检查，对箱变、供电箱等设施进行实地检查，能全面直观地了解各类设施工作状态。

存在的不足：时效性差、人力成本高，不能对城市照明设施漏电情况进行实时监测。

（二）漏电保护开关（电流型）

电路中漏电电流超过预定值时能自动动作的开关，当路灯回路中发生漏电时，漏电保护开关通过零序电流互感器检测出一个漏电电流，使继电器动作，电源开关断开，通过断电的方式引导维护人员进行电路的检修。图2是路灯回路常用的一种带剩余电流保护塑料外壳断路器（漏电保护开关），以及各型漏电保护开关动作阈值参数。以壳架等级400V、剩余电流脱扣器AC型保护V型为例，动作电流阈值0.1A、0.3A、0.5A可调，线路泄漏电流超阈值，漏电保护开关就会动作，切断路灯回路电源，提醒维护人员检修线路。

优点：具备断电保护功能，可一定程度上

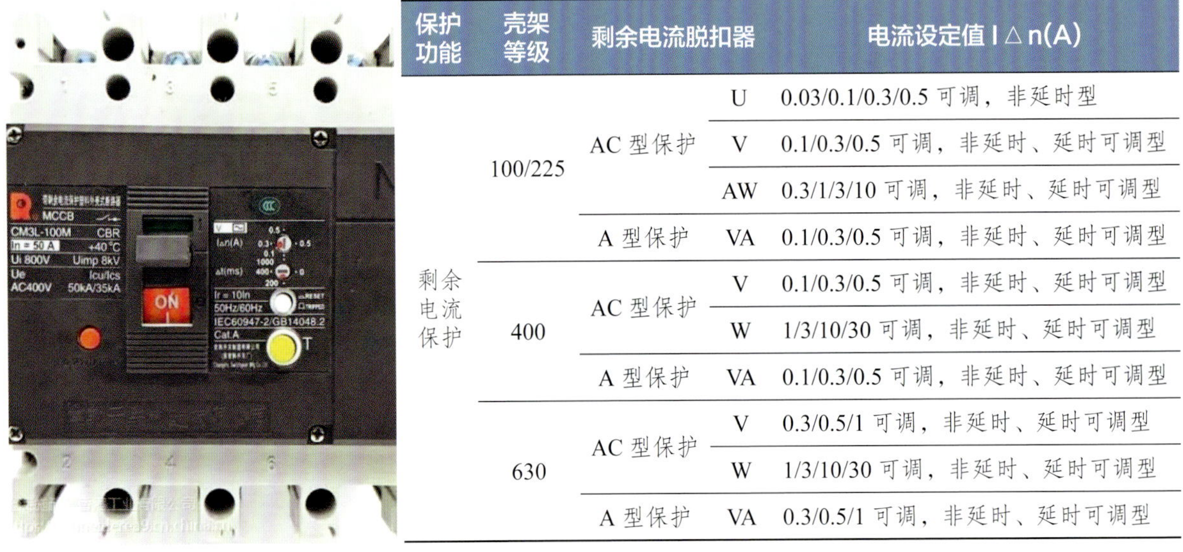

保护功能	壳架等级	剩余电流脱扣器		电流设定值 I△n(A)
剩余电流保护	100/225	AC 型保护	U	0.03/0.1/0.3/0.5 可调，非延时型
			V	0.1/0.3/0.5 可调，非延时、延时可调型
			AW	0.3/1/3/10 可调，非延时、延时可调型
		A 型保护	VA	0.1/0.3/0.5 可调，非延时、延时可调型
	400	AC 型保护	V	0.1/0.3/0.5 可调，非延时、延时可调型
			W	1/3/10/30 可调，非延时、延时可调型
		A 型保护	VA	0.1/0.3/0.5 可调，非延时、延时可调型
	630	AC 型保护	V	0.3/0.5/1 可调，非延时、延时可调型
			W	1/3/10/30 可调，非延时、延时可调型
		A 型保护	VA	0.3/0.5/1 可调，非延时、延时可调型

图2 某型漏电保护开关以及该系列产品漏电保护动作阀值参数

避免发生二次事故。

存在的不足：不能对漏电电流进行实时监测；通过断电的方式告警，会造成整个路灯回路停电，引起照明中断；不能预先发现漏电隐患。

（三）漏电监测系统

1. 设计原理

目前，城市照明设施使用漏电监测系统一般采用采集回路的泄漏电流方式进行漏电监测，其设计原理及设计思路大同小异，一般采用以下设计方案：①在路灯低压侧回路的始端安装互感线圈，对回路泄漏电流数据进行采样；②通过远程通信模块传输到用户监控平台；③通过监控平台实现对设施设备的漏电监测。

泄漏电流监测系统由监控平台和漏电检测终端两部分组成（图3）。监控平台主要承担所有数据存储、显示、指令发送、检测查询、人机交互、参数设定等工作，漏电检测终端主要承担泄漏电流的实时监测、数据传输、分合闸实施等工作，是整个漏电监测系统的执行单元和信息采集单元。

2. 常用的漏电监测系统主要性能指标

以下是某型漏电监测系统主要功能与性能。

（1）环境条件

运行温度：−10~55℃；

存储温度：−30~70℃；

大气压力：70~106kPa；

海拔高度：<2 500m；

相对湿度：≤95%，不结露。

（2）装置工作电源

额定 220VAC/DC，电压允许范围 AC/DC85~265V，50±5Hz。

（3）泄漏电流测量及主动报警

测量范围：1~30 000mA。

准确度：1~300mA，准确度 ±2%；300~2 000mA，准确度 ±5%；2 000~ 30 000mA，准确度 ±2%；精度 1mA。

报警值设定范围：1~30 000mA，默认为 30mA，连续可调，步长 1mA。

主动报警：各回路泄漏电流超过主动报警限值时报警，手动复位后消警。

优点：监测系统可实现城市照明设施泄漏电流的实时监测，而且各项功能可以模块化进行更新升级，管理部门能根据实际情况进行定制安装，与原有的设备兼容性较高。

存在的不足：若系统维护不好会造成信息传输链中断，造成漏电监测信息中断。

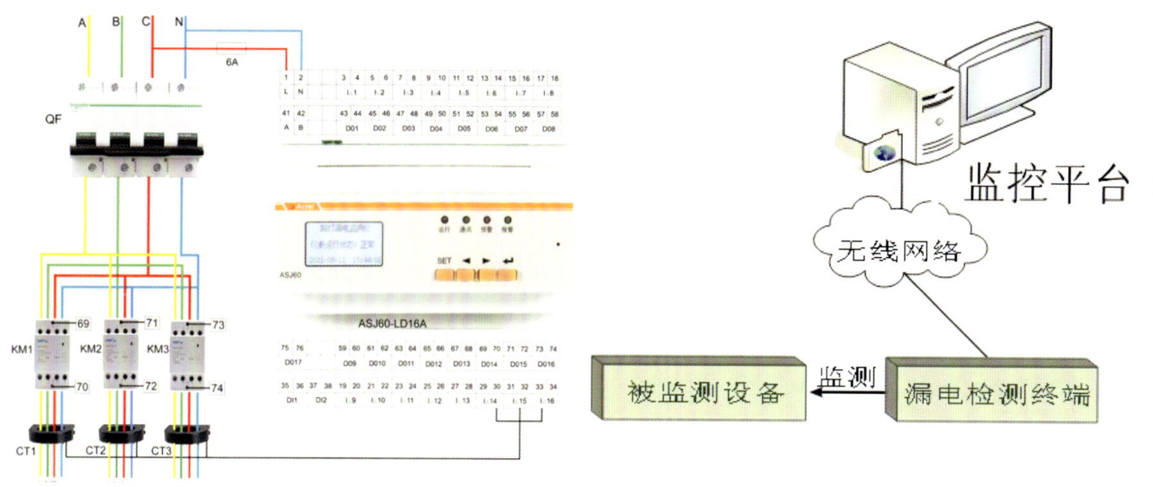

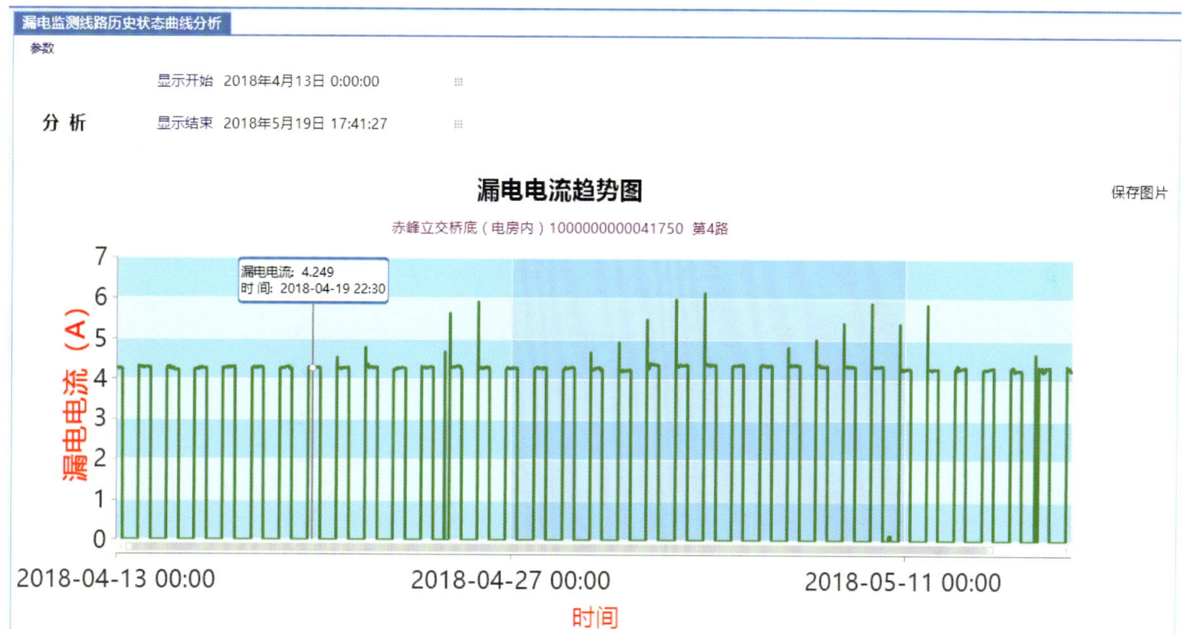

图3 泄漏电流监测系统工作原理示意图

（四）漏电监测系统与其他监测手段性能指标对比

1. 与其他监测手段效率对比

深圳市某区已安装漏电监测系统的城市照明设施作为对比样本，该区安装共有496台电源点（箱变、配电箱）、1 653个回路安装的监测系统，表1是2023年4月18日某时段监测数据，数据显示，该时段共有13条回路存在泄漏电流超标情况，泄漏电流在1~2A的回路有8条，2~5A有2条，大于5A的回路有3条。

表1 某区路灯设施漏电数据统计表

配电箱编号	线路名称	数据状态	漏电电流状态	漏电电流上限（mA）	漏电电流（mA）
2037	1号回路	正常	超标	1 000	1 966
2046	1号回路	正常	超标	1 000	1 165
940	1号回路	正常	超标	1 000	1 689

续表

配电箱编号	线路名称	数据状态	漏电电流状态	漏电电流上限（mA）	漏电电流（mA）
1405	1号回路	正常	超标	1 000	1 966
1387	1号回路	正常	超标	1 000	1 017
2213	1号回路	正常	超标	1 000	1 966
2213	2号回路	正常	超标	1 000	1 966
41789	1号回路	正常	超标	1 000	1 966
948	1号回路	正常	超标	1 000	5 897
1970	1号回路	正常	超标	1 000	5 897
2156	1号回路	正常	超标	1 000	6 500
965	1号回路	正常	超标	1 000	2 100
968	1号回路	正常	超标	1 000	4 179

注：填表日期2023年4月18日。

若采用漏电保护开关（电流型）进行漏电监测，也能对设备漏电情况进行监测，但做不到实时监测，若城市照明系统安装了“三遥”（遥测、遥信、遥控）系统，可以立即进行故障排查；若未安装，需要人工巡查到灭灯情况，才能进行漏电故障排查，会引起城市照明中断。

若采用人工检测，按一个工作小组（2~3人）每晚测量10个电源点的低压回路泄漏电流计算，完成496个电源点测量的时间需要49.6天，可以看出，监测系统的时效性和效率均大幅高于人工检测（表2）。

表2 漏电监测系统与人工检测对比表

检测设施总量	检测方式	检测设备	所需时间	所需人力	对比结果
496个电源点、1 653个回路	监测系统	某型漏电监测系统	实时	1人	效率高
	漏电保护开关（电流型）器	某型漏电保护开关	安装了“三遥”：实时； 未安装“三遥”：从断电灭灯到巡查发现	2~3人	效率低
	人工	UT205钳型表	49.6天	2~3人	效率低

2. 与人工检测数据对比

测量结果显示，监测系统与人工测量数据相差不大，可以满足城市照明设施日常漏电监测要求（表3）。

表3 漏电监测系统与人工检测数据对比

测量点位	第一组:笋岗立交箱变(回路4)	第二组:桃园路南新路箱变(回路6)	第三组:洪安路口箱变(回路5)
监测系统数据	181mA	748mA	4 194mA
人工测量数据	179mA	720mA	4 150mA

综上，漏电监测系统经济性、实用性等各项指标占优，可以以较低成本实现对城市照明设施泄漏电流的实时监测，可以快速发现城市照明设施漏电安全隐患，且与城市照明设施原有的设备兼容性较高，安装系统不会造成原有设施资源的浪费，适合大规模推广应用。

四、制约城市照明设施漏电监测系统效能发挥的因素以及提升对策

实际工作中，部分设施虽然安装监测系统，但由于未对城市照明设施漏电隐患的特点进行分析，未对监测系统的运用方法进行研究，导致监测系统未能发挥应有的效能。应针对设施漏电产生的原因，结合漏电隐患排查的特点以及漏电监测系统特性综合进行统筹布局，才能发挥监测系统最大的效能。

（一）漏电监测系统效能发挥的制约因素

1. 未合理地对设施进行差异化管理

前面分析，城市照明设施漏电隐患排查具有隐蔽性强、排查工作量大、不同类型路段设施漏电引发事故的风险存在差异等特点，若管理部门不针对这些特点，合理地进行差异化管理，会大大增加维护力量的工作量。比如，若不将城市快速路中间隔离带等路段与步行街等人流密集区设施进行差异化管理，低风险路段会出现报警过频现象，维护力量将疲于应对，不仅浪费维护人力，也使监测系统长期处于低效的工作状态。

2. 未合理设置设施漏电报警阈值

日常维护工作中，维护力量与设施漏电报警阈值设置是一个难点问题，若系统报警阈值设置过低，在潮湿天气特别是雷雨季节时，漏电监测系统将会频繁报警，维护人员需要及时核实处置，人为增加了线路漏电隐患处置的工作量，费时费力；若阈值设置过高，又不能及时发现漏电隐患。所以，怎样达成漏电监测与维护力量的平衡，既做好城市照明设施的漏电防范工作，又能依托现有的运维力量，不大幅增加人力成本，是必须要考虑的一个平衡点。

漏电监测数值超标，并不一定就表示设施存在漏电隐患，造成监测数据超标原因是多方面的，电气线路分布电容、谐波、接线不规范等原因均可引起漏电电流数值过大。表4是电缆在正常情况下的泄漏电流，以总长度为1km路灯回路为例，若采用YJV-1KV-4×25电缆[1]，正常情况下，仅供电电缆漏电电流已经超过70mA，若考虑灯具、接头以及上杆线、分布电容等因素产生泄漏电流，数值将更大，而且，城市照明设施建设有先后，施工质量及设施质量也有差异，所以设施的管理部门应综合各方面的因素合理地设置漏电报警阈值[2]。

表4 220/380V单相及三相电缆穿管泄漏电流参考值

绝缘材质	导线截面积（mm^2）												
	4	6	10	16	25	35	50	75	95	120	150	185	240
聚氯乙烯	52	52	56	62	70	70	79	89	99	109	112	116	127
橡皮	27	32	39	40	45	49	49	55	55	60	60	60	61
聚乙烯	17	20	25	26	29	33	33	33	33	38	38	38	39

注：数据来自《工业与民用配电设计手册（第四版）》

（二）漏电监测系统效能提升对策

1. 分类管理，灵活运用监测系统

城市照明设施防漏电工作，需要管理部门结合设施数量、所在的城市气候特点和行人密度等各种因素统筹规划。建议采用分类管理的方式，根据设施所处的位置的地势、行人密集度等因素，对城市照明设施进行分类划片管理，区分为高、中、低三个等级：将商业步行街、城中村、沿街商铺、集贸市场周边等行人或客流容易接触到设施的路段划分为漏电隐患高风险区；将一般的主次干道、一般道路等非行人密集区划分为漏电隐患中风险区；将城市快速路、高速路中间隔离带等行人较难接触到设施的路段划分为漏电隐患低风险区。各类区域的城市照明设施防漏电管理也应有所区别，因地

施策，有的放矢，科学地制定各类区域管理方案，监测系统才能高效地运行。

2. 分级处置，高效运用维护力量

（1）根据风险区域等级进行分级处置。对于漏电隐患高风险区，一方面要严格按标准进行漏电保护设计，另一方面要结合经验和理论计算的最低值进行报警阈值设定。设施运行中，若出现漏电报警，要第一时间核实处置，处置力量应加强配置。处置原则：即使增加工作量，也不应忽视任何一次漏电报警。

对于漏电隐患中风险区，报警阈值的设置应结合实际合理进行设置，既不能把阈值设置太低，出现频繁报警的情况；又不能出现漏电情况无警报，造成漏电隐患无人问津的现象，但处置时限和处置力量相比高风险区应适当降低要求。

对于漏电事故低风险区，往往该类型路段车流量大、车速快，若出现漏电报警，也应抓紧时间排查，若不能及时处置，应将情况通报给绿化、道路养护单位，避免作业人员发生触电事故，报警阈值可相对设置较高。

（2）根据泄漏电流大小进行分级处置。将泄漏电流超标的回路按一定的数值区分若干个等级进行分类统计，根据数据进行优先、暂缓等分级处置。

例如：将配电箱漏电数据分别按漏电电流大于5A、1~5A、0.5~1A三个等级分类统计；对于泄漏电流超过5A的回路按最高等级处置，立即安排检查；对于泄漏电流1~5A的回路，也应进行排查，但紧急等级在5A之后；对于0.5~1A回路，应结合日常的维护进行排查维修。

3. 闭环调整，逐步消除漏电隐患

在进行漏电监测系统管理框架的搭建时，要贯彻全周期管理的理念，城市照明设施安装监测系统之后，随着漏电隐患消除，报警频次肯定是由初期高峰趋于平稳。所以，在制定设备的防漏电管理计划时，要以闭环的思维进行动态调整。比如在进行漏电隐患排查工作时，做到排查一处记录一处，标明漏电原因，准确记录到漏电排查台账中。管理人员再将漏电排查台账数据及隐患整治情况，反馈到漏电监控系统，动态调整每一回路的漏电报警阈值，在排查中不断优化监控系统各个参数设置，真正做到精细化管理和高效化风险排查，逐步消除漏电隐患，防范漏电事故的发生。

4. 拓展功能，提高隐患整治效率

目前，实际工作中常用的城市照明设施漏电监测系统，由于厂家、批次以及安装时间上的差异，功能也千差万别，如早期的产品要求用户登录厂家的管理系统，需要人工定期登录进行超标数据的收集，才能对设施漏电情况进行统计；若用户离线，就获取不到数据，不能做到对城市照明设施漏电情况实时监测；而最新的产品拓展功能较丰富，可实现报警提示、短信告知等功能，不需要人工实时值守。

为此，建议管理部门在安装的漏电监测系统原有的功能基础上，定期和厂家进行技术交流和反馈，对功能进行升级，进一步拓展功能模块，将断电保护、远程合闸、人工巡查监管（打卡）、自动派单、隐患排查处置销单等日常常用的功能进行整合，甚至可将视频监控、温感、烟感、红外监测等功能进行融合，实现城市照明设施漏电监测一张图、漏电隐患整治一张网，高效进行城市照明漏电防范工作的管理，及时发现并整治漏电安全隐患。

参考文献

[1] 雷小雄. 关于漏电保护器在城市道路照明系统中的应用[J]. 照明工程学报期刊, 2019, 30(6): 105-110.
[2] 任元会. 工业与民用配电设计手册[M]. 4版. 北京: 中国电力出版社, 2016.

粤港澳大湾区标准化发展路径研究

刘荣杰[1]，符阳[2]
（1.深圳市城管宣教和发展研究中心；2.深圳大学）

摘要：标准作为一门“通用语言”，是推动粤港澳大湾区在产业、营商环境、公共服务等领域实现互通互融的基础。本文梳理了国家、广东省及深圳有关粤港澳大湾区的政策中，涉及标准化工作机制、管理体系等的要求，总结了粤港澳大湾区标准化协同工作情况，对比了广东、香港、澳门三地的标准化管理差异，提出了对粤港澳大湾区标准化工作的思考。最后，结合各级政策要求、各地差异和当前存在的问题，提出推动粤港澳大湾区标准化协同发展的建议。

关键词：粤港澳大湾区；标准化；协同

Study on the Development Approach of Standardization in the Guangdong-Hong Kong-Macao Greater Bay Area

Liu Rongjie[1], Fu Yang[2]
(1.Shenzhen Center for Urban Management Publicity, Education and Research; 2.Shenzhen University)

Abstract: As a “common language”, standards are the basis for promoting the interoperability and integration of industries, business environment and public services in the Guangdong-Hong Kong-Macao Greater Bay Area (GBA). This paper compares the requirements on standardization mechanism and management system in the national, Guangdong Province and Shenzhen policies on GBA, summarizes the standardization synergy in GBA, compares the differences of standardization management in Guangdong Province, Hong Kong and Macao, and puts forward the thoughts on standardization in GBA. Finally, combined with policy requirements at all levels, local differences and current problems, to put forward proposals to promote the development of standardization synergy in the GBA.

Keywords: GBA; Standardization; Synergy

引言

2019年2月18日，中共中央、国务院印发《粤港澳大湾区发展规划纲要》，规划将大湾区建设成为充满活力的世界级城市群、具有全球影响力的国际科技创新中心、“一带一路”建设的重要支撑、内地与港澳深度合作示范区、宜居宜业宜游的优质生活圈，打造高质量发展的典范。大湾区包括广东的广州、佛山、肇庆、深圳、东莞、惠州、珠海、中山、江门9市和香港、澳门两个特别行政区，“9+2”的城市集群涉及粤港澳三地、两种制度。三地在政治、经济、文化等方面存在明显差异，对大湾区的深度合作构成挑战。标准作为一门“通用语言”，是推动大湾区在产业、营商环境、公共服务等领域实现一体化的基础。2021年10月，中共中央、国务院印发《国家标准化发展纲要》，强调标准化在推进国家治理体系和治理能力现代化中发挥着基础性、引领性作用。如何以标准为先导推动各地“联通、贯通、融通”，以先进标准引领粤港澳大湾区高质量发展，需要深入探索研究。本文初步梳理了国家、省及深圳有关大湾区标准化的政策要求，对比了三地标准化工作的差异，提出了对大湾区标准化工作的认识和思考。

一、粤港澳大湾区标准化相关政策

国家及省、市（以深圳为例）发布了一系列粤港澳大湾区相关的顶层设计政策文件，基本都涉及标准化工作。其中既有对建立大湾区标准化工作机制及标准体系的要求，也有对具体领域标准化的工作要求。

（一）工作机制、体系方面的要求

《粤港澳大湾区发展规划纲要》明确要求“充分发挥行业协会商会在制定技术标准、规范行业秩序、开拓国际市场、应对贸易摩擦等方面的积极作用。”《中共广东省委 广东省人民政府关于贯彻落实〈粤港澳大湾区发展规划纲要〉的实施意见》也提出了相应要求。《广东省推进粤港澳大湾区建设三年行动计划（2018—2020年）》提出，“探索建立大湾区区域标准化合作机制，支持大湾区行业组织发起成立标准联盟。”《深圳市贯彻落实〈粤港澳大湾区规划纲要〉三年行动方案（2018—2020年）》进一步细化工作要求，提出要“共建大湾区高质量标准体系。支持各类机构加入国际技术标准组织，支持企业参与或主导制定国际国内标准，推动基础通用标准与国际接轨。”《深圳市推进粤港澳大湾区建设2020年工作要点》再次强调“加强与港澳深度交流合作，深入学习借鉴港澳营商环境先进经验，加快对接国际规则和标准。”《深圳市推进粤港澳大湾区建设2021年工作要点》提出“推动构建粤港澳大湾区标准化协同机制，推动港澳原产地产品可在大湾区内自由流通等。”

（二）具体领域的标准化工作要求

各项政策文件中对各个行业领域的标准化工作也提出了具体要求，见下表。

政策文件标准化相关内容汇总表

发布时间	政策文件	层级	有关标准化工作的要求	领域
2019 年 2 月	《粤港澳大湾区发展规划纲要》	国家	推进新型智慧城市试点示范和珠三角国家大数据综合试验区建设，加强粤港澳智慧城市合作，探索建立统一标准，开放数据端口，建设互通的公共应用平台	智慧城市
			与内地科研机构共同建立国际认可的中医药产品质量标准，推进中医药标准化、国际化	中医药
			有序推进制定与国际接轨的服务业标准化体系，促进粤港澳在与服务贸易相关的人才培养、资格互认、标准制定等方面加强合作	服务业
2019 年 3 月	《中共广东省委 广东省人民政府关于贯彻落实〈粤港澳大湾区发展规划纲要〉的实施意见》	广东省	促进粤港澳在与服务贸易相关的人才培养、资格互认、标准制定等方面加强合作，有序推进制定与国际接轨的服务业标准化体系	服务业
2019 年 7 月	《广东省推进粤港澳大湾区建设三年行动计划（2018—2020 年）》	广东省	支持大湾区内地科研机构联合澳门中药质量研究国家重点实验室和香港特别行政区政府中药检测中心，共同建立国际认可的中医药产品质量标准	中医药
		广东省	推动共同编制粤港澳大湾区建筑服务技术标准规范	建筑业
2019 年 4 月	《深圳市贯彻落实〈粤港澳大湾区规划纲要〉三年行动方案（2018—2020 年）》	深圳市	加强深港澳智慧城市建设交流。联合港澳探索智慧城市建设标准规范，共建时空信息云平台和空间信息服务平台	智慧城市
			推动粤港澳中医药创新发展。深化与港澳中药检测机构的合作，共建国际认可的中医药产品质量标准	中医药
			深化大湾区港口航运合作。加强与香港港航政策和标准全面对接，优化粤港分界线引航服务	航运
2019 年 6 月	《中共深圳市委推进粤港澳大湾区建设领导小组印发〈关于贯彻落实粤港澳大湾区发展规划纲要的实施方案〉的通知》	深圳市	对标香港实行统一的食品安全标准，推动建立大湾区食品安全综合协调和监管合作机制	食品安全
2020 年 3 月	《深圳市推进粤港澳大湾区建设 2020 年工作要点》	深圳市	创新与港澳在服务贸易相关的人才培养、资格互认、标准制定等领域政策	服务业
			发挥绿色金融引导作用。积极参与 ISO/TC322 可持续金融标准制定工作；推动香港及内地绿色金融标准互认和应用	金融
2021 年 6 月	《深圳市国民经济和社会发展第十四个五年规划和二〇三五年远景目标纲要》	深圳市	完善绿色金融政策体系，加强绿色金融区域合作与国际交流，推动制定粤港澳大湾区绿色金融标准	金融

从梳理情况来看，2019—2021 年是相关政策密集出台的关键时期，此后转入具体政策落地实施阶段，较少出台顶层设计文件。各级政府对粤港澳大湾区标准化工作的总体要求是建立健全大湾区标准化协同机制，发挥行业协会商会作用，建立大湾区标准创新联盟，加快对接国际规则和标准，建设大湾区标准体系。着重在智慧城市、服务业、制造业、中医药和航运等领域发力，率先实现标准互通、协同发展。

二、粤港澳大湾区标准化管理情况比较

粤港澳三地的标准化管理责任主体与运行模式各有特点。

（一）广东标准化管理情况

广东由省市场监督管理局履行标准化管理职责，依法协调指导和监督地方标准、团体标准制修订工作，组织制定并实施标准化激励政策。按照政府引导、市场驱动、社会参与、协同推进的原则规范标准化活动。标准类型包括国家标准、行业标准、地方标准和团体标准、企业标准，国家标准分为强制性标准、推荐性标准，行业标准、地方标准是推荐性标准。为了与国际接轨，促进国际国内市场联通，国家层面积极推动采用国际标准。2001年原国家质量监督检验检疫总局发布《采用国际标准管理办法》，明确了采标的原则、采标程度和编写方法，并出台了国家标准《标准化工作指南 第2部分：采用国际标准的规则》以加强技术指导[1]。据统计，截至2023年2月，现行国家标准共42 418项，其中14 727项采用了国际标准化组织（International Organization for Standardization, ISO）、国际电工委员会（International Electrotechnical Commission, IEC）等国际组织发布的标准，占比34.7%。随着国家实力增长和国际市场话语权增强，内地越来越多地参与甚至主导制订国际标准，为粤港澳大湾区的标准一体化奠定了一定的基础。截至2023年1月，广东主导或参与制修订国际标准3 037项，数量居全国前列。同时，56个国际、国家专业标准化技术委员会组织落户广东。

（二）香港标准化管理情况

香港未设立负责制定和颁布本地标准的管理部门，由香港创新科技署下辖的产品标准资料组、认可处、标准及校正实验所提供标准售卖、技术咨询、合格评定等标准化相关的服务，同时积极参加国际认可论坛（International Accreditation Forum, IAF）、国际标准化组织等国际及区域性标准组织，参与国际标准化工作。基于历史原因，香港一般采用国际标准或主要经济体系的标准，各部门负责根据职责范围提出具体运用要求。主要分为两类，一是企业根据客户或业界的要求，自愿遵守的标准，类似内地的推荐性标准；第二类是涉及食品卫生、安全等重点行业的标准，政府通过立法，以技术规例的形式强制执行。例如香港商务及经济发展局出台的《玩具及儿童产品安全条例》规定，香港制造或者出售的玩具必须符合三套标准中至少一套：①国际标准化组织ISO 8124玩具安全标准。②欧盟EN71系列标准。③美国材料及试验学会标准ASTM F963玩具安全的用户安全规范。

（三）澳门标准化管理情况

澳门同样没有设立标准化的专门管理机构，而是由澳门生产力暨科技转移中心承担标准化有关的职能。该中心成立于1995年，是澳门政府及民间组织共建的非营利组织，提供标准化咨询、ISO标准和国家标准的检索和销售服务，并负责对接澳门作为国际标准化组织通讯成员相关的事务。澳门除了以国际标准为核心制定本地区标准外，部分行业也直接适用国际、内地强制性标准。例如澳门在制定食品安全标准《食品中重金属污染物最高限量》的过程中，就根据国际及澳门本地的实际情况，充分参考了主要来源地标准、国家食品安全标准及邻近地区的标准。该标准以补充性行政法规的形式发布。澳门的汽车、摩托车则直接适用境外强制性标准，包括美国、欧盟、日本和中国内地的标准。

粤港澳三地的标准化管理存在较大差异，主要体现在各地政府管理制度、标准与国际接轨程度、标准发布应用形式等方面，其与各地的国际化程度、管理理念以及市场化程度息息相关。随着中国内地大力推动经济社会高质量发展，更加深入地参与制定先进国际标准，就标准的内容和规格本身，粤港澳三地已经具有较好的对标基础，下一步应着力健全管理制度，完善工作机制。

三、粤港澳大湾区标准化协同工作情况

为了健全粤港澳大湾区区域标准化合作机制，政府积极推动、引导成立了多方参与的各类标准化组织，打造标准化活动平台，共同打造三地通行的大湾区标准。

（一）成立粤港澳大湾区标准化研究中心

2020年9月19日，广东省政府和国家标准化管理委员会签署了《关于共同建设粤港澳大湾区标准化研究中心战略合作框架协议》，2021年1月中心正式挂牌。根据协议，广东省政府将加强对大湾区标准化中心的管理并提供配套政策措施、机构、人员、资金和技术支撑等保障，国家标准化管理委员会加强指导，在标准化政策规划、专家邀请、项目申报、人才培养等方面给予支持。该中心依托广东省标准化研究院筹建并设立，致力于打造大湾区政策、规则、标准“三位一体”的一流研究机构，大湾区标准化战略决策的一流高端智库，湾区标准国际化的一流公共平台[2]。

（二）成立粤港澳大湾区标准创新联盟

2021年4月，深圳市标准化协会联合粤港澳及周边地区从事标准化相关社会团体、企事业单位、高等院校、标准化专家和专业人士共同成立粤港澳大湾区标准创新联盟。联盟以标准创新引领和促进粤港澳大湾区协同创新和高质量发展为目标，开展标准制定、理论研究、推广应用、产业化等标准化相关活动[3]。目前已培育成立生命和生物技术委员会、工业互联网委员会、智慧物流委员会三个行业委员会。

（三）成立广东省粤港澳大湾区标准促进会

2022年2月，广东省标准化研究院联合多家机构组建促进会，首批会员包括广东、香港、澳门三地65家在粤注册登记的具有影响力、号召力并具有行业代表性的知名企业、高校科研院所、行业协会等。促进会通过开展信息交流、宣传推介、技术评估、咨询服务等活动，协助推进粤港澳大湾区共通标准工作[4]。

（四）其他标准化服务平台

2020年年底，广州南沙启动全国首个粤港澳标准化服务平台——粤港澳科技创新团体标准服务平台，形成了粤港澳科技创新团体标准从提案、立项、起草、征求意见、技术审查到发布的全链条服务，构建以政府引导、企业共享标准化资源、社会团体联合发布的粤港澳标准制定互动机制。2021年年初，中国贸促会商业行业委员会授予新成立的澳门大湾区人力资源协会作为“人力资源标准化建设澳门地区独家合作伙伴”。中国贸促会商业行业委员会依托下设“中国贸促会商业行业委员会人力资源管理与人力资本评价标准化技术委员会”在人力资源团体标准化方面的优势，提出了在人力资源领域建立内地与澳门地区同业、同标、同质的合作倡议，启动两地人力资源标准化建设工作。

上述组织在推动粤港澳大湾区标准化方面发挥了重要作用。据公开资料显示，2021年广东发挥粤港澳大湾区标准化研究中心作用，制定食品、粤菜、中医药、交通、养老等23个领域共70项首批“湾区标准”，其中食品相关的标准有31项，占比44.3%。2022年粤港澳大湾区标准创新联盟联合粤港澳三地相关企事业单位制定发布《粤港澳大湾区工业互联网碳中和标准化白皮书》，提出要重点推进完善工业互联网碳中和标准体系、推进重点急用标准的研制、加强标准应用推广和实施。南沙粤港澳科技创新团体标准服务平台早在2020年10月发布了《基于区块链技术的产品追溯管理指南》（T/GDMA 28—2020），开创了粤港澳三地联合发布团体标准的先河。与此同时，各个平台通过组织研讨会、开展课题研究、加强标准人才培养等措施，有效促进粤港澳三地标准互联互通。

除了上述新设立的组织，其他行业协会也积极参与粤港澳大湾区标准化工作。全国团体标准信息平台查询结果显示，2019年10月起至今，广州市品牌质量创新促进会、山东省蔬菜

协会等9家行业协会共发布《“湾区制造”评定准则》(T/BQI 0003—2019)等粤港澳大湾区相关团体标准共28项，范围涵盖湾区制造、蔬菜生产、数据共享等内容，其中食品相关的标准有16项，占比57.1%。需要指出的是，行业协会出台的大湾区团体标准，并非均由三地共同参与编制，这与新设立组织出台的标准有较大差异。

四、对粤港澳大湾区标准化工作的思考

相比世界上其他城市群，由于“一国两制”的特殊制度，粤港澳大湾区一体化面临着更多的挑战。创新大湾区标准化工作机制，以标准为先导推动规则“联通、贯通、融通”，从而推动大湾区内生产要素的流通和城市间的互联互通，具有迫切的现实需要。目前，粤港澳大湾区标准化协同工作机制已初步建立，取得一定的成果，但仍存在一些不足：一是统筹力度不足，各类社会团体各自为政，港澳地区参与积极性不足，力量分散不利于形成高效规范的合作模式；二是标准既有“WQ”前缀的“湾区标准”，也有“T”前缀的团体标准，发布来源和形式多样，容易混淆概念，也可能因把关不严降低标准质量，有违高质量发展的目标；三是各领域标准发展速度不一，现阶段以食品等面向港澳地区的保供类行业为主，缺乏高精尖领域的合作互认，尚未串点连线成片构成体系。结合政策要求、各地差异、存在不足，对下一步大湾区的标准化工作提出以下几点建议。

（一）政府部门加强统筹规划

通过高层互动，撬动港澳地区标准化服务部门参与标准化工作的积极性。健全政府统筹、标准化主管（服务）部门统管、各部门分工协作的工作机制。加强顶层设计，尽快出台促进粤港澳大湾区标准发展指南，构建粤港澳大湾区标准体系框架。政府牵头理顺各类平台关系，划分各自事权范围，推动建立常态化的交流协作和问题协调解决机制，在组织结构、标准制定等方面形成高效规范的合作模式。

（二）制定大湾区标准制定规范

坚持平等互利、开放兼容的原则，在尊重粤港澳三地法律法规差异的基础上，构建适用于三地的标准制修订程序、参与主体和发布形式[5]，为各类组织规范开展标准制修订工作提供指导。必要时可参考综合改革试点授权事项清单的做法，适当突破《广东省标准化条例》以及《团体标准化》(GB / T 20004.1—2016)等法律法规和标准规范。同时要强化标准审议审查和发布应用，以高质量的标准引领大湾区经济社会高质量发展。

（三）发挥行业协会商会的桥梁作用

充分发挥区域行业协会、商会、产业技术联盟在制定团体标准、规范行业秩序、开拓国际市场等方面的积极作用。团体标准是粤港澳大湾区标准化的良好载体，应尊重市场规律，以市场为导向，采取措施鼓励行业协会、商会、产业技术联盟按照规范开展湾区团体标准制定，促进粤港澳三地标准互联互通，率先为粤港澳大湾区深度合作提供技术支撑。

（四）发挥先进领域引领带动作用

加强与国际标准组织、标准研究机构的交流合作，支持各类机构加入国际标准组织。鼓励数字化、通信技术、服务业、中医药等领域领先企业根据发展需要和市场需求建立与国际相适应的标准化规则，依托广东产业化优势和港澳国际化优势协同发力，争夺新技术、新产业、新业态和新模式的规则制定权和话语权。

参考文献

[1] 杨骁. 采用国际标准现状分析及建议研究[J]. 机械工业标准化与质量, 2021(7): 34-37.
[2] 佚名. 广东省与国家标准委合作共建粤港澳大湾区标准化研究中心[J]. 工程建设标准化, 2020, 263(10): 35.
[3] 傅江平. 粤港澳大湾区标准创新联盟成立[N]. 中国质量报, 2021-5-12(4).
[4] 宾红霞. 协助政府培育打造高质量“湾区标准”[N]. 南方日报, 2022-2-22(6).
[5] 蔡建峰, 宋皎, 张颖, 等. 粤港澳大湾区区域标准化合作探析[J]. 标准科学, 2020(11): 110-114.

高质量城市综合治理的六个维度
——以深圳市公园城市建设规划和行动计划为例

周劲
（深圳市规划国土发展研究中心/深圳市城市设计促进中心）

摘要：治理不同于管理，既要关注自上而下的监管和传导，也要兼顾平行部门之间的协调和衔接，还要鼓励自下而上的参与和反馈。强调在政府的引导下，全社会都要积极参与到政府决策、计划和实施的全过程中，共同推进政府施政方略的贯彻落实。高质量城市综合治理需要开展前瞻性思考和全局性谋划，贯彻国土空间“全领域、全要素、全链条和全流程”的治理宗旨和理念，准确把握城市治理的动机（Why）、时机（When）、机制（How）、主体（Who）、载体（Where）和客体（What）六维联动关系，整体性推进城市治理能力和水平的持续迭代和升级，实现城市综合治理事业的健康可持续发展。

关键词：城市；综合治理；维度；动机；时机；机制；主体；载体；客体

Six Dimensions of High-quality Comprehensive Urban Governance
—Take the Urban Construction Planning and Action Plan of Shenzhen Park City as An Example

Zhou Jin
(Shenzhen Urban Planning & Land Resource Research Center/Shenzhen Center for Design)

Abstract: Different from management, governance should focus on top-down supervision and transmission, but also take into account the coordination and cohesion between parallel departments, and encourage bottom-up participation and feedback. Under the guidance of the government, the whole society should actively participate in the whole process of government decision-making, planning and implementation, and jointly promote the implementation of the government's governance strategy. High-quality comprehensive urban governance needs to carry out forward-looking thinking and overall planning, and implement the purpose and concept of “all-field, all-factor, all-chain and all-process” governance of national space. Accurately grasp the six-dimensional linkage relationship between motive (Why), opportunity (When), mechanism (How), subject (Who), carrier (Where) and object (What) of urban governance, promote the continuous iteration and upgrading of urban governance capacity and level as a whole, and realize the healthy and sustainable development of urban comprehensive governance.

Keywords: City; Comprehensive urban governance; Dimension; Motivation; Opportunity; Mechanism; Subject; Carrier; Object

高质量城市综合治理是中国进入新发展阶段后，中央提出的重要改革领域，不仅明确了“全面深化改革总目标是完善和发展中国特色社会主义制度、推进国家治理体系和治理能力现代化”[1]，而且强调要将干部队伍治理能力建设作为重大任务来抓：“构建系统完备、科学规范、运行有效的制度体系，加强系统治理、依法治理、综合治理、源头治理，把我国制度优势更好转化为国家治理效能”[2]。国家治理体系现代化需要在政府、社会和人民之间实现从管理到治理的功能转变，同时开启从单向和垂直的线性治理思路向互动和交叉的多维治理转变[3]。

城市治理能力的核心要素包括时间治理“三机”关系和空间治理“三体”关系。“三机”是指治理动机、治理时机和治理机制。三者是实现城市全链条、全流程治理的关键要素，涵盖决策、策划和实施三大环节，环环相扣，缺一不可。“三体”是指治理主体、治理载体和治理客体。三者是实现城市全领域、全要素治理的关键要素，涵盖目标、重点和项目三大任务，彼此关联，协同推进。如何统筹兼顾这六个维度，决定了城市综合治理能力的高低和治理行动的最终成效。从根本上说，城市治理就是对城市各个发展阶段和各个参与方的时空行为的协同管理。

一、城市治理的六个关键问题

要对城市时空行为进行协同管理，就要回答六个关键问题：为什么（Why）要做？何时（When）做？如何（How）做？谁（Who）来做？在哪里（Where）做？做什么（What）？

为什么要做？就是要回答治理动机的问题，事关科学决策，是治理行动启动前的先决条件，是确立治理方向和目标的关键环节，取决于价值观的选择和判断。治理决策的形成有3个源头：政府施政、专家建言和社会诉求。只有当3个源头偶合时，决策才能水到渠成。

何时做？就是要回答治理时机的问题，事关精准策划，是治理行为展开的路线图，是确立行动计划和步骤的关键环节，取决于形势和时机的判断和选择。治理策划要统筹3个阶段：事前、事中和事后。事前做好计划立项，事中做好工作协同，事后做好评估反馈。首尾相接，形成治理行为的闭环。

如何做？就是要回答治理机制的问题，事关有效实施，是治理行为达成的基本保障，是确立行动方法和方式的关键环节，取决于行动力和影响力的判断和选择。治理机制重点要关注三大要素。人才、资金和技术，治理的成效最终由这三大要素的短板所决定。

谁来做？就是要回答治理主体的问题，事关责权设定，是治理行动的顶层设计。是确定治理策略和方针的核心要素，取决于立场的选择和判断。治理主体至少包括三大类别：政府、企业和市民。对于不同的治理主题和任务，政府、企业和市民的角色和作用是千差万别的，只能因地制宜、因时制宜地制定针对性的策略和方针，才能事半功倍，否则可能事与愿违。

在哪里做？就是要回答治理载体的问题，事关边界划定，是治理行动的背景条件，是确立治理重点和方式的核心要素，取决于环境观的选择和判断。治理载体至少包括三大类别：生活环境、生产环境和生态环境。三类环境具有不同的功能，应对不同的需求。因此，治理的重点和方式也要各有侧重、各有特色。

做什么？要回答治理客体的问题，事关对象界定，是治理行动的具体安排，是确定治理任务和项目的核心要素题，取决于认识论的选择和判断。治理客体至少包括3大类别：公共设施、私人设施和共享设施。这3类设施的投资、建设和运营模式可以有多种组合。总的原则是做对的事，然后把事做对。

二、治理动机（Why）、时机（When）和机制（How）的互动关系

城市治理是一个长期、持续不断的动态过程，要取得预期的成效，必须把握好治理动机、时机和机制的互动关系。

治理动机的把握要点在于科学决策，核心任务是确立治理方向和目标。决策议程的确立有三大来源：政府领导的施政纲领、专业界的政策建言和社会大众的诉求[4]。之所以连续多年中央一号文件都是以“三农”为核心议题，就是来源于国家领导人对中国基本国情仍处于城乡二元化的初级阶段的判断；来源于专业界对中国产业结构中农业产值仍占相当比重的经济现状的判断；来源于偏远农村农民尚未脱贫的底层诉求。这也是中央近十年来花大力气推进精准扶贫战略的内在动因。

而在经济水平和城市化程度较高的深圳，几乎没有“三农”问题。大部分市民已实现温饱和小康，大众更关注上学、就医、出行和休闲问题，而这些也反映在市级人民代表大会、市级人民政治协商会议历年的提案中，是业界专家参政议政的主要渠道。加上近年来中央政府大力倡导生态文明，反复强调“绿水青山就是金山银山”的施政理念，因此，公园城市建设就成为深圳城市治理的重要议题。总之，政府有目标、专家有建言、社会有诉求，三者共同催生了城市治理的重大决策和行动（图1、图2）。

城市治理时机的把握重点在于精准策划，核心任务是确立行动计划和步骤。治理行动的策划不仅要注重前期的计划立项、中期的工作分工，而且要注重后期的评估反馈，前后贯通，形成全链条、全流程的闭环管理。要做到这一点，就需要对各个工作环节和时间节点提前进行精准预判，做好进度计划和路线图，并明确各参与主体的职责分工。同时，提前预留事后评估和反馈的时间。这也是对政府协调能力的考验。

以深圳“山海连城行动”为例，政府确立了建成“三横十纵”的山海公园带的三年行动

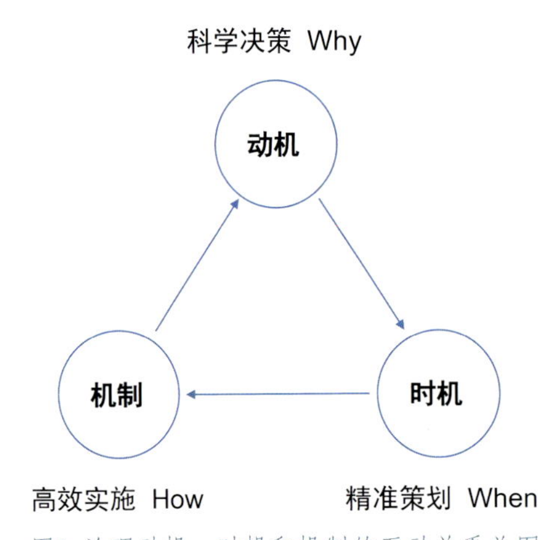

图1 治理动机、时机和机制的互动关系总图

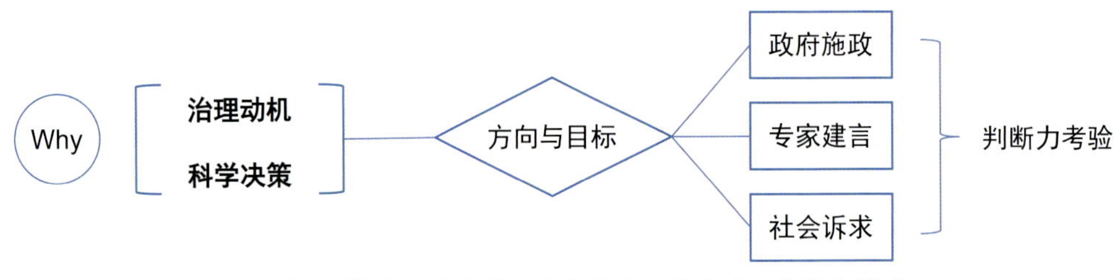

图2 治理动机的三大来源：政府施政、专家建言和社会诉求

目标："三横"包括一条中央山脊公园带和东西两条海岸公园带。西部海岸公园带是指深圳湾至西海西湾红树林段。这段海岸线既有红树林自然海岸线和15km滨海步道人工岸线，也有蛇口海上世界生活岸线和妈湾、赤湾港生产岸线，类型多样，功能不同。而且涉及生态、环保、边境、港务和海事等多个管理部门。

在前期的计划立项阶段，就要充分预估：除了公园场地和绿化等基本硬件设施和建设投资外，还要考虑相关业主的现有物业的拆迁补偿、用地置换、周边交通改善、生态修复、管理运营和常态化智能监测设备等方面的成本和预算。在中期阶段。着重解决各管理实施主体的责任分工问题，而且要制订详细的进出场工作流程。例如前海湾滨海公园建设，就需要协调好前海管理局土地批租、港务局码头岸线管理、交通局滨海道路公交场站设置、环保局海岸垃圾管理和海监、海事管理等多个部门的工作衔接问题，随时要处理各个职能部门在法规、政策和标准规范上的冲突和矛盾。有时还要进行前瞻性改革和创新，才能使项目顺利推进。在后期阶段，应建立评估反馈制度，对公园使用效益和效果开展综合评估和定期检讨，以此为依据持续改进公园长期运营维护工作，提高市民满意度（图3）。

城市治理机制的把握要点在于高效实施，核心任务是确立行动方法和方式。治理机制是否高效，关键在于人才、资金和技术的合理运用和匹配关系，而且最终成效往往由这三大要素的短板所决定。这也是对政府执行力的考验（图4）。

深圳在过去40年取得的举世瞩目的成就，是与人才的运用密切相关的。首先，在政府决策层，如果没有当年以邓小平为代表的第二代领导集体，大胆启用和支持具有敢闯敢试的开拓性领导主政深圳各个领域，很难取得法规政策方面的改革突破。其次，如果没有当年勇做第一个吃螃蟹的企业家，很难形成今天科技实力逼近发达国家的局面。第三，如果没有当年直至现在来自全国的大学生奉献青春的雁南飞壮举，也很难成就现在近两千万人口超大城市的规模和实力。党的二十大报告指出："深入实施人才强国战略，坚持尊重劳动、尊重知识、尊重人才、尊重创造，完善人才战略布局，加快建设世界重要人才中心和创新高地，着力形成人才国际竞争的比较优势，把各方面优秀人才集聚到党和人民事业中来"[5]。

在城市建设行动中绝不可忽视社会团体和民间学者的推动作用。以前文提到的深圳中央山脊公园带的建设为例，除了政府各部门行政人才和各专业机构技术人才的参与外，也可以发挥类似"百公里磨坊"、远足团体、观鸟协会和联合民间学者等社会力量的独特影响力，

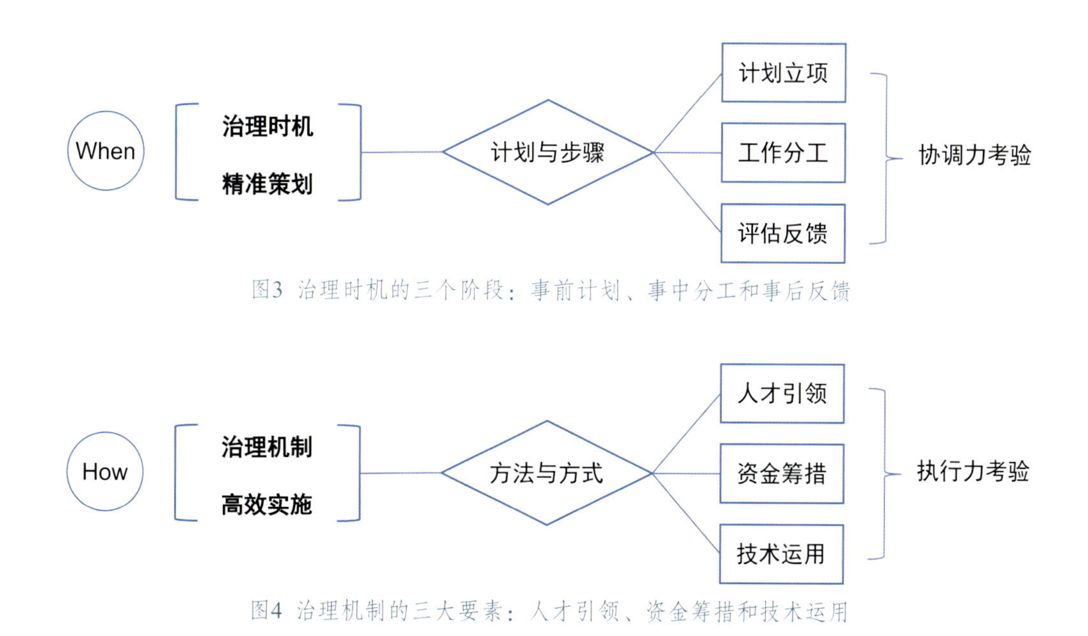

图3 治理时机的三个阶段：事前计划、事中分工和事后反馈

图4 治理机制的三大要素：人才引领、资金筹措和技术运用

共同参与山脊公园带的建设行动，可能会开创意想不到的生动局面。

城市治理很大程度上依赖于政府财政实力，资金的筹措和运用的能力和水平也是衡量政府治理现代化水平的一个标志性指标。毫无疑问，公园城市建设的资金投入量会占政府财政支出的较高比例，而且长期维护的成本是较高的。如前所述，如果建设的对象是以生态功能主导的公共设施，特别是跨若干个行政区的设施，如中央山脊公园，其投资主要由市政府财政支出，或由各区级财政分担。如果建设的对象是生活功能主导的社区、公园或街头绿地，则可以由所在地的居民小区从物业费中分担一部分。如果处于道路红线范围的，则由交通主管部门的道路维护费中分担。

资金的筹措除了各级政府财政和专项建设项目投资中支出外，还应该开拓社会资金渠道，如购物广场由企业代建代管这种政府和社会资本合作模式（PPP），以及发起某某公益基金会的方式，探索由社会公共机构、非政府组织（Non-Governmantal Organizations, NGO）等新型资金运用模式。这样也有利于调动广大市民亲身参与城市治理的积极性。一个典型的例子就是德国的“共享菜园”：城市中心区荒废的零星用地被开发为共享菜园，由各家各户认领并种植。不仅绿化美化城市环境，也给居民提供了绿色食物，可谓一举多得。

除了人才和资金，另一个影响城市治理行动高效实施的关键要素就是技术。这里说的技术，主要关注点是采用科学合理的技术方案、技术方法和技术方式。对于寸土寸金的深圳而言，每一块土地都要发挥出最大的社会、经济和环境效益。在高密度城市建成区里，规划建设一块公园绿地，经常需要满足多种功能用途。它不仅是绿化空间，也是运动场所，还是文艺舞台，同时还承担着应急避难场所的重任。

因此，一份科学合理、集约利用和多元共享的规划方案就显得尤其重要。而且由于多元功能之间经常出现相互冲突和矛盾之处，需要创造性思维和设计协调不同行业技术规范和标准，甚至可能需要变通既有法规和政策。这就要求行政主管部门谨慎开展技术方案的择优，充分听取专家意见，绝不可以行政决定取代技术研讨（图5）。深圳在这方面已经走在全国前列，例如投资巨大、工程复杂的深圳超级总部等重点片区，均采取了总规划师和总建筑师决策协调机制。将项目实施过程中纷繁复杂的技术决策权，直接委托业界知名的专家及其技术团队，取得了良好的效果。

深圳在郊野公园的建设中大力推广低干扰、低冲击“手作步道”的技术方法，既节省了工程投资，保护了自然生态环境，激发了市民的热情，还为碳中和战略贡献了一份独特的力量。这也是城市治理高效实施的典型案例。

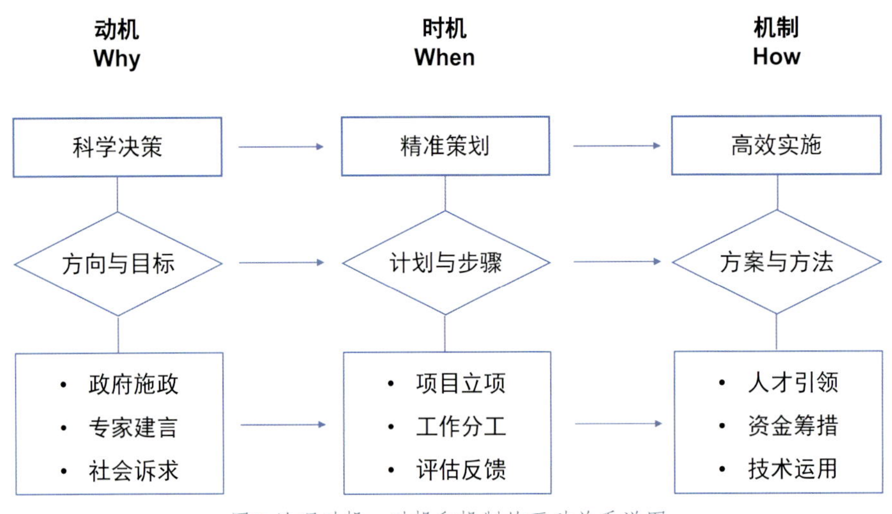

图5 治理动机、时机和机制的互动关系详图

三、城市治理主体（Who）、载体（Where）和客体（What）的协同关系

治理主体不仅指各级政府和行政主管部门，而且包括治理的参与者专家、企业和市民，不仅要做好自上而下的逐级传导，也要做好自下而上的层层反馈。治理载体不仅是人口密集的城市建设区，而且包括山、水、林、田、湖、海等自然生态地区，两者已经高度关联，相互渗透并密切互动。治理客体不仅指政府公共财政投资建设的公共设施和环境，而且包括社会投资建设的共享设施和环境（图6、图7）。

城市是一个复杂的系统。城市治理首先要明确顶层设计框架，根据治理对象和背景条件，设定政府、企业和市民的角色和定位。近年来，深圳推动了“公园城市建设”行动。之所以用“公园城市”替代过去常用的“城市公园”，就是要阐明深圳已进入新的城市化阶段，公园的内涵和外延均发生了显著的变化，城市郊外的山林不再是无人区，而是市民健身休闲的新的目的地，是城市之外的郊野公园。以前是园在城中，现在是城在园中。山、水、林、田、湖不仅是城市生态涵养之所，也是市民休闲观光之地。公园建设的载体从原来身边的生活和生产小环境扩展到城市生态大环境，这就涉及治理边界的划定问题（图8）。

2018年起，国家推动了国土空间规划体系的改革进程，明确要求全国各城市划定“三区三线”，目的就是要划定各级政府的空间治理边界。按“一级政府、一级事权”的原则，设定治理主体的权责范围。具体来说，就是根据生态空间、农业空间、城镇空间划定生态保护红线、永久基本农田和城镇开发边界三条控制线。其中，生态保护红线和永久基本农田保护线一经划定，就纳入上级政府直至国家相关部门严格监管的事权范围，成为国家生态安全和粮食安全战略的重要组成部分。因此。生态空间和农业空间虽然可以纳入广义的公园概念，也可以进行适度的建设、引入适量的人流，但

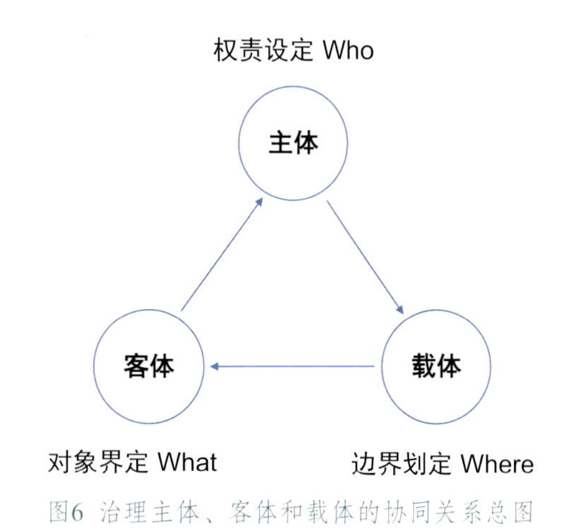

图6 治理主体、客体和载体的协同关系总图

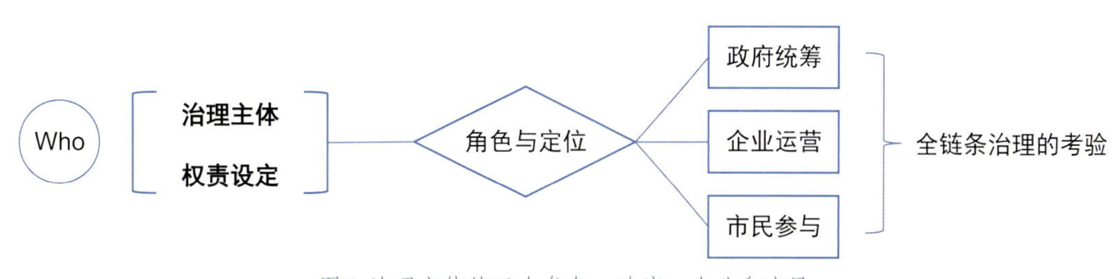

图7 治理主体的三个角色：政府、企业和市民

总的原则是以生态保护和农业发展为优先，再兼顾旅游、休闲旅游的功能，建设独具特色的郊野公园、地质公园和森林公园等等。这类公园的建设主体虽然是本地政府。但其建设内容和方式要受到上级政府和部门的制约和监督。

由此可见，治理边界的划定与治理主体的权责设定密不可分。治理主体和载体的关系，不仅反映了上下级政府之间的互动关系，也体现在政府与企业和市民的角色分工中。概略而言，政府在生态环境的治理中起主导作用，企业在生产环境治理中起主导作用，而市民应在生活环境的治理中起主导作用。不同的治理载体承载着生态、生活和生产的不同功能。需要按空间尺度的大小、地理区位的特点、使用人群的分类、使用频次的多少和维护成本的高低来确定治理主体的角色和分工。

那么，治理客体与主体和载体之间是怎样互动的呢？本文把治理客体定义为治理的具体对象，包括公共设施、半公共设施和私人设施三大类（图9）。以公园建设为例，从空间尺度上看，尺度越大的公园越具有生态价值，也更具有公共性，应由政府统筹治理。越小的公园越具有生活价值，也更具私人性，应由市民主导治理，另一方面也是位置的临近和成本相对不高，又与日常生活需求联系紧密。因此，深圳近年来大力推动“共建花园”行动，不仅调动了社会力量参与治理，减轻了政府财政压力，活化了城市边角消极空间，而且，培育了市民的“主人翁”责任感和城市家园的归属感，是一项非常有意义的创新型行动（图10）。

以《深圳市公园城市建设总体规划》为例，该规划创新构建了“3+2”全域公园空间体系，将全市公园分为“自然郊野公园、城市公园和社区公园”。同时，将“公园连接体”和“类公园体”纳入统筹治理范围。从生态、生产和生活的视角来看，自然郊野公园以生态功能为主，政府应承担主要治理责任。城市公园聚焦兼具生态和生产功能，但由于维护成本高，也由政府主导。社区公园以生活功能为主，以广泛动员市民主动参与和维护。“公园连接体”因为跨行政区边界和土地权属边界应由政府主导。“类公园体”通常与商业、文化、体育功能相结合，具有一定的经济效益，可由企业主导负责日常维护与运营，实现公共利益与企业收益的双赢。典型的例子如深圳中心区购物公园。

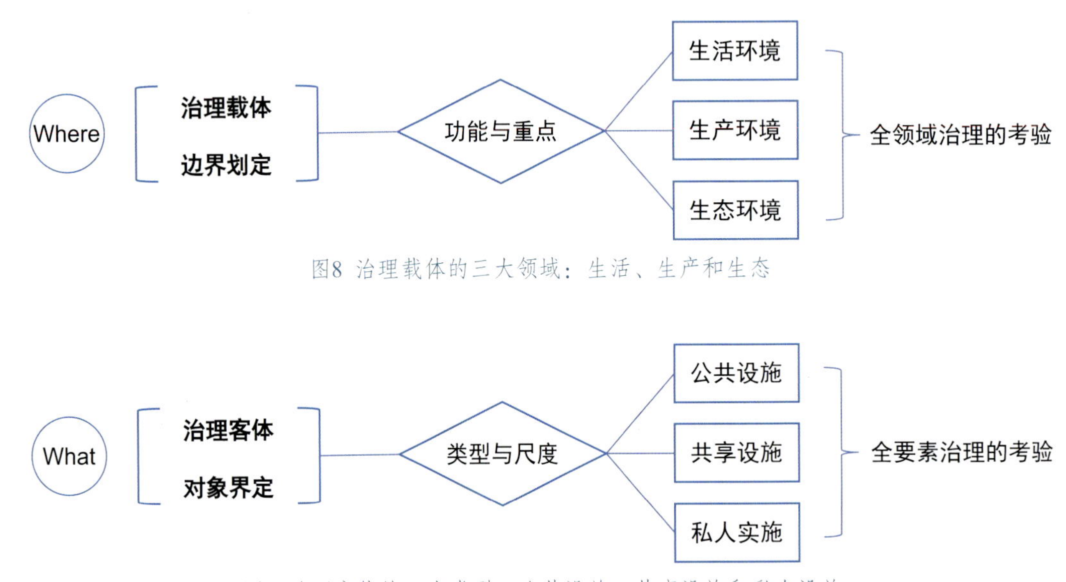

图8 治理载体的三大领域：生活、生产和生态

图9 治理客体的三大类型：公共设施、共享设施和私人设施

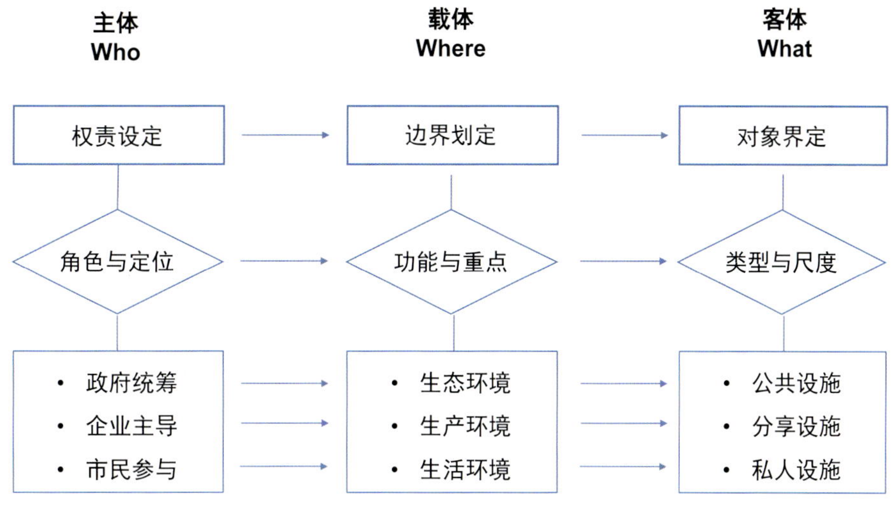

图10 治理主体、客体和载体的协同关系详图

四、从公园城市建设看深圳城市综合治理的六个维度

随着城市化水平的进一步提高，国家国土空间治理改革进入了新的阶段。要求全国各地逐步构建全域、全要素、全流程、全生命周期的国土空间治理体系。中央政府也期待深圳作为先行先试的改革排头兵。在推动城市治理体系和治理能力现代化上做出率先示范。

2022年12月，深圳市政府正式发布《深圳公园城市建设总体规划暨三年行动计划（2022—2024年）》（以下简称《规划》），该《规划》既是推进公园城市建设新理念、探索公园城市建设新范式的实际行动，也是建设粤港澳大湾区和中国特色社会主义先行示范区，率先打造人与自然和谐共生的美丽中国典范的重大举措。该《规划》是在深圳市国土空间总体规划指导下的专项规划及行动计划，规划范围涵盖全市（不含深汕特别合作区）陆域1 947km^{2}和海域2 030km^{2}的范围。规划目标和建设策略面向2035年，三年行动计划为2022—2024年。是统筹指导深圳公园城市规划建设、优化城市空间治理和促进城市高质量发展的纲领性文件。《规划》在对发展形势和条件的分析基础上，提出指导思想、规划目标和指标，以及建设策略和总体布局。策划了“生态塑城、山海连城、公园融城和人文趣城”四大行动计划，强调了要高效推进公园城市建设，根本保障是健全公园城市建设管理机制。

（一）公园城市建设的动机

为什么要开展公园城市建设？为了谁，依靠谁？这是确定建设方向和目标的核心问题，也是对科学决策的考验。前文提到，科学决策来源于三个方面：政府施政、专家建言和社会诉求。为了充分了解社会诉求，《规划》从一开始就策划了公众参与的工作环节，先后组织了多场部门座谈会、专家咨询会和公众论坛，并于2022年5月28日公布规划草案，征求全社会各界专家和市民的意见和建议。

正是在广泛吸纳社会各界的意见和建议后，达成了公园城市建设的基本共识，提出了未来的愿景：①营造更安全韧性、自然野趣的山海生境。②建设更公平共享、便捷可达的全域公园。③打造更丰富多彩、多维立体的全景城区。④趣享更健康友好、充满活力的绿色生活。在此基础上，明确了方向和目标，制订了营造山海胜境、建设全域公园、打造全景城区和丰盈绿色生活4个方面的空间建设策略。

（二）公园城市建设的时机

如何把握建设的时机，事关策划、计划和行动路线图的制订。《规划》在“一脊一带二十廊”的总体布局结构的背景下，在四大建设策略的引领下，进一步策划了四大行动计划，包括：①实施生态筑城行动，夯实绿色韧性基地。②实施山海连城行动，构筑魅力骨架。③实施公园融城行动，优化全域公园服务。④实施人文趣城行动，体验丰盈健康生活。

这四大行动既与前面的愿景和策略一脉相承，也遵循近中远期的目标和时序，细化了工作任务和要求，是规划三年行动计划的核心内容。《规划》以表格的形式罗列了44项工作任务和39项近期建设的重大工程，并明确了各项任务和过程的牵头部门和配合部门，便于各方在开展项目立项、预算安排和工作组织时有据可依，避免错失政府投资建设的最佳时机。与此同时，设置动态考核监督机制，定期优化相关考核指标与评估方式，实现量化评估考核。

（三）公园城市建设的机制

建设机制涉及工作方法和方式，取决于人才、资金和技术的统筹运用。除了事关全局和长远的全市性重大项目由市政府直接协调安排外，更多的工作任务和建设项目有赖于区级政府的组织。在当前深圳“强区放权”的政策背景下，如何调动区政府、街道办和社区的积极性，是行动顺利推进的关键。

《规划》列出了全域营建片区统筹近期建设工程一览表，识别出23个重点统筹片区，明确其边界和范围。便于各区政府在本辖区开展公园城市建设时，可以结合各自情况，优化具体建设内容，做到重点突出、高效实施。另一方面，《规划》着重就生态安全格局、总体布局、营建分区和各专项规划和计划，制作了14幅全域范围的示意图和指引图，以期各区各部门在具体组织和实施工作中，始终不忘局部建设行动与全市宏观格局和长远策略的联系和联动，在工作阶段和项目时序的安排上相互配合、协调推进，不仅造福于辖区居民，而且惠及全体市民。

（四）公园城市建设的主体

《规划》在指导思想中就提出综合统筹、多方参与的基本原则，即加强整体规划和顶层设计，以系统性的思维统筹推进公园城市建设发展，加强部门协作，力避重复建设，鼓励社会组织和市民参与，形成多方多元、共建共享的良好氛围。

公园城市建设的责任主体，政府系列就涉及10个行政区政府（或新区管委会）和12个职能部门，包括深圳市规划和自然资源局（含海洋、林业和渔业）、深圳市城市管理和综合执法局、深圳市市场监督管理局、深圳市生态环境局、深圳市水务局、深圳市气象局、深圳市文化广电旅游体育局、深圳市交通运输局、深圳市住房和建设局、深圳市前海深港现代服务业合作区管理局、深圳市科技创新委员会和深圳市发展和改革委员会。明确各建设主体的责权关系是顶层设计的关键。《规划》提出建立公园城市建设市区联席会议制度，统筹协调跨区、跨部门建设项目以及行动计划实施过程中各类事项，推动重点项目有效实施。市级部门主要负责编制规划、制定标准和技术把关。市区按照事权划分，构建条块结合、以块为主、部门协同的长期实施机制。

（五）公园城市建设的载体

本文所称载体，特指不同主体对应的不同事权的空间边界。前面提到了“三区三线”的划定，就是城市治理宏观空间边界确定的基本依据。对深圳而言，“三线”中最重要的就是“城镇开发边界”。城镇开发边界外是以生态功能主导的空间，边界内是以生产生活功能主导的空间。原特区内的区政府更多面对城市公园建设。而原特区外的区政府必须面对郊野公园的建设，城市公园和郊野公园建设涉及的职能部门也大不相同。为了便于各区政府在不同类别空间载体上开展差异化的治理，《规划》在总体布局上提出了“全域营建分区指引”，将开发边界内外的空间进一步划分为六大类分区，即边界外

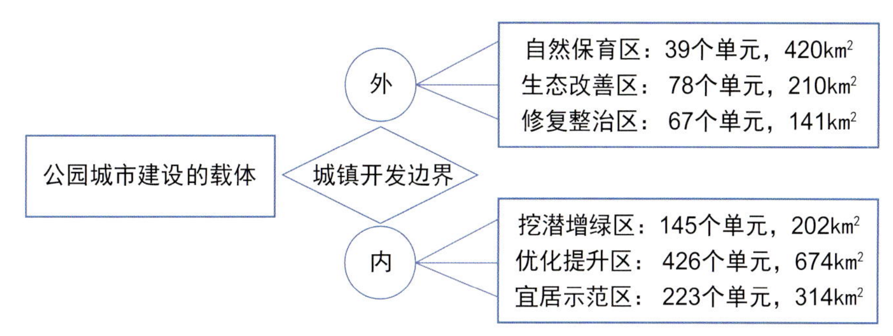

图11 公园城市建设全域营建分区：城镇开发边界内外各分三类

的空间划分为自然保育区、生态改善区和修复整治区三类；边界内的空间划分为挖潜增绿区、优化提升区和宜居示范区三类（图11）。

自然保育区是野生动植物分布最为密集的区域，要实施最严格的建设和人为活动控制。保育恢复生境原真性。生态改善区是指保留较完整且具有一定规模的以人工次生林为主的各类山林地，要提升森林质量和碳汇能力，建设自然无痕的郊野径。修复整治区是为保障生态系统连通性进行严格管控的生态廊道，要修复连通山水廊道，整治废弃矿山，修复建设绿色海绵体。挖浅增绿区是建成密度高、开敞空间不足、绿化水平低的区域，重点是见缝插绿，加强社区公园和类公园建设，全面发展立体绿化。优化提升区是建成度高、有一定基础但仍可优化和完善的区域，重点是提升慢行系统的联通性和可达性，并完善公共服务设施。宜居示范区是城市中心区现状建设基础较好或未来拟重点开发的区域。主要是打造有机融合的公园群和公园社区，树立公园城市的质量标杆和品牌形象。有了明确的分区和单元划分，区政府和各职能部门就可做到有的放矢，重点突出。

（六）公园城市建设的客体

公园城市建设的客体意指具体建设的任务和项目。其中，既包括政府主导的项目，也包括政府和企业共建的项目，还包括社会组织和市民参与的项目。政府主导的项目中，因工作内容的差别。建设主体的责任也各不相同，大体分为以下八大类：①公园步道和绿化类项目，深圳市城市管理和综合执法局牵头；②生态空间保护修复和红树林博物馆类项目，深圳市规划和自然资源局牵头；③生物多样性保护和环境质量类项目，生态环境局牵头；④河流水廊和海岸防护类项目，水务局牵头；⑤城市立面景观和眺望系统项目，深圳市住房和建设局牵头；⑥精品赛事和旅游品牌类项目，文体局牵头；⑦政策机制和改革创新类项目，深圳市发展和改革委员会牵头；⑧科创主题和游径类项目，深圳市科技创新委员会牵头。不同类别的任务需要落实不同的主体责任。

由此可见，公园城市不同于城市公园建设，不是深圳市城市管理和综合执法局可以单独承担的职责，而是需要多个部门共同参与、协调一致的行动，才能达成城市整体治理的综合目标。公园城市建设的主体、载体和客体之间是紧密联系、互为因果的逻辑关系。谁来建、在哪里建和建什么是必须正视的关键拷问，只有厘清了三者之间的互动关系，才能制订切实可行的行动计划。

五、结语

治理不同于过去常说的管理，管理常指自上而下的监管和传导，强调的是政府的权威和执行力；治理则要兼顾自下而上的参与和反馈，强调在政府的引导下，全社会要积极行动起来，

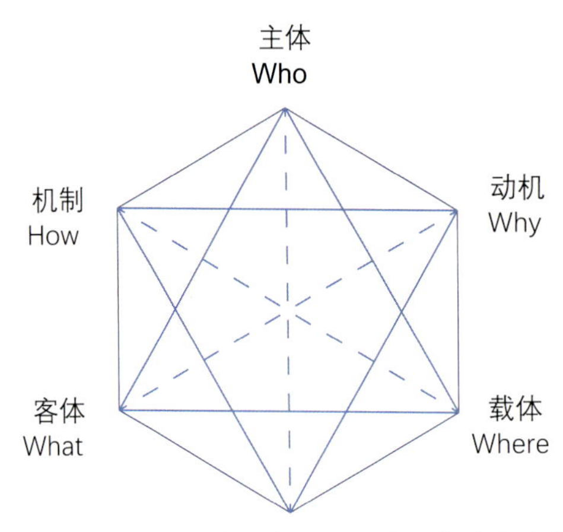

图12 城市综合治理的动机、时机、机制、主体、载体和客体六维联动关系

参与到政府决策、计划和实施的全过程中，上下结合、左右协同、多方合作，共同推进政府施政方略的贯彻落实。

城市治理的动机（Why）、时机（When）、机制（How）、主体（Who）、载体（Where）和客体（What）是相互呼应和前后贯通的（图12），体现在城市治理的全域、全要素、全链条和全流程之中。忽视任何一个要素和环节，都可能导致决策失误、策划失败和实施低效。在当前国际国内经济形势严峻、政府财政紧张和城市问题压力不断增长的背景下，尤其要把握好这些关键要素和环节。

中国已全面建成小康社会，进入新的发展阶段，许多领域实现历史性变革、系统性重塑和整体性重构。这要求我们的城市治理制度体系、能力和水平要进一步提高，需要不断提出真正解决问题的新理念、新思路和新办法，努力开展前瞻性思考和全局性谋划。在城市治理领域准确把握动机、时机和机制以及主体、载体和客体的六维联动关系，整体性推进高质量城市治理能力和水平的持续迭代和升级，实现城市综合治理事业的健康可持续发展。

参考文献

[1] 中共中央关于党的百年奋斗重大成就和历史经验的决议[M]. 北京：人民出版社，2021.

[2] 中共中央关于坚持和完善中国特色社会主义制度推进国家治理体系和治理能力现代化若干重大问题的决定[M]. 北京：人民出版社，2019.

[3] 甄文东. 国家治理现代化的三个维度：概念、进程与逻辑[J]. 特区实践与理论，2022(3): 40-46.

[4] 陈建国. 金登“多源流分析框架”述评[J]. 理论探讨，2008(1): 125-128.

[5] 习近平. 高举中国特色社会主义伟大旗帜为全面建设社会主义现代化国家而团结奋斗——在中国共产党第二十次全国代表大会上的报告[N]. 人民日报，2022-10-26(1).